Werner Mellis
Georg Herzwurm
Dirk Stelzer

TQM
der Softwareentwicklung

Edition Wirtschaftsinformatik
hrsg. von O. Ferstl, U. Hasenkamp, W. König, E. Sinz

Das Fachgebiet Wirtschaftsinformatik hat in den letzten Jahren wichtige methodische Beiträge für die Analyse und Gestaltung betrieblicher, überbetrieblicher und öffentlicher Informationssysteme geliefert. Spezifisch für die Wirtschaftsinformatik ist dabei eine ganzheitliche Sicht von Informationssystemen, die Mensch und Computer als personelle und maschinelle Aufgabenträger gleichzeitig im Blickfeld hat. Hier gehen die Konzepte der Wirtschaftsinformatik über eine reine Integration von Inhalten der Wirtschaftswissenschaften und der Informatik hinaus.

Ziel der Reihe ist es, Konzepte, Modelle, Methoden und Vorgehensweisen der Wirtschaftsinformatik zu erschließen. Dazu sollen zum einen Lehrbücher, zum anderen Monographien beitragen, die den State of the Art eines Teilgebietes widerspiegeln.

Die Reihe wendet sich sowohl an methodisch interessierte Praktiker, die als DV-Verbindungsleute in den Fachabteilungen verantwortlich sind, als auch an Studierende und Wissenschaftler der Wirtschaftsinformatik, der Wirtschaftswissenschaften und der Informatik.

Vieweg

Werner Mellis

Georg Herzwurm

Dirk Stelzer

TQM
der Softwareentwicklung

Mit Prozeßverbesserung, Kundenorientierung
und Change Management
zu erfolgreicher Software

2., verbesserte Auflage

Die deutsche Bibliothek – CIP-Einheitsaufnahme

Mellis, Werner: TQM der Softwareentwicklung: mit Prozeßverbesserung,
Kundenorientierung und Change-Management zu erfolgreicher Software /
Werner Mellis; Georg Herzwurm; Dirk Stelzer. – 2., verb. Aufl.
– Braunschweig; Wiesbaden: Vieweg, 1998
  (Edition Wirtschaftsinformatik)
  ISBN 978-3-528-15531-5

1. Auflage 1996
2., verbesserte Auflage 1998

Alle Rechte vorbehalten
© Friedr. Vieweg & Sohn Verlagsgesellschaft mbH, Braunschweig/Wiesbaden, 1998
Softcover reprint of the hardcover 2nd edition 1998

Der Verlag Vieweg ist ein Unternehmen der Bertelsmann Fachinformation GmbH.

ISBN 978-3-528-15531-5   ISBN 978-3-322-90534-5 (eBook)
DOI 10.1007/ 978-3-322-90534-5

Vorwort zur 2. Auflage

Die Aktualität des Themas Qualitätsmanagement ist nach wie vor ungebrochen. Dies verdeutlicht nicht zuletzt die Tatsache, daß die erste Auflage des vorliegenden Buches bereits nach wenigen Monaten vergriffen ist.

Die Grundidee, eine praxisorientierte Hilfestellung für wichtige Fragen des Softwarequalitätsmanagement zu geben, hat sich bewährt und ist in Wissenschaft und Praxis auf große Resonanz gestoßen. Infolgedessen ist es zum jetzigen Zeitpunkt nicht erforderlich, das Konzept des Buches zu überarbeiten. Die 2. Auflage kann somit in nahezu unveränderter Form erscheinen. Es wurden lediglich einige redaktionelle Veränderungen vorgenommen.

Sowohl die ISO 9000 Normenfamilie als auch das Capability Maturity Model (CMM) werden zur Zeit überarbeitet. Seit Erscheinen der ersten Auflage dieses Buches ist allerdings noch keine neue Version der Modelle veröffentlicht worden. Das SPICE-Normungsvorhaben wird zur Zeit unter der Bezeichnung ISO/IEC 15504 Software Process Assessment weiterentwickelt. Um dem Leser einen Einblick in die aktuellen Entwicklungsstände der Modelle und Normen zu ermöglichen, wurden die im Anhang abgedruckten WWW-Adressen aktualisiert. Diese Adressen werden auch weiterhin auf dem WWW-Server des Lehrstuhls für Wirtschaftsinformatik, Systementwicklung, der Universität zu Köln (http://www.informatik. uni-koeln.de/winfo/prof.mellis/welcome.htm) aktualisiert.

Wir möchten alle Leser auch weiterhin zu einem regen Gedankenaustausch ermuntern.

Werner Mellis, Georg Herzwurm, Dirk Stelzer

Köln, im Januar 1998

Vorwort zur 1. Auflage

Thema des Buchs

Die Beschäftigung mit der ISO 9000 hat in vielen Softwareunternehmen das Bewußtsein gestärkt, daß mit Hilfe von Qualitätsmanagement Wettbewerbsvorteile erzielt werden können. Beim Aufbau von Qualitätsmanagementsystemen ist in vielen Unternehmen jedoch auch deutlich geworden, daß die Optimierung von Produkten und Prozessen nicht ausreicht, um kontinuierliche Verbesserungen in Gang zu setzen. Zur Gestaltung des Total Quality Managements der Softwareentwicklung ist z. B. auch eine Berücksichtigung der Unternehmenskultur notwendig. Die Qualitätsorientierung traditioneller Prägung muß durch eine umfassende Optimierung des Managements der Softwareentwicklung abgelöst werden.

Ziel des Buchs

Das Buch soll dem Leser die dazu nötigen Überlegungen nahe bringen sowie Hilfsmittel empfehlen und praktikable Handlungsvorschläge unterbreiten. Es wendet sich an Führungskräfte, Qualitätsfachleute und Mitarbeiter in Softwareunternehmen, die die Wettbewerbsfähigkeit ihres Unternehmens verbessern wollen. Das Buch ist außerdem für Wissenschaftler und Studenten gedacht, die das moderne Qualitätsmanagement verstehen und zu seiner Weiterentwicklung beitragen möchten.

Entstehung des Buchs

Im Rahmen von Beratungsprojekten, Seminaren, Arbeitskreisen und empirischen Untersuchungen konnten wir Erfahrungen mit praktischen Erfolgen und Problemen des Softwarequalitätsmanagements in Unternehmen sammeln. Diese Erfahrungen wurden für eine Vorlesung im Studiengang Wirtschaftsinformatik der Universität zu Köln zu einem Manuskript zusammengefaßt. Für dieses Buch wurde das Manuskript - vor allem im Hinblick auf eine prägnante und leicht verständliche Darstellungsweise - überarbeitet.

Danksagung

Unser Dank gilt den zahlreichen Geschäftsführern, Qualitätsbeauftragten und Softwareentwicklern, die uns Gelegenheit gaben, die Praxis des Softwarequalitätsmanagements besser zu verstehen. Dem Cheflektor und Programmleiter Informatik/Wirtschaftsinformatik & Computerfachbuch des Vieweg Verlags, Herrn Dr. Reinald Klockenbusch, verdanken wir viele konstruktive Anregungen zu diesem Buch. Wir bedanken uns ferner bei den Mitarbeitern des Lehrstuhls für Wirtschaftsinformatik, Systementwicklung, der Universität zu Köln, Dr. Andreas Hierholzer, Dipl.-Kfm. Michael Kunz, Dipl.-Kfm. Uwe Müller und Dipl.-Wirt. Inform. Sixten Schockert, für vielfältige Verbesserungsvorschläge an zahlreichen Entwürfen, die nötig waren, um dieses Buch fertigzustellen. Unser besonderer Dank gilt der studentischen Mitarbeiterin des Lehrstuhls, Gabriele Ahlemeier, die unser Buchprojekt von Anfang an redaktionell begleitet hat. Lob und Respekt verdienen aber auch die anderen studentischen Mitarbeiter, Mark Reibnitz, Harald Schlang, Ralf Trittmann und Christian Tröster, die das Manuskript trotz aller Widerstände der Textverarbeitung druckfertig zu Papier gebracht haben.

Werner Mellis, Georg Herzwurm, Dirk Stelzer

Köln, im September 1996

Inhaltsverzeichnis

Abbildungsverzeichnis

Abkürzungsverzeichnis

BPR	Business Process Reengineering
BSI	British Standards Institute
CASE	Computer Aided Software Engineering
CIM	Computer Integrated Manufacturing
CMM	Capability Maturity Model
CSPB	Customer Software Process Benchmarking
CSS	Customer Satisfaction Survey
CVA	Customer Value Analysis
DGQ	Deutsche Gesellschaft für Qualität e.V.
DIN	Deutsches Institut für Normung e. V.
DQS	Deutsche Gesellschaft zur Zertifizierung von Qualitätssicherungssystemen mbH
DTI	Department of Trading Industry
EFQM	European Foundation for Quality Management
EFQM-Modell	Europäisches Modell für Umfassendes Qualitätsmanagement
EN	Europäische Norm
EQA	European Quality Award, Europäischer Qualitätspreis
ESA	European Space Agency
ESPRIT	European Strategic Programme for Research in Information Technology
FP	Function Points
GUI	Graphical User Interface
HP	Hewlett Packard
IEC	International Electrotechnical Commission
IEEE	The Institute of Electrical and Electronics Engineers, Inc.

ISO	International Organization for Standardization
IT	Informationstechnologie
ITQS	Information Technology Quality System
JAD	Joint Application Development
KLOC	Kilolines Of Code
MIT	Massachusetts Institute of Technology
P-CMM	People Capability Maturity Model
QFD	Quality Function Deployment
QMS	Qualitätsmanagementsystem
RAL	Reichsausschuß für Lieferbedingungen
SCVM	Software Customer Value Management
SEI	Software Engineering Institute
SPC	statistische Prozeßkontrolle
SPI	Software Process Improvement
SPICE	Software Process Improvement and Capability dEtermination
SWPB	Software Process Benchmarking
TQM	Total Quality Management

1 Einleitung

Herausforderungen

Kreditinstitute berechnen falsche Zinsen, Flugzeuge schießen über das Ende der Landebahn hinaus, medizinische Bestrahlungsgeräte verabreichen tödliche Überdosen. Immer häufiger haben Fehler in der Software katastrophale Konsequenzen. Wie können wir die Qualität der Software verbessern?

In Schwellenländern wie Indien oder Brasilien wird international wettbewerbsfähige Software mit Lohnkosten hergestellt, die für Industrieländer unerreichbar niedrig sind. Wie können wir die Produktivität und Schnelligkeit der Softwareherstellung verbessern und gleichzeitig die Produktqualität erhöhen?

Amerikanische Software dominiert seit Jahren die internationalen Märkte. Weltweit gesehen gehören nur wenige deutsche Softwareunternehmen zur Spitzenklasse. Was machen amerikanische Unternehmen anders? Wie gehen sie mit neuen Technologien um? Wie erkennen sie vielversprechende Marktchancen? Wie fördern und motivieren sie ihre Mitarbeiter, so daß sie zu Spitzenleistungen fähig werden? Diese und weitere Fragen bedeuten vor allem Herausforderungen an das Management der Softwareentwicklung. Wie können wir die Qualität des Managements in den Softwareunternehmen verbessern?

Die Antwort auf die Herausforderungen

Die Antwort auf diese Fragen bietet das moderne Qualitätsmanagement, das nach dem zweiten Weltkrieg in Japan entstanden und unter dem Namen Total Quality Management (TQM)[1] bekannt geworden ist. Es ist eine „auf die Mitwirkung aller ihrer Mitglieder gestützte Managementmethode einer Organisation, die Qualität in den Mittelpunkt stellt und durch Zufriedenstellung der Kunden auf langfristigen Geschäftserfolg sowie auf Nutzen für die Mitglieder der Organisation und für die Gesellschaft zielt".[2] Neben der Qualität der Produkte sind auch die Qualität der Herstellungsprozesse, die Unternehmensstrategie und die Organisationskultur gleichberechtigte Gegenstände des Qualitätsmanagements.

---

[1] „Total Quality Management" und „modernes Qualitätsmanagement" betrachten wir im folgenden als Synonyme.

[2] DIN, EN, ISO /ISO 8402: 1995/

Qualitätsmanagement ist Chefsache

Führungskräfte, die das Qualitätsmanagement in diesem umfassenden Sinne einsetzen, fassen es grundsätzlich anders auf als die traditionelle Qualitätssicherung. Für sie ist Qualitätsmanagement nicht eine bestimmte Funktion im Unternehmen, wie die Qualitätssicherung traditioneller Prägung, sondern ein neues Paradigma des Managements, das wesentliche Teile der Unternehmensführung auf der Basis neuer Annahmen und Methoden gestaltet.

Chancen und Risiken

Wenn das moderne Qualitätsmanagement in der Softwarebranche eine ähnlich tiefgreifende Wirkung hat wie in anderen Branchen, so gewinnen die Softwareunternehmen, die die Chance jetzt ergreifen, gegenüber jenen, die beim konventionellen Managementparadigma bleiben, erhebliche Wettbewerbsvorteile.

Häufig wird allerdings das Softwarequalitätsmanagement auf die Formalisierung des Softwareprozesses beschränkt. Andere, für den Erfolg wichtige Elemente wie die Kundenorientierung, werden ignoriert, und die Schwierigkeiten bei der Bewältigung des notwendigen kulturellen Wandels werden unterschätzt. Hat man diese Problematik erkannt, gibt es jedoch durchaus effektive und effiziente Ansätze, mit denen das moderne Qualitätsmanagement erfolgreich in die Praxis umgesetzt werden kann.

Ziele und Adressaten des Buches

Wir wenden uns an Führungskräfte, Qualitätsfachleute und Mitarbeiter in Softwareunternehmen, die die Wettbewerbsfähigkeit ihres Unternehmens verbessern wollen. Wir wenden uns weiterhin an Wissenschaftler und Studenten, die das moderne Qualitätsmanagement verstehen und zu seiner Weiterentwicklung beitragen möchten. Unser Ziel ist es, die für den Erfolg des Qualitätsmanagements wesentlichen Elemente Prozeßorientierung, Kundenorientierung und Change Management darzustellen. Dabei werden dem Leser praktikable Methoden aufgezeigt, die die Autoren selbst in Beratungsprojekten mit namhaften großen und kleinen Unternehmen erproben konnten.

Am Ende des Buches soll der Leser nicht nur einen fundierten Überblick über das moderne Softwarequalitätsmanagement haben. Er wird auch in der Lage sein, ein unternehmensspezifisches Einführungskonzept zu entwickeln und es Schritt für Schritt erfolgreich und kontrolliert umzusetzen.

Nutzen des Buches

Um dies zu ermöglichen, bietet das Buch:

- eine kompakte Übersicht über TQM,

- Anleitungen zur Umsetzung des TQM,

- eine Beschreibung und Analyse der Einschränkungen der aktuellen Qualitätsdiskussion,

- empirische Ergebnisse zum Erfolg und zur Anwendbarkeit bekannter Ansätze zum Qualitätsmanagement (ISO 9000, CMM),

- eine vergleichende Bewertung der Alternativen des Softwareprozeßmanagements,

- die Vorstellung weniger bekannter, aber wichtiger Methoden des Qualitätsmanagements, wie das Quality Function Deployment,

- die Darstellung der Rolle der meist vernachlässigten „weichen Faktoren" (Einstellungen, Motivation etc.) und

- Vorgehensweisen zur Bewältigung des unternehmenskulturellen Wandels.

Aufbau des Buches

In Kap. 2 werden sechs Gründe genannt, warum ein softwareherstellendes Unternehmen ein modernes Qualitätsmanagement einführen sollte. Dabei werden Bedeutung und Nutzen des Qualitätsmanagements für das Unternehmen erläutert und die Erfahrungen von Unternehmen mit dem modernen Qualitätsmanagement beschrieben.

Gestaltung des modernen Qualitätsmanagements

In Kap. 3 bis 6 des Buches geht es um die Frage, wie das moderne Qualitätsmanagement zu gestalten und einzuführen ist, damit es zum Erfolg führt. Kap. 3 bietet eine kompakte, aber umfassende Darstellung des modernen Qualitätsmanagements in Form von Gestaltungsprinzipien für das Total Quality Management. Worauf man bei der Umsetzung des TQM achten muß, wird am Ende von Kap. 3 als Vorbereitung und Überleitung auf die weiteren Kapitel erläutert.

Qualitätsmanagement-Markenartikel als Hilfsmittel beim Aufbau des Qualitätsmanagements

Um das TQM für die Anwendung in der Softwareentwicklung zu konkretisieren, sind verschiedene Ansätze zum Softwarequalitätsmanagement entwickelt worden, die inzwischen den Status von Markenartikeln erreicht haben und die wir daher kurz Qualitätsmanagement-Markenartikel nennen. Dazu gehören: ISO 9000, das Capability Maturity Model (CMM), BOOTSTRAP und andere, deren Umsetzung nun zunehmend von Unternehmensberatungen unterstützt werden.

Einige dieser Konzepte erheben den Anspruch, daß mit ihrer Hilfe entscheidende Verbesserungen der Softwareentwicklung möglich seien. Diese Verbesserungen werden im wesentlichen aus dem Prozeßmanagement hergeleitet, das von den Qualitäts-management-Markenartikeln unterstützt wird. Sie werden daher zusammen mit einer kurzen Einführung in das Prozeßmanage-ment in Kap. 4 dargestellt. Die Beschränkung des Qualitätsma-nagements auf das Prozeßmanagement kann den Erfolg des Qualitätsmanagements mindern oder sogar grundsätzlich in Fra-ge stellen.

Besonderer Wert wird bei der Darstellung der Qualitätsmanage-ment-Markenartikel daher auf die Erörterung der Stärken und Schwächen sowie die Darstellung der Zusammenhänge und der Unterschiede zwischen den einzelnen Ansätzen gelegt. Die zuvor vorgestellten Prinzipien des TQM dienen dabei als Beschrei-bungs- und Bewertungsraster. Der Leser soll in die Lage versetzt werden, selber entscheiden zu können, welche der hier vorge-stellten Ansätze er in welcher Form weiter verfolgen und in sei-nem Kontext realisieren will.

Kundenorientierung und Change Mana-gement als weitere wichtige Elemente des modernen Quali-tätsmanagements

Bei der Darstellung der Konzepte wird deutlich werden, daß sie ihre Unterstützung im wesentlichen auf das Prozeßmanagement („Doing it right") beschränken und die für den Erfolg des Quali-tätsmanagemens wichtigen Elemente, Fokussierung auf die Wünsche des Kunden („Doing the right thing") und Unterstüt-zung des Wandels („Wie kommt man von der Vision zur Wirk-lichkeit?"), nicht ausreichend unterstützen.

In Kap. 5 stellen wir ausführlich dar, wie ein Softwareunterneh-men Kundenzufriedenheit messen und gezielt verbessern kann. Dabei wird ausgeführt, wie die aus der Fertigung bekannte Me-thode des Quality Function Deployment in der Softwareentwick-lung angewendet werden kann.

Qualitätsmanage-ment und Organisa-tionskultur

Für die dauerhafte Implementierung des Qualitätsmanagements muß in den meisten Unternehmen die Unternehmenskultur ver-ändert werden, d. h. das System der im Unternehmen gelebten Werte, Einstellungen und Grundüberzeugungen. Das moderne Qualitätsmanagement ist nicht mit der für die Softwareherstel-lung typischen Kultur vereinbar. Denn sie zielt auf Schnelligkeit statt auf Qualität und wird durch Stichworte wie „quick and dirty" oder „Bananenprinzip (Die Software reift beim Kunden)" treffend beschrieben. In Kap. 6 werden wir die Ursachen dieser Probleme erläutern und damit einen prinzipiellen Weg zu ihrer Lösung aufzeigen. Im zweiten Teil von Kap. 6 stellen wir prakti-kable Vorgehensweisen vor, mit denen der Wandel der Organi-sationskultur bewältigt werden kann.

Kap. 7 gibt einen Ausblick auf zwei wesentliche zukünftige Trends in der Qualitätsdiskussion. Der erste Trend zielt auf die wachsende Beachtung des Themas Qualität des Managements, der zweite auf die Neuinterpretation des Begriffs Software Engineering.

Der Anhang enthält Hinweise auf wichtige Informationsquellen zum Qualitätsmanagement.

2   Sechs Gründe für die Einführung des Qualitätsmanagements

2.1   Qualität und Kunden

Nach der traditionellen Sicht läßt sich die Qualität eines Produktes kontextunabhängig beschreiben. Diese Sicht auf Produktqualität lag beispielsweise zugrunde bei der Vergabe des RAL-Gütesiegels für Software[3], mit dem Qualitätssoftware ohne Bezug auf ihren konkreten Anwendungskontext oder den konkreten Anwender gekennzeichnet werden sollte. Sie liegt teilweise auch heute noch wie etwa bei der Beurteilung von Software durch die Stiftung Warentest oder einschlägigen Computerzeitschriften zugrunde.

Qualität ist ein relativer Begriff

An einem konkreten Produkt - beispielsweise einer Textverarbeitung - kann man jedoch zeigen, daß Qualität ein relativer Begriff ist: So bedeutet Qualität für den eher unerfahrenen Benutzer vielleicht hohe Benutzerfreundlichkeit, während der professionelle Nutzer vor allem Fehlerfreiheit bzw. Absturzsicherheit fordert. Für das Marketing bzw. den Vertrieb heißt Qualität vor allen Dingen große Funktionsvielfalt, weil sich die Textverarbeitung dann besser verkaufen läßt. Für den Entwickler ist vielleicht ein eleganter Code bzw. ein effizienter Algorithmus gleichbedeutend mit hoher Qualität, während der Projektmanager eher von Qualität spricht, wenn die Textverarbeitung schnell und zu niedrigen Kosten entwickelt wird.

Qualität ist der Gegenwert für eine Person

Mit diesem Beispiel wird deutlich, daß Qualität nicht unabhängig vom Kunden bzw. von der Verwendung beurteilt werden kann. Das Dilemma für die Qualitätsplanung besteht darin, daß hohe Qualität für eine Person, z. B große Funktionsvielfalt für den erfahrenen Benutzer, weniger Qualität für eine andere Person, z. B hohe Komplexität für den unerfahrenen Benutzer, bedeuten kann. Für den Softwarehersteller bedeutet das, daß er sich bei seiner Qualitätsplanung an den spezifischen Interessen und Bedürfnissen seiner Kunden ausrichten muß. Nach Weinberg ist Qualität daher der Gegenwert für eine oder mehrere Personen.[4]

---

[3]   Vgl. Lindermeier /Softwareprüfung/ und ISO/IEC /ISO 12119/

[4]   Vgl. Weinberg /Systemdenken/ 6

Crosby definiert die Qualität schärfer als Erfüllung von Anforderungen.[5] In der Praxis sind die Anforderungen an Software jedoch in der Regel nicht klar definiert, vielfach sind sie sogar den Kunden selbst nicht bewußt. Die ISO 9000, auf die wir später noch eingehen werden, legt Qualität als die Eignung zur Erfüllung von festgelegten oder vorausgesetzten Anforderungen fest. Bei beiden Definitionen stellt sich allerdings die Frage, wer denn letztlich die Anforderungen bestimmt: der Entwickler? der Kunde? ein unabhängiger Dritter? Wenn die Anforderungen klar und präzise genug formuliert sind, dann kann auch der Entwickler oder ein Dritter über ihre Erfüllung urteilen. Welche Anforderungen erfüllt werden müssen, entscheidet aber einzig und allein der Kunde.

Hiermit wird ein wichtiger Grund sichtbar, sich mit dem Qualitätsthema auseinanderzusetzen: Das Ziel des (softwareproduzierenden) Unternehmens muß es sein, die Kundenbedürfnisse genau zu treffen. Denn nur dann kann es von sich behaupten, Software von hoher Qualität zu erzeugen, und nur dann hat es eine berechtigte Aussicht auf dauerhaften Erfolg im Wettbewerb. Gerade im Softwarebereich wurden in den letzten Jahren viele Projekte abgewickelt, bei denen zwar „gute" Softwareprodukte im Sinne der Entwickler und vielleicht sogar im Sinne eines RAL-Gütesiegels entstanden, die aber weit an den Kundenwünschen vorbeigingen.

2.2 Qualität und Wettbewerb

Betrachtet man die Gesamtmenge der Produkte einer Art, z. B. das Fernsehgerät, den Personal Computer, die Textverarbeitungssoftware etc., so haben sie einen typischen Produktlebenszyklus: Sie werden eingeführt, verbreiten sich, werden zur Normalität und verschwinden schließlich wieder vom Markt. Mit zunehmender Verbreitung der Produkte reift ihre Funktionalität. Es bilden sich abgrenzbare Leistungs- und damit häufig verbunden Preisklassen.

Die Bedeutung der Qualität nimmt zu

Die Stellung des Kunden zum Produkt ändert sich während des Lebenszyklusses. In der Einführungsphase ist der Kunde an der Innovation interessiert. Er akzeptiert z. B. Mängel in der Zuverlässigkeit oder im Bedienkomfort. Im weiteren Verlauf des Lebenszyklus nimmt die Bedeutung der Qualität für den Kunden zu. Ein Grund dafür ist z. B., daß im Laufe der Zeit eine Abhän-

---

5   Vgl. Crosby /Qualität ist machbar/ 68 ff.

gigkeit von dem Produkt entsteht, die der Qualität eine größere Beachtung und Bedeutung verleiht.

Die ersten Textverarbeitungssysteme besaßen beispielsweise eine vergleichsweise primitive Oberfläche, boten keinerlei Grafikintegration etc., sie brachten aber erhebliche Vorteile gegenüber der bisher verwendeten Schreibmaschine. Infolge dieser neuartigen Funktionalität war man gerne bereit, Mängel wie schlechtes Antwortzeitverhalten oder häufige Systemabstürze in Kauf zu nehmen. Heute kann eine Textverarbeitung nicht mehr als innovatives Produkt bezeichnet werden. Textverarbeitungsprogramme sind zur Selbstverständlichkeit geworden, die Ansprüche gestiegen.

Die Abhängigkeit von Softwareprodukten nimmt zu

Fachbuchautoren, Journalisten, Sekretärinnen und viele andere sind vom Funktionieren ihrer Textverarbeitung abhängig. Aus diesem Grund ist bei ihrer Kaufentscheidung die Qualität der Textverarbeitung wichtig. Als 1994 WinWord 6.0 auf den Markt kam, bot es zwar eine Vielzahl neuer Features, aber auch einige Mängel. Die Mitarbeiter des Lehrstuhls für Wirtschaftsinformatik, Systementwicklung, der Universität zu Köln, sonst sehr auf Innovation bedacht, entschieden sich, auf die Einführung zunächst zu verzichten. Dies war kein Einzelfall, und Microsoft stellte bereits nach sehr kurzer Zeit das Release 6.0 b zur Verfügung, in dem die Mängel weitgehend behoben waren.

Auf die wachsende Forderung nach Qualität kann ein Hersteller von Textverarbeitungsprogrammen z. B. mit dem Versuch reagieren, sich durch eine höhere Qualität seiner Produkte von den Wettbewerbern zu unterscheiden. Ein anderer Grund für eine solche Entscheidung könnte darin bestehen, daß andere Möglichkeiten der Unterscheidung, etwa über den Preis, fehlen.

Qualität als Instrument im Wettbewerb

Qualität ist vielfach ein Zugangskriterium zum Wettbewerb geworden. Die ISO 9000 ist ein gutes Beispiel dafür. Sie stellt Minimalforderungen an ein Qualitätsmanagementsystem auf, und viele Auftraggeber bestehen bei der Vergabe größerer Aufträge auf den Nachweis der Einhaltung dieser Anforderungen. Der eigentliche Wettbewerb spielt sich jedoch weit oberhalb dieses Standards ab: Mit der Erfüllung von Minimalforderungen wird man nicht zum Marktführer.

Die zunehmende Bedeutung von Qualität als Wettbewerbsfaktor ist somit ein weiterer Grund, sich mit dem Qualitätsthema zu beschäftigen.

2.3 Qualität und Softwareprozeß

In der Vergangenheit hat die Softwareindustrie Qualität vor allem durch Prüfen und Testen zu erreichen versucht. Diese Tätigkeiten wurden in der Regel unter den Begriff Qualitätssicherung subsumiert. Qualitätssicherung war in der Praxis dementsprechend häufig das nachträgliche „Hineinprüfen" von Qualität und somit hauptsächlich Fehlerbeseitigung.

Fehlerverhütung vor Fehlerbehebung

Obwohl bereits frühzeitig erkannt[6], hat sich der Gedanke in der Praxis nur sehr langsam durchgesetzt, daß auch - oder besser insbesondere - Fehlerverhütung zur Qualität beiträgt. Mittlerweile hat gerade die Fertigungsindustrie erkannt, daß Qualität nicht nur geprüft, sondern auch geplant und gesteuert werden muß. Das hat dazu geführt, daß man nicht mehr von Qualitätssicherung, sondern von Qualitätsmanagement spricht. In den Bereichen ingenieurmäßiger Produktion bedeutet Qualitätsmanagement die gezielte Gestaltung und Steuerung eines Systems zur Herstellung von Produkten. Beim Übergang vom Handwerk zur industriellen Produktion hat sich der Schwerpunkt des Qualitätsmanagements damit von der Produktqualität zur Prozeßqualität verschoben.

Verbesserung der Produktqualität durch Verbesserung der Prozeßqualität

Die Softwareindustrie hat sich gegen diese Gedanken jedoch lange gewehrt: Nach konservativer Auffassung ist die Herstellung von Software ein Handwerk. Sie orientiert sich am „Schlosser-Modell der Softwareherstellung": „So lange am Produkt messen und feilen, bis es paßt, d. h. die gewünschte Qualität hat". Nach der moderneren Auffassung ist die Herstellung von Software ein ingenieurmäßiger Prozeß. Ihr Modell der Softwareherstellung ist das „Planungsmodell": Der Softwareherstellungsprozeß, oder kurz Softwareprozeß, wird so eingerichtet, daß er ein Produkt mit der gewünschten Qualität produziert. Durch Messen am Produkt wird die Qualität des Prozesses überwacht. Mängel in der Qualität des Softwareprozesses wirken sich gemäß dieser neueren Auffassung entscheidend auf die Qualität des Produktes sowie auf die Dauer und die Kosten des Entwicklungsprozesses und damit auf die Leistungsfähigkeit des Unternehmens aus.

Das Management der Softwareprozeßqualität ist eine für den Erfolg einer softwareproduzierenden Organisation entscheidende Managementleistung und somit ein weiterer wichtiger Grund, sich dem Qualitätsthema zu widmen.

---

[6]   Vgl. Schmitz, Bons, van Megen /Software-Qualitätssicherung/ 37 ff.

2.4   Qualität und Verschwendung

In der öffentlichen Diskussion des Standortes Deutschland kann man in den letzten Jahren zwei Phasen unterscheiden. In der ersten Phase, der „Technologie-Ära", wurde der Grund für die schwindende Wettbewerbsfähigkeit vornehmlich im technischen Bereich gesehen. Z. B wurde für den Erfolg japanischer Automobilhersteller ein hoher Automatisierungsgrad verantwortlich gemacht. Große Forschungs- und Entwicklungsanstrengungen sollten helfen, den Vorsprung aufzuholen. In der zweiten Phase, der „Lohnkosten-Ära", werden primär die im internationalen Vergleich recht hohen Lohnkosten als Standortnachteil Deutschlands angeführt.

Was sind die Nachteile des Standortes Deutschland?

Aber für die Verbesserung der Wettbewerbsfähigkeit bieten auch die Arbeitsorganisation und das Management erhebliches Potential. Mehrere große Studien zeigen, daß die Wettbewerbsvorteile der großen, erfolgreichen japanischen Unternehmen weder aus einem sehr hohen Automatisierungsgrad resultieren noch aus niedrigen Lohnkosten, sondern vielmehr aus einer besseren Arbeitsorganisation und besserem Management.[7] Eine ganze Reihe weiterer Hinweise zeigt, daß offensichtlich viel Arbeit in vermeidbare, nicht wertschöpfende Tätigkeit, d. h. in Verschwendung, investiert wird.

Hier helfen weder eine Senkung der Lohnkosten noch eine höhere Automatisierung. Wichtig sind vielmehr Zielorientierung, Rationalität, das Lernen aus Erfahrung und das kontinuierliche Bemühen um Verbesserungen.

Lohnkosten versus Qualitätskosten

Zur Frage, inwieweit das Softwarequalitätsmanagement zur Lösung der Probleme beitragen kann, diskutieren wir nachfolgend exemplarisch ein fiktives mittelständisches Unternehmen. Zunächst betrachten wir die Kosten der Qualitätsabteilung. Bedenkt man, daß die Kosten der Qualitätsabteilung zu 85 - 90 % Personalkosten sind, wittert der „typische deutsche Manager" hier zunächst Overheadkosten, die man am besten durch Entlassungen abbaut. Die Kosten der Qualitätsabteilung betragen typischerweise ca. 1 % vom Umsatz, d. h. wenn man 10 % Reduktion schafft, ist das nur 0,1 % vom Umsatz. Bei einem angenommenen Umsatz von 200 Millionen DM wären das ca. 200.000 DM, die zwar nicht unerheblich sind, aber wahrscheinlich keinen Mittelständler vor einem drohenden Konkurs bewahren.

---

7   Vgl. Womack, Jones, Roos /Autoindustrie/ 98 ff. und Rommel u. a. /Qualität gewinnt/ 198

Betrachtet man dagegen die Qualitätskosten, d. h. die Kostenarten Fehlerverhütungs-, Prüf- und Fehlerkosten, so zeigen Erfahrungswerte, daß diese ca. 10 % des Umsatzes ausmachen. Davon sind ca. 7,5 % Fehlerkosten, d. h. wenn man hier 10 % Verbesserungen erreicht, sind das bei dem angenommenen Umsatz von 200 Millionen DM ca. 1,5 Millionen DM, was für einen Mittelständler eine durchaus relevante Größe darstellt.

Qualitätskosten, der Ansatzpunkt für Einsparungen

In den Qualitätskosten liegt demzufolge ein gewaltiges Potential, das man mit Hilfe des Qualitätsmanagements steuern kann. Dies belegen auch Fehlerkostenbeispiele aus anderen Branchen.[8] Bei der Softwareherstellung wird der Anteil der Nacharbeit, d. h. der Fehlersuche und -behebung, von DeMarco auf ca. 55 % geschätzt.[9] Bei großen Softwareprojekten werden bis zu 50 % der Entwicklungszeit in Tests investiert. Tests und andere Prüfungen stellen jedoch nicht zur Wertschöpfung beitragende Prüfkosten dar. Würde man den Prozeß verbessern, könnte man die Prüfkosten senken und somit die Verschwendung verringern. Aber auch andere Kosten der Nichterfüllung von Kundenanforderungen, wie Problemverwaltung (z. B Reklamationsbehandlung), Verteilung und Installation von Korrekturen (Patches, neue Releases), Schadenersatz (Produkthaftung), Verlust von Kunden und Image etc. stellen Kostenarten dar, die durch ein zielorientiertes Qualitätsmanagement verringert werden können. Das Vermeiden von Verschwendung ist somit ein weiterer Grund, sich mit dem Qualitätsthema intensiver auseinanderzusetzen.

2.5 Qualität und Qualitätskosten

In aktuellen Untersuchungen zu strategischen Zielen von Unternehmen[10] werden Steigerung der Wirtschaftlichkeit, Reduzierung der Reaktionszeit und Erhöhung des Kundennutzens am häufigsten genannt. Die nachfolgenden Ausführungen sollen zeigen, daß das moderne Qualitätsmanagement hilft, diese traditionell als konkurrierend betrachteten Ziele gleichzeitig zu erreichen.

Zur Bestimmung der „qualitätsoptimalen" Unternehmensstrategie zieht man traditionell das Qualitätskostenmodell heran. Dieses wird in Abb. 2-1 dargestellt.

---

[8]   Vgl. Henckels /Kostenpotential/

[9]   Vgl. DeMarco /Controlling / 199

[10]   Vgl. Frese /Organisationskonzepte/

Abb. 2-1:
Modell der
Qualitätskosten[11]

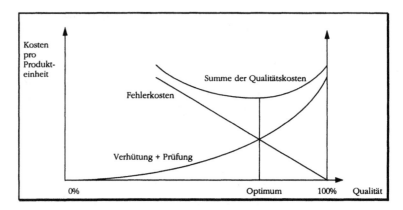

Trägt man auf der Abszisse die Qualität (gemessen in Fehlern) und auf der Ordinate die Kosten (pro Produkteinheit) auf, erhält man die in Abb. 2-1 dargestellte Verteilung der Qualitätskosten. Bei dieser traditionellen Interpretation geht man davon aus, daß die Kurven für Fehlerkosten, d. h. durch Fehler verursachte interne und externe Kosten, sowie Verhütungs- bzw. Prüfkosten (Kosten für Fehlervermeidung und Fehlerfindung) weitgehend stabil sind. Die für den Ertrag optimale Produktionssituation liegt bei minimalen Qualitätskosten.

Diese Interpretation wirft jedoch einige Fragen auf: Wie verläuft die Kurve bei null Fehlern (100 % Qualität)? Strebt sie gegen unendlich? Unterstellt man, daß mit steigender Qualität auch der Umsatz steigt, sinken die Kosten pro Produkteinheit; das Optimum verschiebt sich nach rechts. Außerdem bedeutet schlechte Qualität Image- und Kundenverlust, der unter Umständen mit erhöhtem Marketing- und Vertriebsaufwand ausgeglichen werden muß. Schließlich senken auch Fortschritte in der Herstellungstechnologie die Kosten für Verhütung und Prüfung.

Die japanischen Erfolge widersprechen dem traditionellen Kostenmodell

Die Erfolge der japanischen Industrie (z. B im Automobilbereich) liegen aber vor allen Dingen in der Berücksichtigung von Wettbewerbseinflüssen, der intensiven Auseinandersetzung mit Kundeninteressen und der kontinuierlichen Verbesserung der Prozeßtechnologie; alles Aspekte, die das traditionelle Qualitätskostenmodell nicht berücksichtigt.

Auch die Annahme des traditionellen Modells, daß sich Qualitätskosten klar von Operationskosten trennen lassen, wirft Probleme auf: Stellen z. B Aufwendungen für den Kauf eines CASE-Tools, das auch Prüfungen (z. B Diagrammchecks, Syntaxtests,

---

[11] In Anlehnung an Conti /Building Total Quality/ 245

etc.) durchführt, Operationskosten (CASE als Produktionsmittel) oder Prüfkosten (CASE als Prüfmittel) oder Verhütungskosten (konstruktive Qualitätssicherung) dar? Das moderne Qualitätsmanagement zeigt, daß man die Senkung der Fehlerkosten nicht nur - wie im Modell vorgesehen - durch Erhöhung der Verhütungs- und Prüfkosten erreichen kann. Fehlerkosten lassen sich auch durch Verbesserung der Prozesse senken, wobei die Verhütungskosten sinken und teilweise in die nicht notwendig steigenden Operationskosten diffundieren.[12]

Das traditionelle Qualitätskostenmodell ist nicht angemessen

Nach der moderneren Auffassung beschreibt das Qualitätskostenmodell also nur die halbe Wahrheit und ist daher als Entscheidungsgrundlage ungeeignet. Die Verhütungs- und Prüfkosten, die nach dem traditionellen Modell mit steigender Qualität ansteigen, sind stärker vom Produktionsvolumen und der Prozeßqualität abhängig als von der Qualität der Produkte. Die Kurve ist also eine unzulässige Vereinfachung.

Es ist daher sinnvoll, Produkte mit höherer Qualität zu produzieren, als dies bei minimalen Qualitätskosten möglich ist. Das sollte ein weiterer wichtiger Grund sein, sich mit dem Qualitätsthema zu beschäftigen.

2.6 Qualität und nachweisbarer Nutzen

Die genannten fünf Gründe stellen eine solide Motivation für die Beschäftigung mit dem Qualitätsmanagement dar und wer sich ausreichend motiviert fühlt, kann diesen etwas mühsamen Abschnitt überspringen. Wer noch immer skeptisch ist, der muß sich mit den Ergebnissen empirischen Untersuchungen auseinandersetzen. Aber Vorsicht: Wer wartet, bis alles hieb- und stichfest bewiesen ist, hat den Wettbewerb bereits verloren.

Capers Jones, ein renommierter Unternehmensberater aus den U.S.A., beschreibt aus seiner Erfahrung sechs Merkmale erfolgreicher Softwarehersteller:[13]

1. Sie kennen ihre Qualität und die Zufriedenheit ihrer Kunden genau, d. h. sie können sie mit Zahlen, Daten und Fakten belegen.

2. Der Anteil der Fehler in der Software, die vor der Auslieferung entdeckt werden („defect removal efficiency") beträgt ca. 95 %.

---

[12]   Vgl. Haist, Fromm /Qualität/ 56-62

[13]   Vgl. Jones /industry leaders/

3. Die erfolgreichen Softwarehersteller betreiben Qualitätsmanagement seit mehr als 20 Jahren. Dies bestätigt die von uns vertretene These, daß Qualität kein Modethema ist.

4. Auffällig an diesen Unternehmen sind weniger ihre Methoden in der Fehlerbeseitigung als ihre Maßnahmen und Anstrengungen zur Fehlerverhütung.

5. Sie wenden kundenorientierte Methoden wie JAD (Joint Application Development) und QFD (Quality Function Deployment) oder effiziente Techniken wie formale Inspektionen an.

Qualität ist Chefsache

6. Sie verfügen über eine Qualitätskultur auf allen Mitarbeiterhierarchien. D. h. die Mitarbeiter aller Ebenen wissen um die Bedeutung der Qualität und um den Einfluß ihrer Tätigkeit auf die Qualität. Ein einfacher Test zur Prüfung der Qualität eines Unternehmens ist nach Jones der Versuch, mit einem Vorstandsmitglied bzw. mit der Geschäftsführung mehr als eine halbe Stunde über das Thema Qualität zu reden. Kommt ein substantieller Dialog zustande, gilt der Test als bestanden.

In der zweiten Hälfte der 80er Jahre zeigte eine Studie des MIT über die Automobilindustrie[14], daß es möglich ist, durch die Verbesserung der Prozeßqualität Produktivität und Produktqualität gleichzeitig zu erhöhen.

Vor der Studie ging man üblicherweise davon aus, daß sich einerseits Billiganbieter mit hoher Produktivität herauskristallisieren würden, die dafür Qualitätseinbußen in Kauf nehmen. Andererseits würde man die klassischen Luxusautomobile bei einem hohen Qualitätsniveau und niedriger Produktivität vermuten, denn es scheint plausibel, daß es sorgfältigerer Produktion und strengerer Qualitätskontrolle bedarf, um hochwertige Automobile zu produzieren. Teilt man das Diagramm in Abb. 2-2 ungefähr bei einer Produktivität von 30 Stunden pro Fahrzeug durch eine waagerechte und bei ungefähr 70 Montagefehlern pro 100 Autos durch eine senkrechte Linie, so entstehen vier Bereiche. Der Bereich rechts oben ist der Bereich geringer Produktivität und Qualität. Der Bereich rechts unten ist der Bereich hoher Produktivität und geringer Qualität usw. Die Anbieter von Billigfahrzeugen sollte man nach der obigen Annahme im Bereich rechts unten, die Anbieter von Qualitätsfahrzeugen im Bereich links oben finden.

---

[14] Vgl. Womack, Jones, Roos /Autoindustrie/ 96 ff.

Abb. 2-2:
Vergleich Produktivi-
tät und Qualität im
Montagewerk, Groß-
serien-Hersteller,
1989[15]

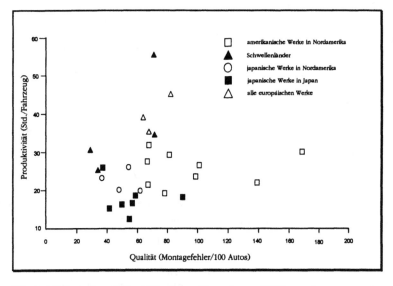

Produktivität (Std./Fahrzeug)

Qualität (Montagefehler/100 Autos)

□ amerikanische Werke in Nordamerika
▲ Schwellenländer
○ japanische Werke in Nordamerika
■ japanische Werke in Japan
△ alle europäischen Werke

Qualität ist kostenlos

Tatsächlich zeigt Abb. 2-2 einen Trend zur Differenzierung nach hoher Qualität bei geringer Produktivität und niedriger Qualität bei hoher Produktivität. Sie zeigt aber auch, daß für die japanischen Werke in Japan und Nordamerika, die ein modernes Qualitätsmanagement betreiben, der Satz gilt: „Quality is free", d. h. sie erreichen eine hohe Qualität, ohne daß dies zu Lasten der Produktivität geht. Sie liegen mit nur einer Ausnahme sowohl im Bereich mit hoher Produktivität (gemessen in Produktionsstunden pro Fahrzeug) als auch im Bereich hoher Qualität (gemessen in Defekten pro 100 Fahrzeugen).

Das vielfach verwendete Argument, dies liege nur an der japanischen Mentalität, läßt sich nur schwer aufrechterhalten, wenn man berücksichtigt, daß auch japanische Firmen in Nordamerika, d. h. mit amerikanischen Beschäftigten, erfolgreicher sind als ihre westliche Konkurrenz. Diese Ergebnisse zeigen zum einen, daß die japanische Qualitätsstrategie auch auf den westlichen Kulturkreis übertragbar ist und zum anderen, daß Produktivität und Qualität keine konkurrierenden Ziele sein müssen, sondern durch gesteigerte Prozeßqualität positiv korrelieren können.

**Qualitätsmanage-
ment fördert Rendite
und Umsatz**

Auch die McKinsey-Studie „Qualität gewinnt" [16] zeigt am Beispiel der Automobilzulieferindustrie, daß sich Qualität auszahlt. Sie zeigt ferner interessante Unterschiede im Qualitätsmanagement

---

[15]   Vgl. Womack, Jones, Roos /Autoindustrie/ 98
[16]   Vgl. Rommel u. a. /Qualität gewinnt/ 10

auf. Japanische Unternehmen haben vor allem im Bereich der Prozeßqualität einen Vorsprung, während amerikanische und europäische Unternehmen Stärken in der Kundennutzendimension der Qualität aufweisen. Die Studie differenziert hinsichtlich der Wirkung des Qualitätsmanagements. So zeigt sie, daß Verbesserungen in der Prozeßqualität sich in Erhöhungen der Rendite auswirken und Verbesserungen der Designqualität (besseres Treffen der Kundenanforderungen) das Wachstum des Umsatzes fördert.

Da in der Softwareindustrie wenig gemessen wird, ist es schwierig, empirische Ergebnisse zu erhalten. Das Worldwide Benchmark Project 1995[17] liefert aktuelle Daten über die Softwareentwicklung, die allerdings nicht wie in Abb. 2-2 interpretiert werden können. Da es nur einzelne Unternehmen in den verschiedenen Ländern gibt, die das moderne Qualitätsmanagement konsequent seit längerer Zeit anwenden, kann man bei einer Verdichtung der Daten auf nationaler Ebene diese Zusammenhänge nicht erwarten. Abb. 2-3 stellt die Daten des Worldwide Benchmark Project dar. Der Bereich hoher Produktivität und hoher Qualität liegt dabei rechts unten, der Bereich geringer Produktivität und geringer Qualität links oben usw. Dabei zeigt sich, daß Softwarehersteller in Großbritannien sowohl hinsichtlich Qualität als auch hinsichtlich Produktivität Spitzenleistungen erbringen. In Großbritannien wurden in den letzten Jahren große Anstrengungen unternommen, das moderne Qualitätsmanagement einzuführen.

Erfahrungsberichte für erfolgreiche Qualitätsstrategien finden sich an vielen Stellen in der Literatur. Der Nachweis über die Qualitätsverbesserung erfolgt hierbei in den unterschiedlichsten Formen: So berichtet IBM über Produktivitätssteigerungen sowie Einsparungen von über 10 Millionen Pfund. Sony reduzierte die Qualitätskosten um ein Drittel und senkte die „meßbaren Fehler pro Person" im Jahr von 500 auf 20. Das Problem bei solchen Erfahrungsberichten ist natürlich zum einen die Prüfung, inwieweit das Qualitätsmanagement ursächlich für die erzielten Erfolge ist, und zum anderen, wie diese Zahlen erhoben worden sind.

---

[17]   Vgl. Rubin /Ranking/

Abb. 2-3:
Worldwide Bench-
mark Project 1995

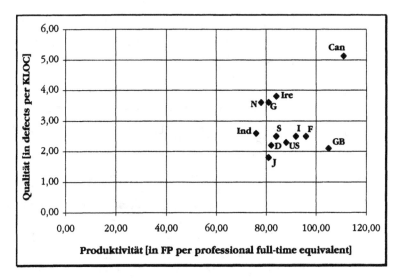

Produktivität [in FP per professional full-time equivalent]

Ein Beispiel

Ein interessantes Beispiel für erfolgreiches Qualitätsmanagement stellt für uns Hewlett Packard dar, weil die Softwareherstellung einen wesentlichen Anteil an der Wertschöpfung des Unternehmens hat. Die Bemühungen um die Entwicklung eines modernen Qualitätsmanagements bei Hewlett Packard gehen mindestens zurück auf das Jahr 1978, als eine Gruppe von Hewlett Packard-Managern eine Reihe von Produktionsunternehmen in Japan besuchte, um sich über japanische Produktionsmethoden zu informieren. Grady und Caswell fassen die bei diesen Besuchen entdeckten kennzeichnenden Elemente der japanischen Produktion zusammen[18]:

- „... commitment to high quality in every aspect of every worker's job",

- Prozeßorientierung, d. h. Verbesserung von Prozessen in drei Schritten: Analyse des Prozesses mit Hilfe der statistischen Prozeßkontrolle, Erreichung der Wiederholbarkeit, Verbesserung,

- Vermeidung von Rework, d. h. Vermeidung der Überarbeitung einer bereits abgeschlossenen Aufgabe und

- quantitative Kontrolle der Effektivität.

Die Lehren, die aus diesen Besuchen gezogen wurden, führten zu entsprechenden Maßnahmen bei Hewlett Packard auch im Bereich der Softwareherstellung.

---

[18] Vgl. Grady, Caswell /Software Metrics/ 8 ff.

Das „10X"-Programm
von HP

Im April 1986 schrieb John Young, Chief executive officer des Unternehmens, einen Brief an alle General Managers, das Management Council und die Qualitätsmanager.[19] Darin fordert er innerhalb von fünf Jahren eine zehnfache Verbesserung von zwei wichtigen Softwarequalitätskennzahlen (10X Goal): Dichte der Fehler nach Freigabe und Anzahl der offenen, kritischen und ernsten Mängelberichte. Beide Kennzahlen sind für die langfristige Kundenzufriedenheit von großer Bedeutung. Die Abb. 2-4 zeigt den Erfolg eines Unternehmensbereiches von Hewlett Packard in der Softwareherstellung. Die unterbrochene Linie zeigt die Zielvorgabe für das erste der „10X Goals", die durchgezogene Linie zeigt die tatsächliche Dichte der nach der Freigabe gefundenen Fehler (in kilo non commentary source statements). Dieses Ergebnis ist nach Grady typisch für HP: Die verschiedenen Bereiche des Unternehmens haben das Ziel in der Zeit oder mit geringer Verzögerung erreicht.

Abb. 2-4:
Dichte von Fehlern
nach Freigabe[20]

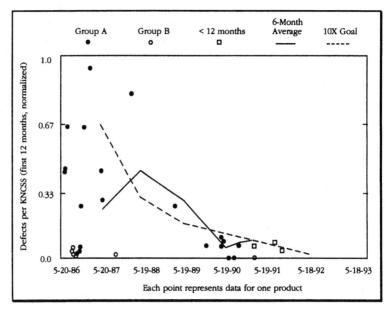

Erfolge des
Softwareprozeß-
managements

Unmittelbar auf den Erfolg des Qualitätsmanagements in der Softwareentwicklung bezieht sich eine Untersuchung des Software Engineering Institutes. Es wurden 13 Organisationen untersucht, die über einen Zeitraum von durchschnittlich 27 Monaten mit großem Erfolg Maßnahmen zur Verbesserung des Qualitäts-

---

[19]   Vgl. Grady, Caswell /Software Metrics/ 79
[20]   Grady /Software Metrics/ 207

managements durchgeführt haben. Effektivität und Effizienz dieser hauptsächlich auf die Verbesserung der Prozeßqualität zielenden Maßnahmen werden ausführlich diskutiert. Die quantitativen Ergebnisse sind in Tab. 2-1 beschrieben.

Maß	Wertebereich	Median	Anzahl Organisationen
Dauer des SPI-Programms	1-9	3,5	24
Kosten der SPI pro Software Engineer und Jahr	$490-$2004	$1375	5
Produktivitätszuwachs pro Jahr	9 %-67 %	35 %	4
jährliche Zunahme des Anteils der frühzeitig entdekken Fehler	6 %-25 %	22 %	3
jährliche Abnahme der time-to-market	15 %-23 %	19 %	2
jährliche Abnahme der nach Freigabe entdeckten Fehler	10 %-94 %	39 %	5
Einsparung/Aufwand	4,0-8,8	5,0	5

Auch wenn der wissenschaftlich abgesicherte Beweis letztlich noch nicht erbracht ist, sprechen die Indizien eindeutig für die hohe Bedeutung der Qualität für den (Markt-)Erfolg eines Unternehmens - auch in der Softwareindustrie. Das sollte auch für den Skeptiker ein entscheidender Grund sein, sich jetzt mit dem Qualitätsthema zu beschäftigen.

[21]   Herbsleb u. a. /Software Process Improvement/ 9

3   Total Quality Management

In Kap. 2 haben wir wichtige Aspekte der modernen Auffassung von Qualität und ihre wettbewerbsstrategische Bedeutung beschrieben. Ferner sind wir dabei auf die Ziele, Ansatzpunkte und die Wirkung des modernen Qualitätsmanagements eingegangen. Dabei ist zunächst ein grobes Bild von der grundsätzlichen Andersartigkeit der modernen Auffassung von Qualität und Qualitätsmanagement aufgezeigt worden, die, angestoßen durch die Vorträge von Deming und Juran, nach dem zweiten Weltkrieg in Japan entwickelt wurde. Für dieses moderne Qualitätsmanagement, dem heute allgemein ein wesentlicher Anteil am Erfolg der großen, international tätigen japanischen Unternehmen zugeschrieben wird, wurde in den U.S.A. der Begriff Total Quality Management (TQM) geprägt.

Was ist Total Quality Management?

Die Logik dieser etwas sperrigen Begriffsbildung kann man sich folgendermaßen verständlich machen:

- Total bedeutet: TQM ist ein umfassendes Konzept. Es ist nicht auf eine Stelle im Unternehmen beschränkt. Es macht Qualität vielmehr zur Sache aller Mitarbeiter und Hierarchieebenen und zum Gestaltungskriterium aller Aufgaben.

- Quality bezeichnet das Ausmaß, in dem festgelegte und vorausgesetzte Anforderungen erfüllt werden.[22] In erster Linie wird hierbei an die Befriedigung der Kundenbedürfnisse gedacht. Die so verstandene Qualität ist Mittelpunkt des TQM, aber nicht das einzige anzustrebende Ziel. Vielmehr wird mit TQM die Erwartung verbunden, daß gleichzeitig auch andere Ziele besser verwirklicht werden können, z. B die Wirtschaftlichkeit der Leistungserstellungsprozesse oder die Zufriedenheit der Mitarbeiter.

- Der Begriff Management steht für die Einsicht, daß TQM nicht zufällig entsteht oder von alleine wächst. Es muß vielmehr aktiv gestaltet und aufrecht erhalten werden.

---

[22]   Die ISO 8402 definiert Qualität als die „Gesamtheit von Merkmalen (und Merkmalswerten) einer Einheit bezüglich ihrer Eignung, festgelegte und vorausgesetzte Erfordernisse zu erfüllen". Diese Definition ist gleichermaßen auf Produkte wie auf Prozesse anwendbar. Vgl. DIN, EN, ISO /ISO 8402: 1995/

Die Wurzeln des TQM

Mit dem Erstarken der japanischen Wirtschaft und ihrer erfolgreichen Eroberung immer neuer Märkte entstanden in den U.S.A. und in Europa Ängste, die zu einer fieberhaften Suche nach den Ursachen des japanischen Wirtschaftserfolges führten. Diese Suche fand nicht nur in Form wissenschaftlicher Untersuchungen statt, sondern auch in Form unternehmerischer Adaption. Viele große, international tätige Unternehmen spürten den Erfolgsfaktoren ihrer japanischen Wettbewerber nach, identifizierten und übernahmen Elemente ihres Qualitätsmanagements und zeigten damit gleichzeitig die Unabhängigkeit des modernen Qualitätsmanagements von der fernöstlichen Mentalität und Kultur.

TQM ist kein theoretisch konstruiertes Managementkonzept, sondern gewachsene Praxis, die in einem mühsamen gesellschaftlichen Prozeß von Managern und Wissenschaftlern identifiziert wurde. Unser heutiges Verständnis von TQM ist also das Ergebnis einer engen Integration von empirischer Forschung und vorsichtigem unternehmerischen Experiment. Daher fällt die Definition des TQM nicht leicht und man muß wohl auch davon ausgehen, daß sie sich im Laufe der Zeit durch bessere Einsicht verändern und ausgestalten wird.

Schwierigkeiten, TQM zu verstehen und anzuwenden

Ein besonderer Umstand erschwert die Identifikation und Anwendung des TQM. TQM ist keine Menge von einzelnen Elementen, die man unabhängig voneinander nach und nach einführen kann, sondern ein neues Managementparadigma. D. h. TQM ist ein System aufeinander abgestimmter Elemente, die sich gegenseitig voraussetzen und unterstützen. Darüber hinaus verlangen die Elemente grundsätzliche Änderungen in der Auffassung von Qualität, Arbeit und Management. Nur auf der Basis dieser Änderungen in den Auffassungen und Einstellungen aller beteiligten Personen werden die Elemente verständlich und akzeptabel. Da sie für die speziellen Bedingungen jedes Unternehmens ausgestaltet werden müssen, können sie nur auf der Basis von Einsicht und Verständnis angewendet werden. Nur dann kann die Einführung des TQM erfolgreich sein.

Es ist diese Besonderheit des modernen Qualitätsmanagements, die in der ganz auf die Verbesserung der Prozeßqualitätfokussierten aktuellen Diskussion über das Softwarequalitätsmanagement nicht ausreichend berücksichtigt wird und die dazu führen kann, daß sich viele Softwareunternehmen schließlich enttäuscht von den Ideen des Qualitätsmanagements abwenden. Wir werden daher in diesem Kapitel zunächst das moderne Qualitätsmanagement systematisch anhand von elf Prinzipien beschreiben und schließlich aufzeigen, in welchen Aspekten die aktuelle Diskussion über Softwarequalitätsmanagement verkürzt und irreführend ist. In Kap. 4 werden wir anhand der Prinzipien überprüfen, inwiefern die zur Zeit diskutierten Qualitätsmanagement-Markenartikel eine geeignete Anleitung zum Aufbau des Qualitätsmanagements bieten. Die Lücken der aktuellen Diskussion versuchen wir mit Kap. 5 und 6 zu schließen.

3.1 Prinzipien des Total Quality Managements

TQM-Prinzipien sind Prinzipien unternehmerischen Handelns

Die Prinzipien kann man als Kriterien zur Gestaltung der Prozesse, Maßnahmen und Regelungen (kurz: der Elemente des Qualitätsmanagementsystems) verstehen. Sie sind zur Gestaltung und Steuerung des Herstellungsprozesses hinsichtlich Qualität und Leistung wesentlich. Wegen ihres umfassenden Anspruchs kann man sie aber auch einfach als Prinzipien unternehmerischen Handelns auffassen.

3.1.1 Kundenorientierung

Norm: Alle Unternehmensaktivitäten haben sich zur optimalen Erfüllung der Ziele am Kunden zu orientieren.

Kundenorientierung ist nicht selbstverständlich

Aus der Betriebswirtschaftslehre wissen wir, daß der Kunde das Produkt wählt, das gemäß seiner Einschätzung das beste Kosten-Nutzen-Verhältnis hat. Der Wettbewerb zwischen Unternehmen wird also aus der Sicht des Kunden und durch die Kundenbedürfnisse betrieben. Demzufolge muß alles unternehmerische Handeln auf die Befriedigung von Kundenbedürfnissen gerichtet sein.

Orientierung an der Technik

So banal diese Erkenntnis auch sein mag, gerade im Softwarebereich sind zahlreiche Beispiele bekannt, bei denen das Ziel nicht die Befriedigung von Kundenbedürfnissen war. Man kann vermuten, daß technische oder berufsständisch motivierte Ziele vorgelegen haben, wenn z. B eine besonders originelle Benutzerschnittstelle für ein Produkt entwickelt wurde, während der Kunde eine einfache Standardschnittstelle wünschte. Oder daß sich die Ziele an Abteilungsegoismen oder an persönlichen Vorstellungen und Interessen orientierten, wenn eine vom Kunden nicht geforderte, aber besonders anspruchsvolle Lösung realisiert wurde, die Fähigkeiten des Entwicklers oder Mittel der Abteilung nutzte, auf die man besonders stolz war.

Orientierung an den Vorstellungen des Entwicklers

Häufig vertreten Softwareentwickler auch die Auffassung, daß der Kunde mit komplexen Softwareprodukten ohnehin überfordert sei und daß der Entwickler sehr viel besser als der Kunde wisse, was eine gute Software sei. Viele Softwareentwickler fühlen sich immer noch als Künstler, die Freiräume brauchen bzw. als Erfinder, die bessere Welten schaffen. Arbeitsplätze werden aber letztlich nicht durch Expertengremien, berufsständische Vereinigungen oder die Erfüllung berufsethischer Anforderungen, sondern letztlich nur durch zahlende Kunden gesichert.

Ein Unternehmen, das ein Monopol hält, oder eine DV-Abteilung, die ohne interne bzw. externe Verrechnungspreise Software entwickelt, kann, ohne wirtschaftlichen Schaden zu nehmen, Anforderungen seiner Kunden an das Produkt ignorieren, solange das Produkt die grundlegenden Kundenbedürfnisse erfüllt. Für ein Unternehmen im freien Wettbewerb oder eine ausgelagerte DV-Abteilung ohne Kontraktionszwang ist das nur solange möglich, bis es einem Konkurrenten gelingt, ein besser an die Kundenbedürfnisse angepaßtes Produkt anzubieten.

Wer entscheidet über Kundenbedürfnisse?

Dabei spielt es keine Rolle, ob daß Produkt objektiv an die Kundenbedürfnisse angepaßt ist oder dies lediglich aus Sicht der Kunden so scheint. Entscheidend ist die Einschätzung des Kunden, er entscheidet über den Kauf. So hatte die Intel Corp., als 1994 ein Fehler im Pentium-Chip entdeckt wurde, zunächst behauptet, daß dieser Qualitätsmangel für die Nutzer unwesentlich sei. Als sich aber zeigte, daß dies von den Kunden anders gesehen wurde, entschloß sich Intel, den Kunden weltweit ein Umtauschangebot zu unterbreiten. Intel schätzte die Kosten der gesamten Umtauschaktion auf ca. 500 Millionen Dollar. Anfang 1995 stellte sich jedoch heraus, daß weniger als zehn Prozent der über fünf Millionen verkauften fehlerhaften Pentium-Chips zurückgegeben wurden. Von den Privatanwendern tauschten sogar nur weniger als ein Prozent ihre Chips beim Hersteller um.

Kundenorientierung darf nicht nur kurzfristig (taktisch) und auf die vorhandenen Produkte und Realisierungstechniken bezogen sein. Kundenorientierung muß in die Strategie des Unternehmens eingehen und bedeutet hier, daß Unternehmen sich vorausschauend mit Kundenbedürfnissen auseinandersetzen müssen und bestrebt sein sollten, neue Kundenbedürfnisse als erste zu identifizieren und zu befriedigen.

Verschiedene Umsetzungen des Prinzips

Die Umsetzung dieser Strategie kann unterschiedliche Formen annehmen. So ist es denkbar, daß ein Unternehmen nicht selbst nach langfristigen Trends in den Kundenbedürfnissen forscht. Es könnte statt dessen die Strategie verfolgen, andere Unternehmen zu beobachten. Deckt ein anderes Unternehmen neue Kundenbedürfnisse auf, so wird versucht, die Bedürfnisse zu niedrigeren Preisen zu befriedigen. Entdeckt ein Unternehmen einen neuen Weg, bekannte Bedürfnisse zu befriedigen, so wird versucht, diesen Weg mit niedrigeren Kosten zu kopieren. Ein großes Unternehmen könnte auch die Strategie verfolgen, den Markt von kleinen, flexiblen Unternehmen testen zu lassen, um erst bei Erfolg der Kleinen mit entsprechenden Verbesserungen und unter Nutzung anderer Vorteile (gutes Image, enge Kundenbindung etc.) in den Wettbewerb einzutreten bzw. das erfolgreiche kleine Unternehmen aufzukaufen.

Allerdings ist bei der Herstellung komplexer Produkte der Weg von der Idee bis zur Realisierung unter Umständen sehr lang, so daß es selbst in diesem Fall sinnvoll ist, Neuerungen möglichst vor ihrem Erscheinen auf dem Markt zu antizipieren. Will ein Unternehmen nicht in Werksspionage investieren, muß es sich selbst um das Verständnis der Kundenbedürfnisse bemühen.

Kundenorientierung in der Produktentwicklung

Kundenanforderungen bestimmen

Ein Produkt, das ohne Berücksichtigung der Kundenwünsche entwickelt wird, kann nur zufällig erfolgreich werden. Kundenorientierung verlangt, daß ein genaues und korrektes Bild von den tatsächlichen Kundenwünschen entwickelt wird. Microsoft macht z. B ausführliche Untersuchungen über Kundenbedürfnisse in eigenen Labors. Das so entstandene Bild der Kundenwünsche muß systematisch in Unternehmensziele und Produktvorgaben übersetzt werden.

Treffen der Kundenbedürfnisse überprüfen

Zusammen mit dem Rationalitätsprinzip verlangt das Prinzip der Kundenorientierung aber auch die systematische Analyse der Zufriedenheit der Kunden mit dem Produkt. Nur so kann überprüft werden, ob die Kundenwünsche durch das Produkt genau getroffen wurden. Der Kunde erhält durch den Gebrauch des Produktes ein klareres Bild von seinen Bedürfnissen und Anforderungen. Durch die Analyse seiner Zufriedenheit erhält man ein genaueres Verständnis für seine Wünsche und Bedürfnisse und kann sie bei der Verbesserung des Produktes berücksichtigen.

Kundenorientierung in anderen Bereichen

Natürlich gelten diese Überlegungen nicht nur für Entwicklungsbereiche. Sie gelten für alle Aktivitäten, deren Ergebnisse der Kunde wahrnimmt, z. B. für den Kundenservice oder die Rechnungserstellung. So kann eine Rechnung so gestaltet sein, daß sie für die Finanzbuchhaltung einfach zu erstellen und zu verarbeiten ist, für den Kunden aber unübersichtlich und nicht nachvollziehbar wirkt.

Kundenorientierung im Zielkonflikt

In diesem letzten Beispiel wird auch der Zielkonflikt deutlich, in dem Unternehmen sich häufig befinden. Die Orientierung an den Wünschen der Kunden kann mit dem Ziel der Kostensenkung in Konflikt geraten. Das Prinzip der Kundenorientierung verlangt hier, daß dennoch den Kundenwünschen Priorität eingeräumt wird. Dahinter steht die Erfahrung, daß die Vorteile, die das Unternehmen für seinen dauerhaften wirtschaftlichen Erfolg aus seiner Kundenorientierung schöpft, die Nachteile deutlich überwiegen.

Wirkungen der Kundenorientierung

Bei den Auswirkungen der Kundenorientierung auf den wirtschaftlichen Erfolg des Unternehmens kann man drei Faktoren unterscheiden: Bindung der Kunden an das Unternehmen, Weiterempfehlungsverhalten der Kunden, Erleichterung der strategischen Positionierung.

Kundenbindung

Die tatsächlich erfahrenen oder nur subjektiv empfundenen Vorteile aus der Nutzung eines Produktes oder einer Dienstleistung führen zu einer stärkeren Bindung an den Hersteller. Dies erhöht auch die Bereitschaft, Weiterentwicklungen des Produktes zu einem höheren Preis zu erwerben oder andere Produkte des Herstellers in Erwägung zu ziehen.[23] In verschiedenen Studien wird aufgezeigt, daß der Aufwand für die Gewinnung eines Neukunden etwa fünfmal so hoch ist wie der Aufwand, der nötig ist, um einen bestehenden Kunden zu halten.

Weiterempfehlungsverhalten

Zwar spricht ein zufriedener Kunde nur mit etwa drei weiteren Personen[24], aber seine Empfehlung wirkt sich stark motivierend auf die Auswahlentscheidung potentieller Kunden aus. Stärker noch als im positiven Fall wirkt sich das Weiterempfehlungsver-

---

[23]   Vgl. Dornach, Meyer /Kundenbarometer/ 2

[24]   Vgl. Schnitzler /Kundenorientierung. Nicht das Beste/ 61

halten im negativen Fall aus, da ein unzufriedener Kunde etwa 16 weitere Personen informiert.

strategische
Positionierung

Zwar strebt das Qualitätsmanagement die gleichzeitige Optimierung der drei strategischen Parameter Wirtschaftlichkeit, Reaktionszeit und Kundennutzen an, dennoch können Unternehmen auch Vorteile aus der Wahl von Schwerpunkten hinsichtlich Wirtschaftlichkeit, Reaktionszeit und Kundennutzen ziehen. Durch eine konsequente Kundenorientierung verschafft sich das Unternehmen eine bessere Kenntnis der Kundenwünsche und ist dadurch in der Lage, Chancen für die Steigerung der Wirtschaftlichkeit und Verkürzung von Reaktionszeiten zu erkennen, die sich nicht negativ auf den Kundennutzen auswirken.

3.1.2   Prozeßorientierung

Norm: Hohe Produktqualität setzt hohe Prozeßqualität voraus. Hohe Prozeßqualität erfordert ein leistungsfähiges Prozeßmanagement.

Die ältere Auffassung: Fehlerbehebung statt Fehlervermeidung

Magische Theorie
der Fehlerentstehung

Nach der älteren Auffassung von Softwarequalitätsmanagement entstehen Fehler auf unverstandene Weise während der Herstellung von Software. Sie können in Tests sichtbar gemacht werden und müssen dann durch Überarbeitung des Produktes beseitigt werden. In dieser älteren Auffassung hat man die Fehlerentstehung als unvermeidbar hingenommen. Es galt, die unvermeidlichen Fehler möglichst sicher zu erkennen und zu beseitigen.

Die Annahme, daß die Fehlerentstehung unvermeidbar ist, ergibt sich aus der Annahme, daß Software das Produkt eines einmaligen, kreativen, intellektuellen Prozesses sei. Man nahm an, man könne diesen Prozeß nicht verstehen und daher auch die Fehler nicht auf einige wenige nachvollziehbare und beherrschbare Ursachen reduzieren. Es schien unmöglich, aus Erfahrungen zu lernen und Fehler zu verhindern. Man sah sich lediglich in der Lage, Produktfehler zu identifizieren und anschließend zu beheben.

Der Softwareprozeß als Quelle von Qualität und Qualitätsmängeln

Neuere Vorstellungen von der Softwareherstellung halten den Softwareprozeß für die Quelle von Softwarequalität und Softwarequalitätsmängeln. Sie halten es für möglich und sinnvoll, die Herstellung von Software zu einem reproduzierbaren Prozeß zu entwickeln. In einem reproduzierbaren Prozeß ist es wiederum möglich und sinnvoll, nach Ursachen der Entstehung von Qualitätsmängeln zu suchen und den Prozeß dann so umzugestalten, daß die Fehlerursachen beseitigt sind. Natürlich sind es nach wie vor die Menschen, die die Fehler machen, aber die wesentlichen Ursachen der Fehler liegen im Prozeß und in seiner Gestaltung.

Hohe Produktqualität setzt hohe Prozeßqualität voraus

Hohe Produktqualität setzt demzufolge hohe Prozeßqualität voraus. Es ist evident, daß ein Prozeß, bei dem beispielsweise nur mit geringem Aufwand oder ohne angemessene Methoden Requirements Engineering betrieben wird, keine Designmethoden angewendet werden oder nur unsystematische Tests stattfinden, höchstens zufällig, aber nicht plan- und wiederholbar gute Softwareprodukte erzeugen wird. Die Qualität des Prozesses besteht also z. B darin, daß ein Vorgehensmodell verwendet wird und daß alle Aktivitäten im Vorgehensmodell durch geeignete Methoden unterstützt werden. Und natürlich gehört zur Prozeßqualität auch, daß die Mitarbeiter die Methoden beherrschen und sie anwenden.

Starkes und schwaches Prinzip der Prozeßorientierung

Prozeßqualität als hinreichende oder notwendige Voraussetzung für Produktqualität

In der modernen an der Produktion orientierten Auffassung wird das Prinzip der Prozeßorientierung gewöhnlich anders formuliert. Prozeßqualität wird nicht nur als notwendige, sondern auch hinreichende Bedingung angesehen. Statt „Hohe Produktqualität setzt hohe Prozeßqualität voraus" (schwaches Prinzip der Prozeßorientierung), heißt es hier: „Ein Qualitätsprozeß produziert notwendigerweise ein Qualitätsprodukt" (starkes Prinzip der Prozeßorientierung). Ob das starke Prinzip der Prozeßorientierung auch im Softwarebereich gilt, soll im folgenden kurz erörtert werden. Während bei Fertigungsprozessen in der Regel die Prozeßparameter, die erforderlich sind, um ein Produkt in einer bestimmten Qualität zu erzeugen, bekannt sind (z. B Werkzeuge, Maschineneinstellungen, Rohstoffqualität), ist das bei der Softwareherstellung nicht der Fall.

Der Softwareprozeß ist durch Menschen geprägt, die erhebliche Leistungsvarianzen zeigen. Auch wenn der Softwareprozeß formalisiert und gut eingerichtet ist, kann man nicht sicher sein, daß er immer die gleiche Qualität produziert. Z. B. kann ein Entwurf schlecht ausfallen, auch wenn man einen gut formalisierten Entwurfsprozeß mit Reviews hat, weil wir nicht gut verstehen, was Entwurfsqualität ist und wie man sie erzeugt. So führt die herausragende Bedeutung des Produktionsfaktors Mensch bei der Softwareentwicklung u. a. auch dazu, daß bei ein- und demselben Prozeß (d. h. gleiche Mitarbeiter, Methoden, Verfahren und Werkzeuge) sehr verschiedene Ergebnisse produziert werden (Tagesform).

Aber auch wenn wir von den Leistungsvarianzen des Menschen absehen, können wir die Qualität des Produktes nicht aus der Qualität des Prozesses vorhersagen. Viele Teilprozesse der Softwareherstellung sind Problemlösungsprozesse. Sie sind nicht deterministisch.

Der Grund für das schwache Prinzip der Prozeßorientierung

Entstehung von Qualität im Softwareprozeß nicht verstanden

Der wesentliche Grund, daß in der Softwareherstellung nur das schwache Prinzip gilt, ist das Fehlen eines Kausalmodells oder eines statistischen Modells für die Entstehung von Qualität. Bei einem Produktionsprozeß, z. B dem Bohren, haben wir eine genaue Kenntnis darüber, welche Parameter in welchem Ausmaß Einfluß auf die Qualität des Ergebnisses haben, z. B auf die Genauigkeit der Tiefe des Bohrloches. Bei der Softwareherstellung haben wir diese Kenntnis nicht. Z. B. können die Restfehlerzahl und die Zuverlässigkeit eines Softwareproduktes nicht aus der Testqualität, z. B dem Zweigüberdeckungsgrad, vorhergesagt werden. Auch der Einfluß verschiedener Merkmale des Spezifikations- oder Designprozesses auf die Produktqualität kann nur vermutet werden.

Das starke Prinzip der Prozeßorientierung

Nach dem starken Prinzip der Prozeßorientierung müßte der Softwareprozeß zunächst so weit stabilisiert werden, daß seine statistischen Schwankungen in gewissen Grenzen bleiben, d. h. daß er unter statistischer Prozeßkontrolle (SPC) ist. Dann kann er optimiert werden.

Für diese Optimierung ist zu klären:

- Welche Parameter des Softwareprozesses haben Einfluß auf die produzierte Qualität?
- In welchen Grenzen müssen diese Parameter gehalten werden, damit die gewünschte Qualität entsteht?
- Mit welchen Mitteln (Indikatoren, Rückkopplungsschleifen) lassen sich die Parameter in den gewünschten Grenzen halten?
- Mit welchen Mitteln lassen sich die Prozesse optimieren?

Softwareprozesse sind nicht unter statistischer Kontrolle

Es besteht heute keine Aussicht, den Softwareprozeß unter statistische Kontrolle zu bringen. Bestenfalls kann man Teilprozesse wie das Testen und die formale Inspektion unter Kontrolle bringen. In der Softwareentwicklung bleibt es also zunächst beim schwachen Prinzip der Prozeßorientierung. Aber auch auf der Basis des schwachen Prinzips ergibt sich für das moderne Qualitätsmanagement eine geänderte Sicht der Qualitätssicherung: Beseitigung der Ursachen der Fehler, d. h. Fehlervermeidung, hat Priorität vor Beseitigung der Symptome, d. h. Fehlerbehebung.

Die neue Rolle und Gestaltung der Produktprüfung

Nach dem starken Prinzip der Prozeßorientierung erhält die Produktprüfung eine neue Rolle: Ihre Aufgabe ist die Überwachung der Prozeßqualität durch (statistische) Messungen/Prüfungen am Produkt. Nur noch in zweiter Linie und stichprobenartig dient sie der Überprüfung der Produktqualität. Die Gestaltungsregel heißt: Prozeßkontrolle durch statistische Produktprüfung. Nach dem schwachen Prinzip der Prozeßorientierung ist dies nicht der Fall. Die Produktprüfung dient auch weiterhin nicht nur stichprobenartig der Sicherung der Produktqualität. Allerdings soll die Produktprüfung dennoch erstens anders organisiert werden und zweitens anders genutzt werden.

Entwicklungsbegleitende Prüfung dient der Vermeidung von Folgefehlern

Auch in der Softwareherstellung gilt die Gestaltungsregel: „Get it right first time" oder „Vorbeugen ist besser als Heilen". Nacharbeit ist gewöhnlich teurer als die Vermeidung von Fehlern. Können Fehler nicht vermieden werden, so müssen sie möglichst frühzeitig entdeckt werden, denn die durch den Fehler verursachten Kosten steigen mit dem zeitlichen Abstand von Fehlerentstehung und Fehlerbehebung stark an. Die Produktprüfung ist also entwicklungsbegleitend zu organisieren und muß sich auf die Zwischenprodukte beziehen, wobei Doppelarbeit auch bei der Prüfung zu vermeiden ist.

statistische Produktprüfung dient der Prozeßkontrolle

Die Produktprüfung sollte nicht ausschließlich auf die Identifikation von Fehlern zielen. Durch Analyse der Ursachen der Fehler wird die Produktprüfung auch zum Ausgangspunkt von Verbesserungsmöglichkeiten. Auf diese Weise kann die Produktprüfung zur Überwachung und Verbesserung der Prozeßqualität eingesetzt werden. Die Produktprüfung wird also zum Element des Prozeßmanagements, dessen Aufgabe die Planung, Überwachung und Verbesserung des Prozesses ist.

3.1.3   Qualitätsorientierung

Norm: Qualitätsverbesserungen müssen Vorrang vor Produktivitäts- und Geschwindigkeitsverbesserungen haben.

Die wichtigsten strategischen Ziele von Unternehmen sind Steigerung der Wirtschaftlichkeit, Erhöhung des Kundennutzens und Verringerung der Reaktionszeit. Allerdings werden diese Ziele konventionell als konkurrierend verstanden. Die konventionelle Auffassung wird oft mit einem magischen Dreieck beschrieben (Abb. 3-1). Es wird angenommen, daß das Dreieck zwischen den Achsen einen festen Flächeninhalt hat. Wird der Kundennutzen erhöht, z. B durch eine Senkung der Restfehlerzahl, so setzt dies eine Erhöhung des Aufwandes im Test voraus, d. h. die Produktivität oder die Reaktionsgeschwindigkeit sinken.

Abb. 3-1:
Magisches Dreieck

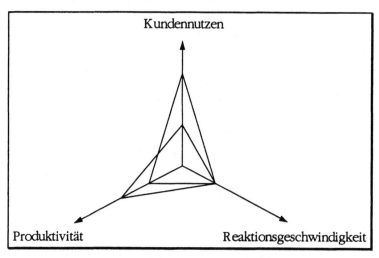

Productivity follows quality

Die Erfahrung von Unternehmen, die ein modernes Qualitätsmanagement anwenden, ist aber, daß die Kopplung der strategischen Ziele von den Mitteln abhängt, mit denen Verbesserungen angestrebt werden. Nicht alle einsetzbaren Mittel haben diesen Effekt. Vielmehr haben Verbesserungen der Qualität der Prozesse gleichzeitig eine positive Auswirkung auf die strategischen Parameter Kundennutzen und Produktivität. Diese Erfahrung wird oft in die kurze Formel gefaßt: Productivity follows quality.

Market follows quality

Aber auch die Verbesserung der Qualität der Produkte (im Sinne der Erfüllung von Kundenanforderungen) wirkt sich positiv auf die Wirtschaftlichkeit aus. Sie führt zunächst zu höheren Umsätzen und einem verbesserten Image des Unternehmens. In der

Folge kann das Unternehmen Mengenvorteile besser nutzen, was sich wiederum auf die Verbesserung der Wirtschaftlichkeit auswirkt. Die Kurzformel hier heißt: Market follows quality.

Qualität ist ein Mittel zur Erhöhung des Gewinns

Qualität ist im modernen Qualitätsmanagement also nicht mehr eine ethische Kategorie, die sich aus dem Selbstverständnis des Ingenieurs oder dem moralischen Anspruch eines Unternehmers ergibt, sondern ein Mittel zur Erhöhung des Gewinns.

Abb. 3-2 verdeutlicht dies an einem Beispiel. IBM investierte Mitte der 80er Jahre verstärkt in Vorbeugungskosten. Dies führte zunächst zu keiner Veränderung der Gesamtkosten. Erst im Zeitablauf verringerten sich bei konstanten Prüfkosten die Gesamtkosten durch eine deutliche Reduzierung der Fehlerkosten. Bei einer späteren Stabilisierung des Prozesses bzw. dem Einsatz formaler Methoden (z. B formale Spezifikation) könnte man sogar darüber nachdenken, die Prüfkosten zu senken.

Abb. 3-2:
Verringerung der Qualitätskosten bei IBM[25]

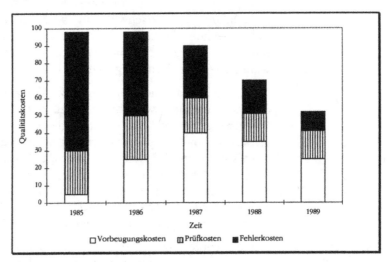

3.1.4   **Wertschöpfungsorientierung**

Norm: Alle Unternehmensaktivitäten sind so zu gestalten, daß die Wertschöpfung maximiert und Verschwendung vermieden wird.

---

[25]   Vgl. Haist, Fromm /Qualität/ 60

Verschwendung in der Softwareherstellung

Verschwendung gibt es in der Softwareherstellung in vielfältiger Form. Verschwendung taucht in Produkten auf, wenn sie überflüssige, d. h. vom Kunden nicht gewünschte oder nicht honorierte, Merkmale und Funktionen enthalten, deren Herstellung Aufwand verursacht hat. Im Softwareprozeß nimmt die Verschwendung oft die Form von Überarbeitungsschleifen an. So wird viel Aufwand verschwendet, wenn die Programmierung beginnt, bevor der Entwurf konsolidiert ist, und wenn in der Folge dann Programmodule wegen Änderungen im Entwurf überarbeitet werden müssen. Ein anderes alt bekanntes Beispiel von Verschwendung ist der erhöhte Wartungsaufwand durch sogenannten „Spaghetti-Code", der durch undisziplinierten Gebrauch von Sprunganweisungen entsteht.

Das Wasserfallmodell und die Strukturierten Methoden waren frühe Versuche, solche Verschwendung zu reduzieren. Der Gesamtumfang der Verschwendung wird bis zu 55 % des Gesamtaufwandes der Softwareherstellung geschätzt.[26] D. h. daß im ungünstigsten Fall etwa die Hälfte aller Aktivitäten in der Softwareherstellung überflüssig sind.

Ein spezielles Beispiel von Verschwendung ist das Testen von Software. De facto wird heute durch das Testen der Wert der Software erhöht, weil im Testen in der Regel eine große Menge schwerwiegender Fehler aufgedeckt wird, die häufig die Software wertlos macht. Geht man aber davon aus, daß die Entstehung von Fehlern verhindert werden kann, dann ist Testen eine nicht wertschöpfende Tätigkeit und sollte vermieden werden. Methoden wie das Clean room development zielen auf die Vermeidung der nicht wertschöpfenden Tätigkeit Testen.

Aus der Forderung nach Maximierung der Wertschöpfung ergibt sich auch die Forderung, alle Unternehmensaktivitäten in Geschäftsprozessen statt in Funktionen zu organisieren. Die Erfahrung hat gezeigt, daß funktionale Organisationen häufig zu Reibungsverlusten und Ineffizienz führen, weil sie durch die Einschränkung der Sicht, der Verantwortlichkeit und des Interesses der Mitarbeiter auf den Erfolg der funktionalen Einheit unnötige Aktivitäten, Doppelarbeit etc. begünstigen. Von einer Organisation in Geschäftsprozessen erhofft man, daß sie eher sicherstellen kann, daß nur wertschöpfende Aktivitäten ausgeführt werden.

---

[26]   Vgl. DeMarco /Controlling/ 199

3.1.5   Zuständigkeit aller

Norm: Alle sind zuständig für Qualität, aber in unterschiedlicher Weise.

Qualität ist
Verpflichtung für
alle Mitarbeiter

Qualität wird im TQM nicht als Aufgabe eines Qualitätsbeauftragten oder einer Qualitätsabteilung verstanden. Qualität ist kein Amt, das einer bestimmten Organisationseinheit übertragen wird. Qualität ist vielmehr ein Leitbild für alle Organisationsangehörigen. Im folgenden soll kurz dargestellt werden, welche Konsequenzen das für Mitarbeiter auf den unterschiedlichen Hierarchieebenen hat.

Die Rolle des Managements

Qualität wurde in
Japan zur Chefsache

Der häufig zitierten Ansicht, die führende Rolle japanischer Unternehmen im Qualitätswettbewerb sei vor allem auf die Vorlesungen von W. Edwards Deming und Joseph M. Juran Anfang der 50er Jahre in Japan zurückzuführen, entgegnet Juran selber, dies sei „chauvinistischer Quatsch"[27]. Demings und seine Vorlesungen seien lediglich ein erster Anstoß für die Japaner gewesen. Im übrigen seien exakt die gleichen Inhalte auch in den U.S.A. vorgetragen worden. Der entscheidende Unterschied, so Juran, habe in der Zusammensetzung des jeweiligen Auditoriums gelegen. Während ihm in Japan Vorstandsmitglieder der größten Unternehmen des Landes zuhörten, waren es in den U.S.A. bei vergleichbaren Veranstaltungen Techniker und Qualitätsbeauftragte.

Der Qualitäts-
gedanke wurde in
Japan konsequent
umgesetzt

Der Qualitätsgedanke wurde in Japan zur Chefsache. Die Chefs gaben diesen Gedanken als Leitbild an alle Unternehmensangehörigen weiter und taten alles, damit die Mitarbeiter dieses Leitbild im Arbeitsalltag auch tatsächlich verwirklichen konnten. Es wurden Qualitätsbeiräte auf höchster Ebene eingerichtet. Klar definierte Qualitätsziele wurden in die Geschäftsziele integriert. Alle Mitarbeiter erhielten ein Qualitätstraining und nahmen an entsprechenden Motivationsprogrammen teil. Es wurden ausreichend Ressourcen zur Verfügung gestellt, mit denen die Qualitätsziele erreicht werden konnten. Wenn nötig, wurden ganze Unternehmensteile oder Produktionsprozesse verändert. Die Zielerreichung wurde kontinuierlich überwacht. Qualitätsfortschritte wurden öffentlich gelobt. Das Lohn- und Anreizsystem förderte das Qualitätsdenken. Die japanischen Manager verstehen sich nicht in erster Linie als Denker, Entscheider

---

[27]   Vgl. Juran /Made in U.S.A./ 42

und Gestalter, sondern als Berater, Trainer und Motivierer. Ihre Hauptaufgabe besteht darin, die Voraussetzungen dafür zu schaffen, daß die Mitarbeiter qualitativ hochwertige Arbeit leisten können.

Qualität wurde in der westlichen Welt delegiert

Anders in den U.S.A.: Die Vorstände der Unternehmen waren laut Juran dort offenbar der Meinung, es sei ausreichend, Sonntagsreden zu halten, vage Ziele zu formulieren und alles andere den Untergebenen zu überlassen. Es wurden zentrale Qualitätsbeauftragte ernannt, auf die die Verantwortung für Qualität abgeschoben werden konnte. Damit wurde Qualität in den U.S.A. zur Aufgabe und zur Überforderung für einzelne Qualitätsbeauftragte. Die Folgen, die das für den weltweiten Qualitätswettbewerb gehabt hat, sind bekannt. Es ist deshalb empfehlenswert, eher dem japanischen Modell zu folgen.

Die Rolle von Qualitätsbeauftragten

Zentrale Qualitätsbeauftragte sind oft hoffnungslos überfordert

Das Modell der Qualitätsbeauftragten in den U.S.A. ist dem japanischen Ansatz unterlegen gewesen, weil die Qualitätsbeauftragten mit der zentralen Verantwortung für Qualität hoffnungslos überfordert waren. Es ist unrealistisch, zu glauben, man könne einen Qualitätsbeauftragten für die Entwicklung und Umsetzung eines praktikablen und wirtschaftlich sinnvollen Qualitätskonzepts verantwortlich machen. Kann er etwa gewährleisten, daß alle Entwicklungsprozesse, jedes Produkt und jede IT-Anwendung qualitativ hochwertig gestaltet wird? Kann er bei allen Planungen, bei allen Entscheidungen, bei allen Ausführungen und Kontrollen zugegen sein, um sicherzustellen, daß der Qualität ausreichend Beachtung geschenkt wird? Wohl kaum!

In einem nach dem Vorbild des TQM gestalteten Unternehmen haben die Einkäufer dafür Sorge zu tragen, daß zugekaufte Produkte oder Dienstleistungen den Qualitätsanforderungen entsprechen. Die Entwickler tragen Verantwortung für die Qualität der von ihnen entwickelten Produkte, die Betreiber bemühen sich um die Qualität der von ihnen betreuten Anwendungen usw.

Qualitätsbeauftragte können nur Unterstützung leisten

Welche Verantwortung trägt der Qualitätsbeauftragte bei dieser Aufgabeteilung? Er hat in erster Linie dafür zu sorgen, daß der Qualitätsgedanke in der Organisation bekannt wird, daß alle Mitarbeiter eine angemessene Schulung erhalten, daß ihnen die notwendigen Methoden und Werkzeuge zur Verfügung stehen, daß sie gut motiviert werden; kurz, daß sie ausreichend Unterstützung erhalten, qualitativ hochwertige Arbeit zu leisten.

Die Rolle der Mitarbeiter

Jeder muß für die Qualität seiner Arbeit verantwortlich sein

Alle Mitarbeiter müssen Qualität als einen Teil ihrer Aufgabe verstehen. Dazu müssen sie entsprechend geschult und motiviert werden. Ferner müssen die Mitarbeiter den Einfluß ihrer Handlungen auf die Qualität der Prozesse und der Produkte verstehen. Eine Möglichkeit zur Erreichung dieses Ziels ist, allen Mitarbeitern möglichst häufig plastisch vor Augen zu führen, welche Konsequenzen mangelnde Qualität haben kann.

Ein Beispiel für die Verteilung der Verantwortung

Die Produktentwicklung bei Microsoft erfolgt mit Hilfe dezentral organisierter Entwicklungsteams bei sehr flachen Hierarchien.[28] Es gibt einen Produktmanager, der direkt dem Vizepräsidenten von Microsoft unterstellt ist. Die Entwicklung von Windows 95 erfolgt z. B in 20 Teams mit jeweils fünf Personen. Jedes Team hat eine klar beschriebene Aufgabe und berichtet unmittelbar an den Produktmanager.

Jedes Team hat einen Qualitätsverantwortlichen

Alle Mitglieder der Teams haben neben ihren Entwicklungsaufgaben noch mindestens eine weitere, zusätzliche Rolle. So gibt es verantwortliche Mitarbeiter für Zeit (Einhalten von Terminen), Funktionalität (Einhaltung von Kundenanforderungen), Information (Verbindung und Abstimmung mir anderen Teams), Qualität (Vermeidung von Abweichungen) und Kosten (Einhaltung von Budgets). Die für Qualität verantwortlichen Mitarbeiter treffen sich regelmäßig zu einem Erfahrungsaustausch und zur Koordination von Aktivitäten mit Mitgliedern anderer Teams.

Bonussystem für Qualität

Die Steuerung der Interessen erfolgt über ein Bonussystem, das die Zielerreichung der einzelnen Teammitglieder, aber auch der Gruppe insgesamt steuert. So richtet sich der Bonus des Qualitätsverantwortlichen z. B nach der Anzahl der aus dem Feld gemeldeten Fehler. Für den Funktionalitätsverantwortlichen wird beispielsweise die Anzahl der Änderungswünsche pro Produktfeature zugrundegelegt. Der Informationsmitarbeiter wird u. a. auf der Grundlage von möglichen Inkonsistenzen zwischen den Teams oder zwischen Produkten beurteilt. Außerdem wird die Gesamtleistung aller Entwicklungsteams (Erfolg des Produktes)

---

[28] Vgl. Hähnel /Microsoft/

honoriert, wodurch den teilweise konkurrierenden Zielen eine gemeinsame Zielgröße gegenübergestellt wird.

Verantwortung für Qualität rotiert

Nach Abschluß des Projektes bleibt ein Teammitglied für Wartung verantwortlich. Damit die Mitarbeiter ein gegenseitiges Verständnis für die Probleme der anderen erhalten, werden die Rollen von Projekt zu Projekt gewechselt, so daß z. B im Lauf der Zeit jeder Mitarbeiter einmal die Rolle des Qualitätsverantwortlichen übernehmen muß.

Abb. 3-3: Teamorganisation bei der Entwicklung von Windows 95 bei Microsoft

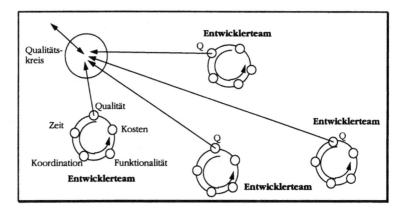

Wie schafft man Qualitätsbewußtsein?

Die Teamorganisation von Microsoft ist ein Beispiel dafür, wie die Verantwortung für Qualität möglichst weit nach unten gegeben wird und wie im Rahmen eines Belohnungssystems bei den Entwicklern auch ein gewisses Bewußtsein für Fehler und deren Folgen geschaffen werden kann. Dies erreicht man z. B. schon durch so einfache Maßnahmen wie der Bekanntmachung der von Kunden gemeldeten Fehler und deren Konsequenzen an alle Entwickler.

3.1.6

Interne Kunden-Lieferanten-Beziehungen

Norm: Interne Zusammenarbeit wird gemäß der Kunden-Lieferanten-Beziehung organisiert.

Das Qualitätsbewußtsein der Mitarbeiter kann deutlich erhöht werden, wenn die Beziehungen zwischen den Mitarbeitern als internes Kunden-Lieferanten-Verhältnis gestaltet wird.

Das Problem der funktionalen Gliederung

Im Gegensatz insbesondere zu den Großserienherstellern sind Softwarehersteller weniger stark funktional gegliedert. Es gibt aber natürlich auch hier mit zunehmender Größe vertikale Strukturen (oft stärker nach Produktbereichen gegliedert), in denen sich immer Tendenzen finden, sich gegen andere Bereiche abzugrenzen. Dies wird als Informations- und Kooperationsbarriere an den Grenzen sichtbar.

Zusammenarbeit an den Grenzen der vertikalen Strukturen wichtig

Von der Produktidee bis zum Betrieb beim Kunden läuft das Produkt aber horizontal durch das Unternehmen. Da die Qualität des Endproduktes entlang dieses horizontalen Weges bestimmt wird, ist die Zusammenarbeit über die Grenzen der vertikalen Strukturen sehr wichtig.

Um die Zusammenarbeit zwischen den funktionalen Bereichen besser auf den Gesamterfolg des Unternehmens auszurichten, Marktdruck nach innen sichtbar zu machen und die Orientierung am Kunden zu erhöhen, wird in einem TQM-Unternehmen die funktionale Zusammenarbeit in Kunden-Lieferanten-Beziehungen organisiert.

Die Gestaltung der internen Zusammenarbeit als Kunden-Lieferanten-Beziehung

Beispiel für interne Kunden-Lieferanten-Beziehungen

Die nachstehende Abb. 3-4 verdeutlicht beispielhaft die internen Kunden-Lieferanten-Beziehungen einer softwareherstellenden Organisation am Beispiel der Nixdorf Computer AG aus den 80er Jahren. Das Marketing vergibt auf der Grundlage der Marktdaten (Kundenanforderungen, Konkurrenz) und Absprachen mit dem Vertrieb einen Auftrag an den Entwicklungsbereich des Unternehmens. Dabei werden gegebenenfalls Fremdprodukte eingebunden oder externe Entwicklungsaufträge für Teile des Produktes vergeben. Das Marketing tritt dem Vertrieb gegenüber als Lieferant auf und bietet das entwickelte Produkt an.

Abb. 3-4: Kunden-Lieferanten-Verhältnis

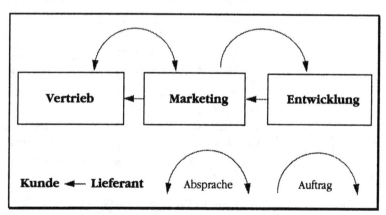

Kunden-Lieferanten-Analyse

Für die prozeßorientierte Analyse und Verbesserung bietet das Prinzip der internen Kunden-Lieferanten-Beziehungen Orientierung. Im Rahmen der Analyse werden für jeden Bereich eines Unternehmens Kunden und Lieferanten sowie die an den Schnittstellen übergebenen Produkte bestimmt. Es wird untersucht, welche Anforderungen der Bereich an die Produkte seiner Lieferanten stellen muß, um die Anforderungen seiner Kunden erfüllen zu können.

Verteilung der Qualitätsverantwortung

Diese Analyse hilft allen Bereichen, die eigene Arbeit im Hinblick auf den Gesamterfolg des Unternehmens zu bewerten. Der Erfolgsbeitrag eines Bereichs wird als Erfolg bei seinen internen Kunden definiert. Auf diese Weise werden alle an einem Entwicklungsprozeß beteiligten Bereiche auf den Erfolg der jeweils Nächsten in der Wertschöpfungskette verpflichtet. Daraus ergibt sich gleichzeitig eine Verteilung und Lokalisierung der Qualitätsverantwortung. Jeder Bereich ist für die Qualität seiner Arbeit selbst verantwortlich. Er bekommt dadurch einen Teil der Verantwortung für die Qualität und Produktivität des gesamten Leistungserstellungsprozesses.

Die Steuerung der interfunktionalen Zusammenarbeit

Die Steuerung der interfunktionalen Zusammenarbeit durch interne Kunden-Lieferanten-Beziehungen wird durch weitere Hilfsmittel unterstützt. Wichtige Mittel dazu sind Institutionen, die über den vertikalen Grenzen stehen, z. B. überfunktionale Qualitätsverbesserungsteams, das Quality Council, ein übergreifendes Controlling.

- Diese Institutionen befassen sich geschäftsprozeßbezogen mit Qualität, d. h. quer über die vertikal definierten Bereiche hinweg mit Problemen von Kosten, Zeit und Qualität.

- Ihre Aufgabe ist vornehmlich Initiierung und Koordination.

- Im Planungsprozeß werden in diesen Institutionen zunächst die überfunktionalen Ziele und Maßnahmen festgelegt, damit sie bei der Bestimmung bereichsbezogener Ziele und Maßnahmen als Rahmen dienen können.

Solche Institutionen können auch prozeßbezogen Parameter wie Kosten, Zeit oder Qualität gestalten und weiterentwickeln, aber sie bestimmen und koordinieren einzelne Verantwortlichkeiten. Projekte und Aufgaben, delegieren sie dann an die Bereiche und überprüfen in regelmäßigen Abständen Fortschritt und Koordination.[29]

---

[29] Ein Beispiel für funktionsübergreifende und funktionsbezogene Verbesserungsteams und ihre Arbeit findet sich in George, Weimerskirch /Total Quality Management/ 174-178

Die nachstehende Grafik veranschaulicht die interfunktionale Zusammenarbeit.

Abb. 3-5:
Zusammenwirken der
Aufgaben im TQM [30]

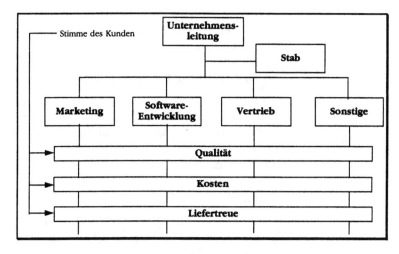

3.1.7 Kontinuierliche Verbesserung

Norm: Jeder Parameter der Unternehmensleistung muß kontinuierlich verbessert werden.

Wettbewerb erzwingt kontinuierliche Verbesserungen

Im Wettbewerb kann es keine Standardqualität geben. Prinzipiell ist immer alles verbesserbar. Der Wettbewerb erzwingt kontinuierlich reaktive und proaktive (vorausschauende) Verbesserungen[31].

Revolutionäre Veränderung und revolutionäre Verbesserung

Werden Defizite in den Produkten oder in den Leistungserstellungsprozessen erkannt oder werden proaktiv Verbesserungen angestrebt, so versuchen viele Unternehmen heute, diese Probleme in erster Linie durch radikale, revolutionäre Veränderungen zu beheben. Ansatzpunkte zur Behebung der Defizite werden häufig in technischen oder methodischen Neuerungen gesucht; z. B werden neue Softwaretechnologien und Werkzeuge eingeführt.

Revolutionäre Veränderungen führen nicht ohne weiteres zu revolutionären Verbesserungen

Erfahrene Mitarbeiter wissen aber, daß revolutionäre Veränderungen nicht ohne weiteres zu revolutionären Verbesserungen führen. So hat z. B die revolutionäre Veränderung durch Einführung von CASE-Werkzeugen in der Regel nicht zu der erwarteten

---

[30] in Anlehnung an Oess /Total Quality Management/ 174

[31] Vgl. Imai /KAIZEN/

revolutionären Verbesserung geführt. Die sinnvolle Nutzung von Automatisierungen im Softwareprozeß setzt z. B. eine stärkere Formalisierung des Softwareprozesses voraus, die zunächst mit einer Vielzahl von kleinen organisatorischen Verbesserungen erreicht werden muß.[32]

Probleme revolutionärer Veränderungen

Revolutionäre Veränderungen bringen erhebliche Anlaufschwierigkeiten mit sich

Der scheinbar leichte Weg, durch hohe Investitionen und grundlegende technische oder methodische Veränderungen „Quantensprünge" in der Leistungsfähigkeit quasi zu erkaufen, ist nicht gangbar. Revolutionäre Veränderungen schaffen in der Regel auch völlig neue organisatorische Abläufe, deren Leistungsfähigkeit in einer Lernphase erst langsam entwickelt werden muß.

Dies zeigen z. B. die Erfahrungen mit der Einführung der Objektorientierung. Von einem grundsätzlichen Wechsel des Programmierparadigmas werden revolutionäre Vorteile erwartet. Doch dieser Wechsel hat nicht nur den Einsatz neuer Werkzeuge und Methoden zur Folge, deren Einsatz in wenigen Wochen erlernt werden kann, sondern verlangt den mühsamen Aufbau eigener Erfahrungen in einer mehrjährigen Lern- und Trainingsphase. In dieser Zeit müssen z. B. Erfahrungen mit guten und schlechten Designs entstehen. Ferner muß der Softwareprozeß völlig neu organisiert werden.

Evolutionäre Veränderungen

TQM empfiehlt in erster Linie evolutionäre Veränderungen

Im TQM werden deshalb neben wenigen wohlüberlegten revolutionären Veränderungen in erster Linie evolutionäre Veränderungen angestrebt. Von jeder einzelnen dieser Veränderungen erwartet man zwar nur geringfügige Verbesserungen. Die Vertreter des TQM gehen aber davon aus, daß

1. in der Summe mit höherer Wahrscheinlichkeit weitreichende Verbesserungen erreicht werden können,
2. revolutionäre Verbesserungen durch radikale Veränderungen nur erreicht werden können, wenn die notwendigen Voraussetzungen durch viele inkrementelle Veränderungen geschaffen werden und
3. radikale Veränderungen durch eine Vielzahl von inkrementellen Veränderungen in einer Lernphase „eingefahren" werden müssen.

---

[32] Vgl. Mellis /Praxiserfahrungen mit CASE/

Unterstützung der kontinuierlichen Verbesserung

Kontinuierliche Verbesserungen müssen durch Messungen unterstützt werden

Kontinuierliche Verbesserungen verlangen die Analyse und Beseitigung der Ursachen von Problemen. Dazu werden in der Produktion neben qualitativen Methoden wie die Entwicklung von Ursache-Wirkungsdiagrammen vor allem Methoden der Datenanalyse eingesetzt, die in der Softwareentwicklung noch eine untergeordnete Bedeutung haben. Quantitative Methoden werden für die Anwendung in der Softwareherstellung zur Zeit erst entwickelt.

Die obige Diskussion weist auch noch auf einen weiteren Punkt hin. Im TQM haben neben technischen und methodischen Veränderungen organisatorische Verbesserungen eine große Bedeutung. Sie werden als Voraussetzungen dafür angesehen, daß der erhoffte Nutzen aus technischen und methodischen Veränderungen tatsächlich eintritt.

Die Einsicht, daß Innovationen von den Mitarbeitern dauerhaft angewendet und beherrscht werden müssen, führt im TQM außerdem dazu, daß die Einstellungen der Mitarbeiter und die Unternehmenskultur schritthaltend mit Verbesserungsbemühungen entwickelt werden und daß die Stabilisierung von Innovationen permanent betrieben wird.

Verteilung der Verantwortung für kontinuierliche Verbesserungen

Schließlich verlangt die kontinuierliche Verbesserung auch, daß die Verantwortung für die Durchführung der Verbesserungen angemessen verteilt wird. (Abb. 3-6, Abb. 3-7). Die typische, in den TQM-Unternehmen verbreitete Verteilung der Verantwortung ist deutlich verschieden von der Verantwortung konventionell geführter Unternehmen. In einem TQM-Unternehmen sind alle Managementebenen in unterschiedlichem Umfang für die Verbesserung der Situation (Kaizen) verantwortlich. Die Verantwortung für die Sicherung und Einhaltung der gegenwärtigen Situation ist weitgehend auf die Ebene der Meister und Mitarbeiter eingeschränkt. In konventionell geführten Unternehmen gibt es dagegen keine explizite Verantwortung für das Kaizen. Alle Managementebenen sind hauptsächlich für die Sicherung und Einhaltung der gegenwärtigen Situation verantwortlich.

Abb. 3-6:
Westliches Ver-
ständnis von Mana-
gementaufgaben[33]

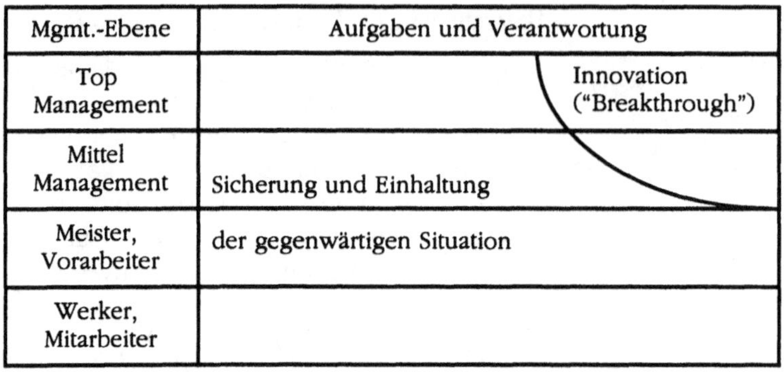

Mgmt.-Ebene	Aufgaben und Verantwortung	
Top Management		Innovation ("Breakthrough")
Mittel Management	Sicherung und Einhaltung	
Meister, Vorarbeiter	der gegenwärtigen Situation	
Werker, Mitarbeiter		

Abb. 3-7:
Japanisches Ver-
ständnis von Mana-
gementaufgaben[34]

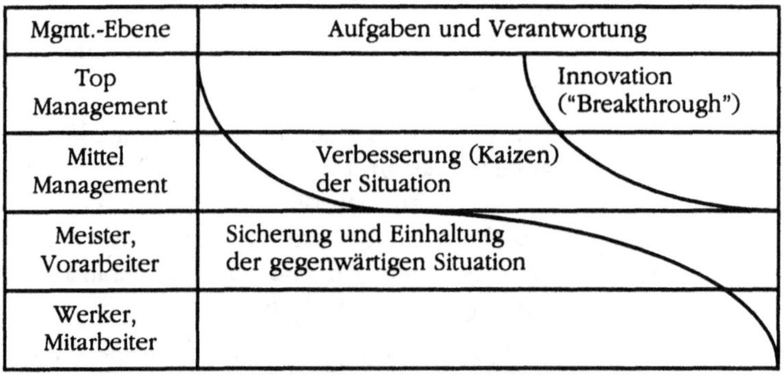

Mgmt.-Ebene	Aufgaben und Verantwortung	
Top Management		Innovation ("Breakthrough")
Mittel Management	Verbesserung (Kaizen) der Situation	
Meister, Vorarbeiter	Sicherung und Einhaltung der gegenwärtigen Situation	
Werker, Mitarbeiter		

Kontinuierliche Verbesserung und Schulungskonzept

Lernen durch
Auseinandersetzung
mit den Problemen
der Arbeit

Das Prinzip der kontinuierlichen Verbesserung hat ständige Veränderungen und Anpassungen zur Folge, die für Führungskräfte und Mitarbeiter an der Basis ein ständiges Lernen und sich verbessern und weiterentwickeln bedeutet. Auch für den Mitarbeiter gibt es keine Maximalleistung oder Vollkommenheit, sondern nur ständiges Bemühen um Verbesserung. Daher spielt Weiterbildung in Form von Schulung, aber noch stärker Lernen durch zielorientierte Auseinandersetzung mit den Problemen der Arbeit in Verbesserungsprojekten und Qualitätszirkeln eine äußerst wichtige Rolle in TQM.

Training der
Teamfähigkeit

Da die Arbeit stärker team-orientiert verrichtet wird, ist neben der Entwicklung der technischen Fähigkeiten auch die der sozialen Fähigkeiten wichtig. Wichtig sind z. B.

[33]   Oess /Total Quality Management/ 148, 149
[34]   Oess /Total Quality Management/ 148, 149

- Kommunikationsfähigkeit,

- Fähigkeit zum rationalen Austragen von Konflikten,

- die Fähigkeit, Menschen in ihren Bedürfnissen, Interessen und Besonderheiten richtig einzuschätzen,

- die Fähigkeit, ernsthafte Beziehungen aufzubauen,

- die Fähigkeit, mit eigenen Bedürfnissen, Interessen und Aggressionen angemessen umzugehen.

Ausbildung so wichtig wie Investitionen in Maschinen

TQM ist ohne umfangreiche und kontinuierliche Schulung nicht möglich. TQM gibt der Ausbildung der Mitarbeiter das gleiche Gewicht wie der Investition in Maschinen. (Was natürlich nicht bedeutet, daß die entsprechenden Budgets gleich hoch seien müssen.) Neben der Ausbildung in TQM müssen die Mitarbeiter aber natürlich auch in Qualitätsthemen weitergebildet werden, die die von ihnen durchgeführten Aktivitäten betreffen. TQM ist eine trainingsintensive Managementstrategie. Darin kommt auch zum Ausdruck, daß TQM ein dynamisches Verständnis von Qualität zugrunde legt. Qualität muß laufend verbessert und an die sich ändernden Bedürfnisse der Kunden und die sich ändernde Prozeßtechnik angepaßt werden.

3.1.8 Stabilisierung von Verbesserungen

Norm: Veränderungen müssen kontinuierlich gepflegt werden, damit sie zu dauerhaften Verbesserungen führen können.

Die Notwendigkeit der Stabilisierung von Verbesserungen

Verbesserungen degenerieren ohne Pflege

In der DV-Welt scheint sich die irrige Annahme festgesetzt zu haben, daß eine Veränderung, z. B die Einführung eines neuen Entwicklungswerkzeugs, zwar in der Einführungsphase hohen Aufwand verursacht, dann aber mehr oder weniger zu einem „Selbstläufer" wird. Tatsächlich müssen solche Veränderungen jedoch ständig gepflegt werden. Wenn nicht laufend Energie aufgebracht wird, um die verbesserte Gestaltung zu erhalten, degeneriert diese langsam.

Die beiden folgenden Zitate stammen von Mitarbeitern aus Softwarehäusern, die an verantwortlicher Stelle am Aufbau und der ISO 9001-Zertifizierung von Qualitätsmanagementsystemen mitgewirkt haben: „Zertifizierung geschafft, jetzt fängt die Arbeit an." und „Wir müssen das QMS zum Leben bringen." Wenn man berücksichtigt, daß diese Unternehmen das Etappenziel Zertifizierung bereits erreicht haben, mögen diese Aussagen zunächst überraschen. Bei genauerer Überlegung belegen sie aber das

oben Beschriebene deutlich: Die bloße Einführung eines Qualitätsmanagementsystems besagt noch nicht viel, selbst wenn es
durch Auditoren geprüft und für angemessen befunden worden
ist.

**Qualitätsmanage-
mentsysteme müs-
sen permanent über-
arbeitet werden**

Die Einführung eines Qualitätsmanagementsystems verlangt vielfältige Veränderungen. Diese Veränderungen bedürfen nicht nur
einer sorgfältigen Ausarbeitung und Verabschiedung, sondern
einer permanenten Erinnerung, Verstärkung, Auffrischung und
Überarbeitung, um wirksam zu werden und zu bleiben. In anderen Worten: Das Qualitätsmanagementsystem muß allen
Mitarbeitern „in Fleisch und Blut übergehen". Wünschenswerte
Regelungen müssen praktiziert, das Qualitätsmanagementsystem
muß belebt werden. Das ist häufig keine leichte Aufgabe. In
vielen Fällen müssen einige der anfangs mit viel Optimismus
eingeführten Verbesserungen sogar wieder zurückgenommen
werden, weil sich im Unternehmensalltag herausstellt, daß die
Ansprüche zu hoch und unpraktikabel waren.

**Beispiel für die
Stabilisierung von
Verbesserungen**

Ein Beispiel für die gelungene Stabilisierung einer Verbesserung
ist die Einführung und erfolgreiche Verwendung eines Data
Dictionary bei Kawasaki. Der Erfolg beruhte im wesentlichen
darauf, daß allen Mitarbeitern die Verwendung des Dictionary
immer wieder „schmackhaft" gemacht wurde. Über viele Jahre
hinweg wurde dessen Einsatz bei jeder Einführung von neuen
Systemen und Entwicklungstechniken erneut angepriesen.
Auftauchende Probleme wie Inkompatibilitäten wurden
bekämpft, um den Mitarbeitern das Arbeiten mit dem Werkzeug
zu ermöglichen und um zu verhindern, daß es nach und nach in
Vergessenheit geriet.[35]

3.1.9   Rationalitätsprinzip

Norm: Alle Unternehmensaktivitäten sollten klar definierte Ziele
verfolgen und nachvollziehbar begründet werden.

Aufstieg und Niedergang der Modewellen

**Modewellen beein-
flussen die DV-Welt**

Veränderungs- und Verbesserungsprojekte in IT-Abteilungen von
Unternehmen werden offenbar entscheidend von den jeweils
aktuellen Modewellen in der DV-Welt beeinflußt.[36] Beispiele für
solche Modewellen waren vor einigen Jahren die Beschäftigung
mit der sogenannten „Künstlichen Intelligenz" bzw. mit Exper-

---

[35]   Vgl. Yourdon /Kawasaki/

[36]   Vgl. Mertens /Wirtschaftsinformatik/

tensystemen, Computer Aided Software Engineering (CASE) oder Computer Integrated Manufacturing (CIM). Mitte der 90er Jahre lauten die heilsverheißenden Konzepte Objektorientierung, Client-Server-Architekturen, Business Process Reengineering oder Qualitätsmanagement. Offenbar kann sich auf dem Höhepunkt einer solchen Modewelle kaum ein Unternehmen der Anziehungskraft des jeweiligen Themas entziehen.

Von der Euphorie über die Enttäuschung ... zur nächsten Modewelle

Dabei ist das Grundmuster ist immer das gleiche: Softwarehersteller nehmen eine Reihe von Problemen im eigenen Unternehmen wahr. Gleichzeitig wird von verschiedenen Seiten eine kleine Anzahl von modernen methodischen oder technischen Neuerungen angepriesen und mit dem Anspruch vermarktet, einen großen Teil der aktuell wahrgenommenen Probleme beseitigen zu können. Die Neuerungen werden in der Mehrzahl der Unternehmen mit großem Aufwand und viel Elan eingeführt. Ohne die erwarteten Nutzeneffekte genau beschrieben zu haben, wird mit den Innovationen die Hoffnung verbunden, daß sich die eigenen Probleme damit lösen oder zumindest abschwächen lassen. Im Zuge der Einführung stellen sich auch tatsächlich Veränderungen und Verbesserungen ein, häufig allerdings in anderer als der erhofften Weise. Die herbeigesehnten Verbesserungen bleiben oft aus. Statt dessen ergeben sich im Verlauf der Beschäftigung mit der Innovation vielfältige Schwierigkeiten. In der Folge sind erste kritische Kommentare zu der jeweiligen Modewelle in der Fachpresse zu lesen. Die Euphorie weicht der Ernüchterung und häufig auch der Enttäuschung. Nach einer bestimmten Zeit läuft die Modewelle endgültig aus und die DV-Gemeinschaft wendet sich der nächsten Welle zu. Der beschriebene Ablauf wiederholt sich mit einem neuen Modethema.

Orientierung an den Modewellen führt zu Verschwendung

Die Folgen dieser Orientierung an den Modethemen liegen auf der Hand: Es werden erhebliche Mittel verschwendet, wichtige Probleme bleiben ungelöst, die Wettbewerbsfähigkeit der Unternehmen verbessert sich nicht.

Rationale Vorgehensweise ist nicht selbstverständlich

Daß auch viele Softwareunternehmen, die Qualitätsmanagement betreiben, nicht vor einer solchen Vorgehensweise geschützt sind, zeigt der Umgang mit der ISO 9000. Beim Aufbau von Qualitätsmanagementsystemen werden viele Maßnahmen häufig nur deshalb realisiert, weil „die Norm das so fordert" oder weil man befürchtet, die Auditoren könnten andernfalls das Zertifikat verweigern. Nur selten ist ein Zusammenhang zwischen den Maßnahmen des Qualitätsmanagements und den Unternehmenszielen erkennbar. Oft bekämpft das Qualitätsmanagement nicht die dringendsten Probleme des Unternehmens und häufig wird die Implementierung der einzelnen Normelemente nicht situationsspezifisch begründet.

Richtlinien des Rationalitätsprinzips

Um diesem Teufelskreis zu entgehen, legt das Rationalitätsprinzip nahe, sich an drei Richtlinien zu orientieren:

1. Alle Unternehmensaktivitäten sollen helfen, die Unternehmensziele zu erreichen.

2. Die Bekämpfung von Problemen soll am Verständnis ihrer Ursachen ansetzen.

3. Jede Entscheidung soll nachvollziehbar begründet werden.

Ausrichtung aller Maßnahmen an den Unternehmenszielen

Die erste Richtlinie kann man als Zielorientierung bezeichnen. Sie besagt, daß alle Unternehmensaktivitäten klar erkennbaren Zielen dienen, daß diese Ziele in einem klarem Zusammenhang mit den Unternehmenszielen stehen müssen, und daß dieser Zusammenhang für alle Beteiligten verständlich sein muß.

Zielorientierung steigert Wertschöpfung

Die Zielorientierung hilft den Mitarbeitern, die knappen Ressourcen auf die Aktivitäten zu konzentrieren, die den höchsten Beitrag zur Zielerreichung und damit zur Wertschöpfung versprechen. Die Ziele helfen zu klären, welche Aktivitäten überflüssig sind und weggelassen oder stark vereinfacht werden können. Dadurch wird es möglich, Verschwendung zu vermeiden.

Die Bedeutung aller Leistungen muß konsequent überprüft werden

Wenn der Beitrag einer Leistung zu den Unternehmenszielen nicht plausibel ist oder nicht nachvollziehbar dargestellt werden kann, ist zu prüfen, ob

- die entsprechende Leistung wirklich überflüssig ist, um die Ziele zu erreichen,

- die Leistung verändert werden muß, um einen sinnvollen Beitrag zur Erreichung der Ziele leisten zu können, oder

- der Zusammenhang zu den Unternehmenszielen den Mitarbeitern nicht klar genug ist und deutlicher herausgearbeitet werden muß.

Mit einer solchen Prüfung können nachhaltige Einsparungen erschlossen werden, ohne diese mit geringerer Qualität erkaufen zu müssen. Möglicherweise können bestimmte, seit langem gepflegte Traditionen völlig aufgegeben werden. Vielleicht helfen die Überlegungen, andere Arbeitsschritte angenehmer und effizienter zu gestalten. Wenn ein bisher nur mangelhaft hergestellter Zusammenhang zwischen einzelnen Arbeitsschritten und den Unternehmenszielen neu verdeutlicht wird, hilft das den einzelnen Mitarbeitern, ihren Beitrag zur Erreichung der Unternehmensziele besser zu verstehen.

Probleme an der Wurzel packen

Probleme hindern ein Unternehmen daran, die eigenen Ziele zu erreichen. Die zweite Richtlinie des Rationalitätsprinzips besagt, daß man sich bemühen sollte, die Ursachen solcher Probleme zu verstehen, bevor über Lösungsvorschläge entschieden wird. Folgende drei Fragen können helfen, sich auf die Ursachen von Problemen zu konzentrieren:

1. Welche Ziele wollen wir erreichen?
2. Was hindert uns daran, diese Ziele zu erreichen?
3. Wie können wir diese Hindernisse beseitigen oder umgehen?

Problemverständnis ermöglicht gezielten Ressourceneinsatz

Eine solche Vorgehensweise verhindert, daß ein Unternehmen auf jeder Modewelle mitschwimmt, wirkliche Problemlösungen nur zufällig erreicht und in den meisten Fällen allenfalls Symptome kuriert. Unternehmen, die sich diesem Verhaltensmuster entziehen, setzen die verfügbaren Ressourcen gezielt dort ein, wo sie den größten Nutzen versprechen. Neue Modetechniken werden nur dann übernommen, wenn sie helfen, die Unternehmensziele oder entsprechende Teilziele besser zu erreichen, bzw. Hindernisse auf dem Weg zur Zielerreichung zu beseitigen.

Entscheidungen nachvollziehbar begründen

Zahlen, Daten und Fakten

Wenn Ziele geklärt, Problemursachen verstanden und Lösungsalternativen erörtert worden sind, muß entschieden werden, welche Lösungswege beschritten werden sollen. Diese Entscheidungen sollten nachvollziehbar begründet werden.

Von verschiedenen Seiten ist empfohlen worden, relevante Sachverhalte in der Softwareentwicklung in Zahlen, Daten und Fakten auszudrücken. Eine der prominentesten Äußerungen dieser Art ist die von Tom DeMarco „You cannot control what you cannot measure".[37] Da sich vermutlich niemand den Vorwurf gefallen lassen will, für eine unkontrollierbare und schlecht steuerbare Softwareentwicklung verantwortlich zu sein, hat sich in der Softwareszene mittlerweile eine Haltung herausgebildet, die etwa besagt, „daß man selbstverständlich messen müsse". Wir können die Forderung nach Messungen in der Softwareentwicklung insofern unterstützen, als Messungen helfen, Begründungen zu konkretisieren, unklare Sachverhalte zu klären und schwammige Situationsbeschreibungen auf den Punkt zu bringen. Eine konkrete, möglicherweise sogar quantifizierte Begründung setzt eine detaillierte Beschäftigung mit dem Thema voraus.

Fakten vor Vermutungen

Deshalb gilt die Devise „Fakten vor Vermutungen" oder „je konkreter die Begründungen, desto besser". Allerdings kommt es nicht in erster Linie auf Zahlen, Daten und Fakten an, sondern darauf, daß die Begründungen explizit und bis zu einem gewissen Grad objektiviert sind, d. h. daß sie von verschiedenen Personen verstanden und nachvollzogen werden können. Auf welche Weise die Begründungen vorgenommen werden, ist zweitrangig.

Begründungen helfen, unreflektierte Entscheidungen zu vermeiden

Die mit der dritten Leitlinie des Rationalitätsprinzips verbundene Empfehlung lautet: nicht, das imitieren, was zur Zeit alle machen, sondern das verwirklichen, was sich in der gegebenen Situation als notwendig darstellen und entsprechend begründen läßt. Dieses Begründungsprinzip ist ein Hilfsmittel, um sich zumindest gedanklich von dem Zwang zu lösen, das zu tun, was alle tun. Es zwingt die Verantwortlichen, das Problemverständnis und den erhofften Beitrag von Maßnahmen zur Lösung von Problemen explizit und nachvollziehbar darzustellen. Begründungen nötigen die an der Entscheidung beteiligten Personen, sich selbst und anderen Rechenschaft über die Gründe von Entscheidungen zu geben. Insofern können Begründungen dazu dienen, unreflektierten Handlungen vorzubeugen.

Die drei Leitlinien des Rationalitätsprinzips stehen in engem Zusammenhang miteinander. Während die erste Leitlinie die Fragen aufwirft, „Wohin wollen wir?" und „Was wollen wir mit einer bestimmten Maßnahme erreichen?", behandelt die zweite Leitlinie die Fragen „Worin liegen die Ursachen für unsere Probleme?" und „Was würde uns helfen, unsere Ziele besser zu erreichen?" Die dritte Leitlinie stellt die Fragen, „Inwiefern ist eine bestimmte Entscheidung in unserer speziellen Situation hilfreich?" und „Ist

---

[37]   zitiert nach Fenton /Software Metrics/ 7

die Entscheidung für alle betroffenen Mitarbeiter nachvollziehbar?" Je klarer die Ziele formuliert und je besser die Ursachen
eines Problems verstanden sind, desto einfacher wird die Begründung für eine bestimmte Maßnahme sein.

3.1.10   Bedeutung von Menschen

Norm: Die Bedeutung von Menschen sowie ihre unterschiedlichen Fähigkeiten und Interessen sind zu berücksichtigen.

Menschen ersetzen oder unterstützen?

Die technikgläubige westliche Welt - und besonders wir in den
informatiknahen Berufen - unterliegen häufig der Fehleinschät-
zung, der Erfolg oder Mißerfolg der Entwicklung und Anwendung von IT-Systemen hinge in erster Linie von den verwendeten Techniken, Methoden und Werkzeugen ab. Im TQM wird
dagegen der Schwerpunkt auf die Einstellung und Motivation der
Menschen gelegt. Das heißt nicht, daß der Sinn und Zweck von
Methoden und Techniken in Frage gestellt würde. Im Gegenteil,
wenn solche Hilfsmittel als sinnvoll erkannt worden sind, werden sie in der Regel um so intensiver empfohlen und eingesetzt,
um den Mitarbeitern die Bewältigung ihrer Aufgaben zu erleichtern. Allerdings wird nicht der Fehler begangen, zu meinen, ein
exzellentes Werkzeug könne fehlende Motivation ersetzen.

Vertrauen in Mitarbeiter setzen!

TQM bedeutet, Vertrauen in die Mitarbeiter zu setzen, sie zu ermuntern und darin zu bestärken, qualitativ hochwertige Arbeit
zu leisten. Verfechter des TQM versuchen nicht, den Einfluß des
Menschen durch Automatisierung weitgehend auszuschalten,
sondern seine kreativen Fähigkeiten und seine Flexibilität für
Problemlösungsprozesse möglichst gewinnbringend zu nutzen.
„Die Erkenntnis, daß optimale Prozesse nur mit Hilfe des Menschen und nicht durch den Versuch seiner Ausschaltung zustande kommen, führt zur Wiederentdeckung des Menschen als
wichtigem Faktor im Prozeß"[38].

Beispiele für die Mißachtung von Menschen

Das Prinzip „Bedeutung von Menschen" wird im Umfeld der
Softwareentwicklung häufig mißachtet, obwohl es so banal und
einleuchtend klingt. Einige Beispiele sollen das belegen:

- Wenn über die Verbesserung der Softwareentwicklung oder
  -anwendung nachgedacht wird, stehen in der Regel methodische und technische Neuerungen im Vordergrund.

- Es gibt zahlreiche Beispiele für gescheiterte DV-Einfüh-
  rungsprojekte, in deren Rahmen einerseits zwar hohe Be-

---

[38]   Kierstein /Qualitätsaudits/ 87

träge in Hard- und Software investiert wurden, andererseits die betroffenen Mitarbeiter aber nicht einmal eine rudimentäre Schulung und Einweisung erhalten haben.

- Viele Qualitätsmanagement-Markenartikel (vgl. Kap. 4) gehen implizit von der Fiktion aus, daß ein Unternehmen wie ein monolithischer und rationaler Aktor betrachtet werden könne. Gemäß dieser Fiktion setzt die Unternehmensleitung sinnvolle Ziele und trifft Entscheidungen über die Realisierung optimaler Maßnahmen zu Erreichung dieser Ziele. Die Mitarbeiter erscheinen als bloße Ausführungsorgane, die die vorgegebenen Ziele mit den ausgewählten Mitteln weisungsgemäß und friktionsfrei realisieren. Die Wirklichkeit sieht jedoch anders aus. Dieses Idealbild ignoriert, daß das Unternehmen ein soziales System ist, in dem die Mitarbeiter die ihnen gesetzten Spielräume in erster Linie gemäß den eigenen, persönlichen Präferenzen nutzen.

- In diesem Zusammenhang äußert Weinberg einen grundlegenden Kritikpunkt am Capability Maturity Model (CMM) des SEI (vgl. Kap. 4.3).[39] Laut Weinberg versucht das SEI, Qualität und Produktivität dadurch zu steigern, daß der Einfluß von Menschen auf den Prozeß möglichst konstant gehalten, bzw. die durch Menschen verursachten Instabilitäten eliminiert werden sollen. Laut Weinberg ist dieser Versuch so lange erfolgversprechend, wie keine Managementprobleme zu lösen sind, oder anders formuliert, so lange Menschen keine entscheidende Rolle bei der Lösung der Probleme spielen. In realen Softwareentwicklungsprojekten sei dies aber fast nie der Fall. Die Vorstellung, den Einfluß von Menschen in Softwareentwicklungsprozessen eliminieren zu können, ist demnach eine Fiktion.

Die Umsetzung des Prinzips

Die Berücksichtigung der Bedeutung von Menschen hat verschiedene Konsequenzen:

Trainingskonzept
- Die Erfüllung sich kontinuierlich ändernder Anforderungen ist ohne kontinuierliches Training nicht zu verwirklichen. Der Aus- und Weiterbildung der Mitarbeiter muß ein ähnliches Gewicht eingeräumt werden wie der Investition in Maschinen.

---

[39] Vgl. Weinberg /Congruent Action/ 7 f.

Mitarbeiterbezogene Organisation der Arbeit

- Im Gegensatz zur traditionellen Arbeitsteilung, die Arbeit in einzelne, mechanische, leicht zu überprüfende Schritte aufteilt, wird im TQM die Übertragung einer größeren, komplexeren Aufgaben an einen Mitarbeiter bevorzugt. Nur wenn der Mitarbeiter die Menge der Arbeit nicht bewältigen kann, wird sie auf verschiedene Mitarbeiter verteilt. Um die Identifikation mit der Aufgabe weiter zu erhöhen und die Bildung einer Qualitätshaltung zu erleichtern, wird die Arbeit häufig in Teams erbracht, die eine entsprechend große, interessante Gesamtaufgabe übernehmen. Innerhalb der Teams wird die Arbeit dann zwar meist nach Aufgaben verteilt, aber die Aufgaben im Team können wechseln. Jedes Teammitglied sollte ferner in der Lage sein, jedes andere zu ersetzen. Bei der Einführung des TQM finden sich daher oft Programme, in denen schrittweise von der traditionellen Arbeitsteilung zur Teamarbeit übergegangen wird.

Soziale Fähigkeiten

- Da TQM die Bewältigung von Aufgaben im Team bevorzugt, ist neben der Entwicklung der technischen Fähigkeiten auch die Ausbildung von sozialen Fähigkeiten wichtig. Kommunikationsfähigkeit, die Fähigkeit zum kontrollierten Austragen von Konflikten, die Fähigkeit, mit den eigenen Bedürfnissen, Interessen und Aggressionen angemessen umzugehen, die Fähigkeit, andere Menschen in ihren Bedürfnissen, Interessen und Besonderheiten richtig einzuschätzen, sowie die Fähigkeit ernsthafte Beziehungen aufzubauen, müssen gefördert werden.

Mitarbeiterbezogener Führungsstil

- Im TQM erhält der Mitarbeiter mehr Verantwortung als im traditionellen Management. Aufgabe der Führungskraft ist das Management des Input und Output des Arbeitsprozesses sowie die Sicherstellung der optimalen Randbedingungen. Die Führungskraft wird zum Helfer und Unterstützer. Ihre zentrale Aufgabe ist die betreuende Führung (Coaching). Die technische Komponente ihrer Arbeit ist das Verfügbarmachen neuer Methoden, Erkenntnisse und Problemlösungen. Die menschliche Komponente der Arbeit ist die Vermittlung von Sicherheit und Selbstwertgefühl. Die Erfahrung mit dieser Art der Führung ist: Mehr Selbstkontrolle führt zu mehr Systemkontrolle. Der Grund: Delegation von Verantwortung ermöglicht Eigeninitiative, Selbständigkeit, Teamarbeit und gemeinsam getragene Entscheidungen.

51

Einbeziehung der
Betroffenen

- Ein mitarbeiterbezogener Führungsstil verlangt auch partizipative Führung. Beteiligung schafft Identifikation und Motivation. Das unterstützt, daß der einzelne Mitarbeiter die Verantwortung für die Qualität seiner Arbeit übernimmt und seine Erfahrung einsetzt. Es setzt aber auch voraus, daß jeder Mitarbeiter über die Rolle seines Beitrages zur Qualität des Endproduktes und zum Geschäftserfolg ständig durch das Management informiert wird.

3.1.11   Totalität

Norm: „Total means that all of the requirements are implemented by all of the people all of the time."[40]

Was heißt Totalität?

Der Begriff total läßt sich mit den Attributen ganzheitlich, vollständig oder umfassend übersetzen. Bezogen auf die Qualität von Softwareprodukten hat das zur Folge, daß nicht nur die (Kern-)Produkte, sondern auch das Produktumfeld qualitativ hochwertig sein muß. Ein Softwarepaket kann noch so sicher, fehlerfrei, benutzerfreundlich oder schnell sein; wenn die zur Verfügung stehende Hardware ständig ausfällt, langsam arbeitet oder vom Nutzer schlecht zu bedienen ist, wenn Benutzerhandbücher, Hotline oder Beratungsleistungen nicht den Anforderungen des Kunden entsprechen, wird die „negative Qualität" im Umfeld der Software in der Regel auch negative Auswirkungen auf die Wahrnehmung der Softwarequalität haben.

TQM gilt auf allen
Ebenen, in allen
Bereichen und für
alle Mitarbeiter

Weitet man den Totalitätsanspruch von der Produktbetrachtung auf die Leistungserstellungsprozesse aus, so gelangt man zum Totalitätsprinzip. Es verlangt, daß sich die Qualitätsbetrachtung nicht auf die Erfüllung von Anforderungen an die Produktpalette oder auf die Einhaltung von Zeit- und Kostenzielen während der Leistungserstellung beschränken darf. Vielmehr sind die zuvor erörterten Prinzipien zu verwirklichen; und zwar durch alle Bereiche und Hierarchieebenen einer Organisation. Nichts und niemand ist ausgenommen, auch das oberste Management nicht. Alle unterliegen der Verpflichtung

- kundenorientiert zu handeln,

- Leistungserstellungsprozesse weiterzuentwickeln,

---

[40]   Zells /Learning from Japanese/ 39

- Qualitätsverbesserungen den Vorrang vor Produktivitäts- und Geschwindigkeitsverbesserungen zu geben,

- Verschwendung zu minimieren und die Wertschöpfung zu optimieren,

- die der ausgeübten Rolle entsprechende Verantwortung für Qualität zu übernehmen,

- auch interne Kunden angemessen zu bedienen,

- an der kontinuierlichen Verbesserung aller Leistungen des Unternehmens mitzuwirken,

- Veränderungen aktiv zu gestalten und kontinuierlich zu unterstützen,

- verständliche Ziele zu vereinbaren und zu verfolgen, sich um ein angemessenes Verständnis der zu bewältigenden Probleme zu bemühen, Entscheidungen nachvollziehbar zu begründen und

- Menschen als Menschen ernst zu nehmen.

Konsequenz und Voraussetzung der Totalität

Vom Qualitätsmanagement zur Qualität des Managements

Demnach ist das Anliegen des TQM nicht in erster Linie das Management der Qualität, sondern die Qualität des Managements. Dabei beschreibt der Begriff „Management" keine bestimmte Hierarchieebene im Unternehmen, sondern die Planungs-, Kontroll- und Steuerungsaufgaben, die jeder Mitarbeiter im Unternehmen zu bewältigen hat.

TQM braucht Zeit

Während der Erörterung der bisher behandelten Prinzipien dürfte bereits deutlich geworden sein, daß TQM notwendigerweise eine langfristige Perspektive voraussetzt. Der Erfolg von TQM ist nicht nur auf bestimmte Maßnahmen, sondern wesentlich auch auf Veränderungen in den Köpfen der Menschen und auf den damit einhergehenden Bewußtseinswandel zurückzuführen. Derart grundlegende und tiefgreifende Veränderungen sind nicht innerhalb weniger Monate zu erreichen. Vertreter des TQM gehen eher davon aus, daß mehrere Jahre zur Verwirklichung benötigt werden. Der Lohn für diese langfristigen Bemühungen sind tief verwurzelte und nachhaltige Verbesserungen, die nicht durch kurzfristige Veränderungen im Umfeld der Organisation zunichte gemacht werden können.

3.2 Erfolgsfaktoren der Einführung des Total Quality Managements

3.2.1 Erfahrungen mit der Einführung des TQM

Die Einführung von TQM ist schwierig

Die Einführung des TQM bereitet erhebliche Probleme. Empirische Studien zeigen, daß viele Einführungsprojekte scheitern.[41] Drei wesentliche Gründe für diese erheblichen Schwierigkeiten bestehen darin, daß erstens TQM sich radikal von konventionellen Managementkonzepten unterscheidet, zweitens der umfassende Ansatz des TQM in seiner Bedeutung nicht erkannt wird, d. h. daß nur ein Teil der TQM-Prinzipien beachtet wird, und daß drittens die Einführungsstrategie dem notwendigen tiefgreifenden Wandel nicht gerecht wird.

Neues Managementparadigma

Nimmt der Verkaufserfolg eines Produktes ab, so genügt oft eine graduelle Verbesserung des Produktes oder die Weiterentwicklung des Produktes um einige der von den Kunden geforderten Merkmale, um den Verkaufserfolg wieder zu vergrößern. Je umfangreicher und ausgeprägter die Verbesserungen sind, um so stärker steigt der Verkaufserfolg. Auch bei Verbesserungen des Herstellungsprozesses kann man solche Zusammenhänge beobachten. Es gibt aber auch Situationen (z. B. bei Betriebssystemen), in denen graduelle Verbesserungen nicht mehr greifen oder sogar schaden, weil der Kunde das Vertrauen verliert, daß das Produkt jemals seine Anforderungen angemessen erfüllen wird. Ein grundsätzlich neu konzipiertes Produkt ist gefordert.

graduelle Verbesserungen des Qualitätsmanagements sind unzureichend

Ähnlich ist die Situation beim Qualitätsmanagement in der Softwareentwicklung. Graduelle Verbesserungen sind bei vielen Softwareherstellern nicht mehr ausreichend, um den wachsenden Anforderungen der Märkte gerecht zu werden und um im veränderten Wettbewerb zu bestehen. Wesentliche Verbesserungen der Produktqualität, der Wirtschaftlichkeit und der Schnelligkeit sind gleichzeitig gefordert. Die konventionellen Mittel im Rahmen eines konventionellen Managements von Qualität, Kosten und Zeit sind dazu ungeeignet. Eine grundsätzliche Neuorganisation ist notwendig.

TQM ist ein neues Managementparadigma

Ähnlich wie graduelle Verbesserungen eines Produktes schließlich die Grenzen der Entwicklungsfähigkeit des Produktes

---

[41]   Vgl. Eskildson /TQM's Success/

aufzeigen und eine völlige Neukonzeption erforderlich wird, ist auch beim Qualitätsmanagement diese Grenze erreicht. In der Softwareherstellung muß das Qualitätsmanagement grundsätzlich neu gestaltet werden. Die neue Gestaltung wird durch die Prinzipien des TQM beschrieben. TQM ist nicht durch eine graduelle Weiterentwicklung der konventionellen Managementprinzipien zu erreichen. TQM ist ein völlig neues Managementparadigma.

Tiefgreifender Wandel

Die Umsetzung der TQM-Prinzipien ist nicht einfach. Es genügt nicht, neue Werkzeuge, neue Engineering- oder Managementpraktiken einzuführen oder die Aufbau- und Ablauforganisation zu ändern. All das und mehr ist notwendig. In vielen Fällen ist in der Softwareentwicklung aber auch noch nicht genau bekannt, welche Änderungen notwendig sind und wie man sie gestalten muß. Die Prinzipien des TQM sind allgemein und daher abstrakt, d. h. sie legen nicht das Qualitätsmanagement für eine bestimmte Branche im Detail fest. Gefordert ist die Ausgestaltung des Qualitätsmanagements, wobei das Verständnis der Prinzipien lediglich die Basis darstellt.

Relevante Grundüberzeugungen werden oft nicht erkannt

Ein grundlegendes Problem bei der Einführung des TQM besteht darin, daß viele der Prinzipien im Widerspruch zu den Grundannahmen und -überzeugungen des konventionellen Managements von Qualität, Kosten und Zeit stehen. Grundlegende Wertvorstellungen, die bisher das Handeln in der Softwareherstellung bestimmt haben, müssen durch andere ersetzt werden. Viele dieser Annahmen, Überzeugungen und Wertvorstellungen sind so selbstverständlich geworden, daß es nicht einfach ist, sie zu erkennen. Bei der Einführung des modernen Qualitätsmanagements wird daher oft erst (zu) spät bemerkt, daß neue Methoden nicht akzeptiert, falsch oder überhaupt nicht angewendet werden, weil die Beteiligten ihre Grundüberzeugungen nicht verändert haben.

Grundlegende Überzeugungen sind oft stärker als Maßnahmen zur Veränderung

So haben wir festgestellt, daß viele Unternehmen bei der Einführung des Qualitätsmanagements nach ISO 9000 die Prioritäten von Schnelligkeit, Produktivität und Qualität in dieser Reihenfolge aus dem konventionellen Management beibehalten haben. Nur während der Phase des Aufbaus des Qualitätsmanagements bis zur Erteilung des Zertifikats genießt die Qualität Vorrang. Ist das Zertifikat erteilt, so meint man, das Ziel erreicht zu haben und kehrt zur konventionellen Auffassung zurück. Schnelligkeit und Produktivität genießen wieder Vorrang vor der Qualität. Maßnahmen, die im Rahmen des Aufbaus eingeführt wurden, werden umgangen oder unangemessen ausgeführt, weil man sie als zu langwierig, zu teuer oder zu umständlich empfindet. Die für das moderne Qualitätsmanagement wichtige Überzeugung, daß Verbesserungen der Qualität von Produkten und Prozessen Verbesserungen von Produktivität und Schnelligkeit nach sich ziehen, ist nicht gemeinsame Grundüberzeugung aller Beteiligten geworden. Der notwendige tiefgreifende Wandel in der Einstellung hat nicht stattgefunden und das Qualitätsmanagement kann seinen Nutzen nicht entfalten.

Teilimplementationen

Nicht nur effizient arbeiten, sondern auch effektiv

Die dritte Schwierigkeit liegt darin, daß die Implementation von Teilen des TQM nicht ausreicht. So genügt es z. B. nicht, das Prinzip der Prozeßorientierung ohne das Prinzip der Kundenorientierung umzusetzen. Es kann für ein Softwareunternehmen sehr gefährlich sein, den Softwareprozeß so zu gestalten, daß er hoch effizient, planbar und kontrollierbar abläuft, wenn nicht sichergestellt ist, daß er auch das Produkt erzeugt, das der Kunde wünscht. Man wähnt sich dann leicht in der trügerischen Sicherheit, etwas für die Qualität getan zu haben, wird aber später, vielleicht zu spät, vom Kunden eines Besseren belehrt.

Die Verbesserung der Prozesse kann den Abstand zum Kunden vergrößern

Viele Softwareunternehmen, die Qualitätsmanagement betreiben, orientieren sich aber nicht konsequent am Kunden. Die Verbesserungen des Softwareprozesses mit dem Ziel, ein ISO 9001-Zertifikat oder eine höhere Reifestufe gemäß CMM zu erreichen, führen nicht notwendigerweise zu einer Verbesserung der Kundenorientierung. Die genannten Vorgaben enthalten keine spezifischen Maßnahmen zur Verbesserung der Kundenorientierung und es besteht sogar die Gefahr, daß durch die umfassende Beschäftigung mit internen Prozessen der Abstand zum Kunden größer wird.

Kundenorientierung und Prozeßorientierung müssen abgestimmt sein

Aber eine einseitige Betonung der Kundenorientierung kann genauso zu Problemen führen. Viele kleine und mittlere Softwareunternehmen reagieren heute sehr flexibel auf Kundenwünsche, die während der laufenden Entwicklung geäußert werden. Das führt zu erheblichen Problemen im Softwareprozeß und ist mit den genannten Konzepten des Qualitätsmanagements nicht vereinbar. Andererseits kann es auf diese Problem keine einfache Antwort geben, denn es entsteht kein sinnvollerer Umgang mit Kundenwünschen, wenn versucht wird, diese nach Beginn des Designs zu ignorieren. Vielmehr müssen spezielle Maßnahmen ergriffen werden, um die wahren Kundenbedürfnisse vor Beginn des Designs zu erkennen (vgl. dazu Kap. 5).

3.2.2

Die aktuellen Verkürzungen der Diskussion über das Softwarequalitätsmanagement

Zur Zeit: einseitige Betonung der Prozeßorientierung

Die aktuelle Diskussion ist verkürzt. Sie nimmt nicht oder nicht ausreichend zur Kenntnis, daß ein Paradigmenwechsel, d. h. eine grundsätzlich andere Art des Qualitätsmanagements, notwendig ist. Sie nimmt ferner nicht zur Kenntnis, daß Teilimplementationen nicht ausreichen und daß der Wandel tiefgreifend sein muß. Die aktuelle Diskussion wird beherrscht von ISO 9001 und CMM und konzentriert sich im wesentlichen auf die Umsetzung der Prozeßorientierung. Die Einführung des Qualitätsmanagements wird im wesentlichen verstanden als die Einführung einer Reihe von Engineering- und Managementpraktiken in den Softwareprozeß. Damit ist das moderne Qualitätsmanagement aber nur unvollständig beschrieben. Auch der notwendige tiefgreifende Wandel in den Einstellungen wird von den genannten Konzepten nur im Hinblick auf den Softwareprozeß behandelt. Die neue Sicht von Qualität, Kunden und Mitarbeitern wird nicht thematisiert.

Deutlicher werden die Verkürzung der aktuellen Diskussion, wenn man überprüft, inwiefern die Prinzipien des Total Quality Managements in der Diskussion berücksichtigt werden.

Kundenorientierung

Softwareunternehmen haben sich bisher in der Regel in einem Innovations- oder in einem Preiswettbewerb befunden. Die wichtigsten Ziele sind dabei Kostensenkung und die schnelle Bereitstellung von Innovationen. Die Auseinandersetzung mit den Bedürfnissen der Kunden ist von untergeordneter Bedeutung bzw. nur darauf gerichtet, Ansatzpunkte für Innovationen zu finden. Die Umsetzung des Prinzips der Kundenorientierung verlangt also eine strategische Änderung, die zunächst im Management vollzogen werden muß.

Kundenorientierung verlangt neue Methoden

Kundenorientierung setzt neue und verbesserte Methoden und Praktiken voraus. So müssen z. B. neue Methoden wie das Quality Function Deployment zur systematischen Umsetzung von Kundenwünschen in Produktmerkmale eingeführt und die ad

hoc-Befragungen von Kunden durch systematische und aussage-
fähige Kundenzufriedenheitsanalysen ersetzt werden.

Kundenorientierung
verlangt auch eine
andere Einstellung

Kundenorientierung wird aber nicht durch eine Menge von Methoden und Praktiken erreicht. Es muß auch die in der Softwareentwicklung häufig vorherrschende Einstellung geändert werden,
daß der Entwickler besser als der Kunde weiß, was dieser
braucht. Wenn es nicht gelingt, der erheblichen Technikverliebt-
heit eine vergleichbare Begeisterung für die Erfüllung von Kundenwünschen an die Seite zu stellen, dann ist ein Unternehmen
nicht fit für den Qualitätswettbewerb.

Die Methoden und Praktiken der Kundenorientierung rechtfertigen ein eigenes Kapitel (Kap. 5). Methoden zur Erreichung der
notwendigen Einstellungsänderungenwerden in Kap. 6 behandelt.

Prozeßorientierung

Prozeßorientierung setzt ebenfalls sowohl verbesserte Methoden
und Praktiken voraus als auch stützende Veränderungen in der
Einstellung. Die Methoden und Praktiken werden in den Qualitätsmanagementmarkenartikeln wie der ISO 9000 und dem CMM
ausführlich behandelt. Im CMM z. B. werden sie in den dreizehn
„key process areas" zusammengefaßt und detailliert beschrieben.
Die wesentlichen Konzepte des Prozeßmanagements, mit denen
die Prozeßorientierung umgesetzt wird, werden in Kap. 4 dargestellt.

Wie erreicht man die
notwendigen Ver-
änderungen in der
Einstellung?

In den Qualitätsmanagementmarkenartikeln werden dagegen die
stützenden Veränderungen in der Einstellung weder dargestellt
noch gibt es Hinweise darauf, wie sie herbeizuführen sind. Zu
den notwendigen Veränderungen gehören u. a. eine höhere
Wertschätzung der Stabilität von Prozessen, die Bereitschaft, sich
an Prozeßvorgaben zu orientieren und der Übergang vom
Selbstverständnis des Softwareentwicklers als freiem Künstler
zum Selbstbild des Ingenieurs. Nur so kann man zu einer stabilen, kontrollierten Ausführung des Softwareprozesses kommen,
so daß Projekte, die sich des Prozesses bedienen, planbarer und
kontrollierbarer werden. Ferner ist die Stabilität der Prozesse für
andere Prinzipien wie die kontinuierliche Verbesserung notwendig, damit Erfahrungen projektübergreifend möglich sind.
Die Methoden, mit denen diese Einstellungsänderungen erreicht
werden können, werden in Kap. 6 behandelt.

Weitere Prinzipien des TQM

Die TQM-Prinzipien verlangen neue Methoden, aber auch veränderte Einstellungen

Die Diskussion der beiden Prinzipien Kundenorientierung und Prozeßorientierung haben die Art der Argumentation deutlich gemacht. Die weiteren Prinzipien werden nun nur noch kurz behandelt. Qualitätsorientierung und Wertschöpfungsorientierung verlangen vor allem Einstellungsänderungen. Das Prinzip der Zuständigkeit aller verlangt eine neue Gestaltung von Rollen und Verantwortlichkeiten und ist damit bereits ein wesentliches Element der Unterstützung des Wandels in den Einstellungen. Die Umsetzung der Prinzipien der kontinuierlichen Verbesserung und der Stabilisierung von Verbesserungen werden im Rahmen der ISO 9000, z. B. in der ISO 9004, behandelt, und im Rahmen des CMM ist die Umsetzung Gegenstand der Stufen 4 und 5. Auch hier gilt es, die Organisationskultur zu ändern, um Akzeptanz für die Kontinuität der Verbesserungsbemühungen zu erreichen. Interne Kunden-Lieferanten-Beziehungen sind in der Softwareherstellung vor allem an der Schnittstellen zwischen Vertrieb und Marketing einerseits und Entwicklung andererseits von erheblicher Bedeutung. Die hier notwendigen Maßnahmen werden im Kap. 5 über Kundenorientierung behandelt. Die Umsetzung des Rationalitätsprinzips verlangt neben der Einführung quantitativer Methoden vor allem Änderungen in den gemeinsamen Grundüberzeugungen in den Softwareunternehmen, in denen die sorgfältige Analyse von Problemen eher zur Ausnahme gehört und der Glaube an „silver bullets" und ähnliche magische Mittel die Regel darstellt.

Führung und Kommunikation müssen verändert werden

Das Prinzip der Bedeutung von Menschen fordert neben Veränderungen in der Aus- und Weiterbildung von Mitarbeitern erhebliche Veränderungen in Führung, in Kommunikation und in der Organisation der Zusammenarbeit. Gerade in diesem Bereich ist die Beherrschung des Wandels wesentlich. Es muß ein neuer Kontrakt zwischen Unternehmen und Mitarbeitern entstehen, in dem Arbeit nicht mehr als grundsätzlich entfremdet verstanden wird und daher durch Entlohnung zu entschädigen ist, sondern durch eine sinnvollere Gestaltung zu einem Wert an sich wird, der Befriedigung und damit intrinsische Motivation verschafft. Dazu müssen grundsätzliche Veränderungen in der Organisationskultur erreicht werden.

Das Totalitätsprinzip schließlich verlangt, daß alle Änderungen sich nicht nur auf den Softwareprozeß beziehen, sondern auf alle Bereiche und Prozesse des Unternehmens und daß Hierarchie nicht nur als Mittel zur Ausübung von Macht gesehen wird, sondern auch als Verpflichtung.

Der Weg ist so wichtig wie das Ziel

Die Einführung von TQM verlangt einen unternehmenskulturellen Wandel

Diese kurze Überprüfung der Prinzipien zeigt, daß die aktuelle Diskussion weitgehend auf die Umsetzung der Prozeßorientierung reduziert ist. Die Umsetzung der Kundenorientierung wird aber völlig vernachlässigt. Ferner zeigt sich, daß die Umsetzung vieler Prinzipien einen tiefgreifenden unternehmenskulturellen Wandel verlangen. Ein derartig tiefgreifender Wandel, wie er im Übergang vom konventionellen zum modernen Management notwendig ist, kann aber nicht ohne spezifische Maßnahmen bewältigt werden. Die Risiken der Einführung des TQM stammen daher nicht nur von den Schwierigkeiten, das angestrebte Ziel korrekt zu formulieren, d. h. korrekt zu beschreiben, wie das angestrebte Qualitätsmanagement gestaltet sein soll. Sie stammen genauso von dem Problem, den richtigen Weg zum Ziel zu wählen.

Zu kurz gesprungen?

Wird dies, wie in der aktuellen Diskussion, nicht beachtet, so muß man für das Interesse am Qualitätsmanagement eine ähnliche Entwicklung befürchten wie für das Thema CASE und andere Themen: Nach ersten Erfolgen einzelner Unternehmen, die mit großem Geschick einen geeigneten Weg zum Ziel fanden, setzt Euphorie ein. Nachdem deutlich wird, daß die Einführung schwieriger und der Nutzen anders als erwartet ist, wenden sich die Unternehmen von dem Thema ab, bevor sein Potential auch nur annähernd genutzt ist. Auch für die Einführung des Qualitätsmanagements nach ISO 9000 und CMM zeigt sich, daß der Erfolg stark von Faktoren geprägt ist, die nicht Bestandteile des gewählten Konzeptes zur Einführung des Qualitätsmanagements sind, sondern von klug agierenden Unternehmen hinzugefügt werden. Diese Ergebnisse aus empirischen Studien werden am Ende von Kap. 4 zusammenfassen.

Wie man aus der TQM-Einführung einen Erfolg macht

Das vorliegende Buch soll vor allem die Verkürzungen der aktuellen Diskussion kompensieren. Der Anspruch ist nicht die umfassende Darstellung des modernen Qualitätsmanagements (vgl. dazu auch Kap. 7 Ausblick). Die Diskussionen haben gezeigt, daß Ergänzungen der aktuellen Diskussion sowohl im Bereich der einzuführenden Engineering- und Managementpraktiken (das zu erreichende Ziel) als auch im Bereich der Bewältigung des Wandels (der Weg dorthin) notwendig sind. Im Bereich der Engineering- und Managementpraktiken sind vor allem Ergänzungen hinsichtlich der Verbesserung der Kundenorientierung notwendig, die wir in Kap. 5 darstellen. Im Bereich der Bewältigung des Wandels ist es notwendig, Probleme und Methoden des Wandels zu verstehen. In Kap. 6 wird daher die Bedeutung der Organisationskultur als System der gemeinsamen Überzeugungen und Wertvorstellungen einer Organisation dargestellt. Es wird beschrieben, wie der notwendige Wandel der Organisationskultur erreicht werden kann und wie die neue Organisationskultur als Ergebnis eines organisatorischen Lernens entsteht.

4   Prozeßmanagement

Prozeßorientierung ist ein wesentliches Prinzip des modernen Qualitätsmanagements. Wie in Kap. 3 erläutert wurde, basiert es auf den Annahmen, daß die Prozeßqualität eine wesentliche Bedeutung für den geschäftlichen Erfolg eines Softwareherstellers hat und daß das Management der Prozesse Voraussetzung für ihre Qualität ist. Es stellt sich somit die Frage, welche Prozesse es im Unternehmen gibt und wie diese bewertet und verbessert werden können. Probleme des Projektmanagements, d. h. die Planung, Kontrolle und Steuerung der Anwendung von Prozessen, werden hier nicht diskutiert.

Nach der einleitenden Erläuterung des Prozeßmanagements werden die wichtigsten aktuellen Ansätze zum Prozeßmanagement in der Softwareentwicklung vorgestellt.[42] Anhand eines Vergleichs mit den in Kap. 3 vorgestellten Prinzipien des TQM wird untersucht, inwiefern die aktuellen Konzepte die Ideen des modernen Qualitätsmanagements berücksichtigen. Am Ende des Kapitels werden Anwendungserfahrungen mit der ISO 9000 und dem Capability Maturity Model(CMM) in der Softwareentwicklung dargestellt.

Qualitätsmanagement-Markenartikel sind ergänzungsbedürftig

Es wird sich zeigen, daß die zur Zeit gebräuchlichen „Markenartikel" des Softwarequalitätsmanagements ergänzungsbedürftig sind. Wenn nachhaltige Verbesserungen der Softwareentwicklung erzielt werden sollen, müssen sowohl die Kundenorientierung als auch die Bewältigung des notwendigen kulturellen Wandels besser unterstützt werden. Diese Themen werden in den Kapiteln 5 und 6 behandelt.

4.1   Was ist Prozeßmanagement?

4.1.1   Aktivitäten des Prozeßmanagements

Als Voraussetzung für ein planbares, kontrolliertes und effizientes Arbeiten muß sichergestellt werden, daß die wesentlichen Aktivitäten einer Organisation in gleichartiger Weise wiederholt werden. Soll eine Aufgabenstellung nur durch individuelle Aktivitäten erfüllt werden, sind Planung und Kontrolle zufällig. Wiederholung von Aktivitäten ist auch die Voraussetzung für den

---

[42]   Eine Darstellung der Ansätze befindet sich auch in Hauer /TQM/.

Aufbau von Erfahrungen und für die Nutzung dieser Erfahrungen zur schnelleren, effektiveren und effizienteren Abwicklung der Aktivitäten. Mit anderen Worten: Die Wettbewerbsfähigkeit einer Organisation hängt wesentlich von der Qualität ihrer Geschäftsprozesse ab.

Prozeßmanagement = Definition, Dokumentation, Analyse, Bewertung, Planung, Kontrolle und Verbesserung von Prozessen

Planung, Kontrolle und Verbesserung der Qualität der Geschäftsprozesse ist die Aufgabe des Prozeßmanagements. Dazu müssen die Prozesse definiert und dokumentiert werden, damit sie kontrolliert und wiederholt werden können. Zu ihrer Kontrolle müssen sie analysiert und bewertet werden. Die dabei aufgezeigten Entwicklungsmöglichkeiten sind in Verbesserungsprojekten umzusetzen.

Definition eines Prozesses bedeutet in der Regel, daß ein bereits vorhandener Prozeß untersucht und beschrieben wird. Selten wird die Definition eines Prozesses ein „Entwerfen des Prozesses am Reißbrett" sein.

Die Dokumentation der Prozesse ist wichtig, weil neue Mitarbeiter eingeführt und trainiert, Kunden von der Leistungsfähigkeit der Prozesse überzeugt oder im Falle eines Rechtsstreites bestimmte Prozesse (z. B. Prüfprozesse) nachgewiesen werden müssen. Die Dokumentation von Prozessen spielt außerdem eine entscheidende Rolle bei der Zertifizierung von Qualitätsmanagementsystemen nach ISO 9001.

Um Verbesserungen zu erreichen, müssen Prozesse verändert werden. Dies muß kontrolliert geschehen. Änderungen dürfen nicht ad hoc sein, müssen bewußt entschieden werden, bei den Beteiligten bekannt sein und von ihnen befolgt werden. Ferner müssen Prozeßänderungen gut vorbereitet, eingeführt, stabilisiert und kontinuierlich überprüft werden. Voraussetzung dafür ist das Vorhandensein von Beschreibungen und Daten über den Prozeß und die erwarteten Produkte.

Damit sind die Aufgaben und Aktivitäten des Prozeßmanagements umrissen. Im folgenden werden wir genauer auf die Bewertung und die Verbesserung von Prozessen eingehen.

4.1.2 Prozeßbewertung

Anwendungssituationen

Es gibt verschiedene Situationen, in denen es wünschenswert ist, einen Softwareprozeß zu bewerten. Wenn eine Organisation Softwareanbieter als Lieferanten auswählen will (Lieferantenzulassung), dann muß sie überprüfen, ob die Bewerber die Anforderungen erfüllen. Eine andere, aber mit der ersten eng verwandte Anwendungssituation für die Prozeßbewertung liegt vor, wenn ein Softwareprozeß zertifiziert werden soll (Zertifizierung), d. h. wenn festgestellt werden soll, ob der Prozeß den Standardanforderungen einer Norm genügt. Wenn ein Softwarehersteller seinen Softwareprozeß verbessern möchte (Softwareprozeßverbesserung), dann muß der Prozeß auf Verbesserungsmöglichkeiten hin untersucht werden. Eine vierte Anwendungssituation ist der Vergleich von Softwareprozessen mit dem Ziel, einen Besten zu bestimmen (Wettkampf), z. B. bei der Bewerbung um einen Qualitätspreis. In diesem Fall müssen Softwareprozesse auf der Basis von Leistungsmerkmalen und konstituierenden Merkmalen miteinander verglichen werden.

Arten der Prozeß-bewertung

In den vier verschiedenen Anwendungssituationen können unterschiedliche Arten der Prozeßbewertung (Process assessment) vorgenommen werden:

- Überprüfung der Übereinstimmung mit vorgegebenen Anforderungen, absolut (z. B. Zertifizierung nach ISO 9001) oder graduell (z. B. Software Capability Evaluation des amerikanischen Verteidigungsministeriums),
- Identifizierung von Schwachstellen und Verbesserungsmöglichkeiten oder
- Vergleich zwischen Unternehmen, Unternehmensranking (z. B. Punktbewertung des European Quality Awards).

Dabei sind den Anwendungssituationen keine speziellen Arten der Prozeßbewertung fest zugeordnet. Die Lieferantenzulassung kann als Überprüfung der Übereinstimmung mit vorgegebenen Anforderungen durchgeführt werden, z. B. wenn als Voraussetzung für eine Auftragsvergabe ein ISO 9001-konformes Qualitätsmanagementsystem gefordert wird. Wenn nur das beste Unternehmen als Lieferant zugelassen werden soll, so wird die Prozeßbewertung die Form eines Unternehmensrankings annehmen.

Auch bei der Softwareprozeßverbesserung können unterschiedliche Bewertungsarten verwendet werden. So kann man die Überprüfung der Übereinstimmung mit vorgegebenen Anforderungen benutzen und die Abweichungen als Verbesserungsmöglichkeiten interpretieren. Viele amerikanische Unternehmen benutzen Software Capability Evaluations als Mittel, um Verbesserungspotentiale aufzuzeigen. Es ist aber nicht klar, ob die Abweichungen von der ISO 9000 oder vom Capability Maturity Model als Schwachstellen eines Softwareprozesses, d. h. als eine Einschränkung der Fähigkeit, ein vorgegebenes Ziel zu erreichen, interpretiert werden müssen. Es könnte daher sinnvoller sein, Bewertungsverfahren zu benutzen, die unmittelbar die Aufdeckung von Schwachstellen anstreben.

Bewertungskriterien

Die verschiedenen Arten der Softwareprozeßbewertung unterscheiden sich durch die Art der Kriterien, die zur Bewertung herangezogen werden. Die ISO 9001, die auf dem Capability Maturity Model beruhende Prozeßbewertung des Software Engineering Institutes und das BOOTSTRAP-Assessment verwenden Kriterien, die die Anwendung und Ausgestaltung von organisatorischen Elementen, Engineering-Praktiken und Methoden überprüfen. Hintergrund dieser Kriterien ist eine Idealvorstellung des Softwareprozesses, wie sie z. B. im Capability Maturity Model beschrieben ist. Die Kriterien überprüfen die Abweichung von dieser Idealvorstellung. Kriterien dieser Art bestimmen nicht direkt die Leistungsfähigkeit eines Softwareherstellers, sondern bewerten wesentliche Voraussetzungen für die Leistungsfähigkeit, sogenannte „enabling factors".

Im Rahmen der Qualitätspreise (European Quality Award, Malcolm Baldrige National Quality Award, Deming Prize) werden neben den „enabling factors" auch absolute, quantitative Leistungsparameter („results") für das ganze Unternehmen zum direkten Vergleich herangezogen.

Einige der im folgenden dargestellten Konzepte bewerten nicht ausschließlich den Softwareprozeß. Der European Quality Award thematisiert z. B. neben der Kundenorientierung auch die gesellschaftliche Relevanz unternehmerischer Leistungen. Wir haben uns dennoch entschlossen, diese Konzepte unter der Überschrift Prozeßmanagement zu behandeln, weil auch in diesen Konzepten die Bewertung der Prozeßqualität eine zentrale Rolle spielt.

Komponenten von Prozeßbewertungen

In der Beschreibung der unterschiedlichen Aspekte von Softwareprozeßbewertungen ist bisher nur eine Komponente von Prozeßbewertungen, die Menge der Bewertungskriterien, beschrieben worden. Insgesamt bestehen Softwareprozeßbewertungen aus fünf Komponenten:

- einer Menge von Bewertungskriterien für den Softwareherstellungsprozeß,
- einer Assessmentprozedur
- einer Auswertungsprozedur,
- Hilfsmitteln und
- qualifizierten Auditoren.

Assessmentprozedur

Die Assessmentprozedur ist eine Vorgehensweise zur Anwendung der Kriterien. So wird bei den auf dem CMM basierenden SEI-Assessments zunächst ein Assessmentteam gebildet, das Commitment der Geschäftsführung eingeholt und das Assessmentteam trainiert. Anschließend werden an mehreren aufeinanderfolgenden Tagen Mitarbeiter verschiedener Projekte anhand der Kriterien in Form eines Fragenkatalogs befragt. Unmittelbar im Anschluß an die letzte Befragung präsentiert das Assessmentteam das Ergebnis der Befragung. Abgeschlossen wird ein SEI-Assessment durch eine Postmortem-Analyse, in der die Erfahrungen mit der Bewertungsmethode aufbereitet werden. Die explizite Festlegung einer Assessmentprozedur ist aus mehreren Gründen wichtig: 1. um relevante Daten zu erheben, 2. um standardisierte Randbedingungen für die Erhebung von Daten zu haben, 3. um für die Beteiligten Motivation zu schaffen, 4. um sicherzustellen, daß aus den Ergebnissen des assessments die notwendigen Schlüsse gezogen werden und 5. um die Effizienz des assessments zu sichern.

Auswertungs-prozedur

Die Auswertungsprozedur beschreibt die Regeln, nach denen die Daten, die sich aus der Anwendung der Kriterien ergeben, ausgewertet werden. Die Auswertungsprozedur legt zum Beispiel beim European Quality Award die Umsetzung der Ergebnisse in eine Punktzahl fest. In verschiedenen Teilbereichen (z. B. Führung) kann ein Unternehmen eine bestimmte Maximalzahl von Punkten bekommen. Damit wird festgelegt, welche Bedeutung diesem Teilbereich im Rahmen der Gesamtbewertung zukommt und daß eine hohe Punktzahl in einem Bereich nur in gewissen Grenzen eine geringe Punktzahl in einem anderen Bereich kompensieren kann.

Hilfsmittel

Prozeßbewertungen bedienen sich unterschiedlicher Hilfsmittel. Dazu gehören Fragenkataloge, mit deren Hilfe die Vollständigkeit und Gleichartigkeit von Befragungen gesichert wird oder Fallbeispiele, die Anleitung für die Darlegung der Qualitätsfähigkeit geben können.

qualifizierte Auditoren

Eine wichtige Komponente von assessments sind qualifizierte Auditoren (Prüfer). Die Qualifikation der Auditoren ist wichtig, um einerseits eine kompetente Anwendung der Kriterien zu sichern, und andererseits, um eine zu starre Anwendung der Kriterien zu verhindern. Gegenstand der Qualifikation ist neben dem Verständnis der Kriterien, der Assessment- und der Auswertungsprozedur der richtige Umgang mit dem Interpretationsspielraum der Kriterien. Die heute bekannten assessments verfügen nicht über vollständig operationalisierte Kriterien. Der Interpretationsspielraum ist teilweise ganz erheblich.[43] Er scheint zumindest beim heutigen Stand der Kunst unvermeidlich zu sein, z. B. um unternehmensspezifische Anpassungen zu ermöglichen.

Forderungen an assessments

Die wichtigsten Anforderungen an assessments sind:

- Adäquatheit,
  - d. h. die empirisch nachgewiesene Angemessenheit der Bewertungskriterien für das Ziel der Bewertung. Z. B.: Sind ISO 9001-zertifizierte Unternehmen „bessere" Lieferanten?
- Nachvollziehbarkeit,
  - d. h. Angabe eines Wirkungsmodells, das explizite Annahmen enthält über den Einfluß der Erfüllung der Bewertungskriterien auf das Bewertungsziel. Z. B.: Wie wirken sich die einzelnen Anforderungen des CMM auf die Leistungsfähigkeit eines Unternehmens aus?
- Unabhängigkeit von der Person,
  - d. h. hohe Korrelation zwischen den Urteilen verschiedener Auditoren. Z. B.: Führen SEI-Assessments durch verschiedene Auditoren zu den gleichen Reifegraden?
- Wiederholbarkeit,
  - d. h. hohe Korrelation zwischen Bewertungen zu unterschiedlichen Zeiten bei unverändertem Prozeß. Z. B. Führt die Wiederholung eines ISO 9001-Audits bei unverändertem Prozeß immer zum selben Ergebnis?
- Effizienz,
  - d. h. Angemessenheit des Bewertungsaufwandes für das Ziel der Bewertung. Z. B.: Ist der Aufwand für ein BOOTSTRAP-Assessment für den Wert der daraus abgeleiteten Verbesserungsvorschläge angemessen?
- eindeutige Interpretierbarkeit,
  - d. h. eindeutige, klare und leichte Interpretation des Bewertungsergebnisses durch den Adressaten. Z. B.: Ist die Anzahl der Punkte bei einer Bewertung nach dem European Quality Award für einen Kunden des

---

[43]   Vgl. Stelzer /Interpretation/ 15-31

bewerteten Unternehmens eindeutig und klar zu interpretieren?

Adäquatheit im strengen Sinne der empirisch nachgewiesenen Adäquatheit kann keines der Softwareprozeßbewertungskonzepte für sich in Anspruch nehmen. Es fehlt eine empirische Basis, ein empirisch überprüftes Wirkungsmodell, das den Zusammenhang herstellt, zwischen der Erfüllung einzelner Kriterien und den Leistungsmerkmalen des Prozesses, an denen der Anwender interessiert ist.

Empfehlung

Das aus unserer Sicht für die Bewertung der Leistungsfähigkeit eines Softwareherstellers adäquateste Konzept ist die Bewertung gemäß den TQM-Prinzipien, wie sie z. B. im Bewertungskonzept des European Quality Awards zur Anwendung kommen. Die TQM-Prinzipien repräsentieren nach der Auffassung vieler Experten Prinzipien eines erfolgreichen Managements, die sich auf vielfältige empirische Evidenz stützen können.

Die Erfüllung der übrigen Anforderungen ist strittig. Zur Zeit gibt es kein allgemein akzeptiertes Bewertungskonzept. Trotzdem müssen Softwarehersteller, die dem Wettbewerb ausgesetzt sind, ihren Softwareprozeß oder ihre Softwareprozesse bewerten und entsprechend dieser Bewertung verbessern. Die Alternative zur Anwendung eines der bekannten Bewertungskonzepte ist aber die Anwendung eines weniger bekannten oder eines nicht expliziten Bewertungkonzeptes. Wobei das letztere nur eine freundliche Umschreibung für eine irrationale Bewertung nach Gefühl ist.

Bedeutung von assessments

Bei aller berechtigten Kritik ist mit den modernen Bewertungskonzepten zumindest erreicht worden, daß eine unvermeidbare Aktivität schematisiert worden ist. Dadurch ist sie der rationalen Auseinandersetzung und auch der Verbesserung zugänglich geworden. Zu einem blinden Vertrauen besteht aber auch kein Anlaß. Die verschiedenen Konzepte unterscheiden sich erheblich, wie im folgenden dargestellt wird. Ein Softwarehersteller sollte daher das Bewertungskonzept sorgfältig gemäß dem angestrebten Bewertungsziel auswählen und auf seine Plausibilität im speziellen Kontext überprüfen.

4.1.3 Prozeßverbesserung

Verbesserung der Softwareentwicklung ist kein neues Thema. Es ist so alt wie die Softwareentwicklung selbst. Allerdings hat man es bis von einigen Jahren anders verstanden als heute. Lag damals der Schwerpunkt auf der Einführung neuer Techniken und Methoden, so liegt er heute auf der Verbesserung der Organisation. Wurden die Verbesserungen früher von neuen Technologien getrieben und waren die Hersteller häufig die Promotoren, so wird heute eher die Vorstellung vertreten, die Verbesserungen sollten an den tatsächlichen Problemen eines konkreten Softwareunternehmens ansetzen. Die oben beschriebenen Methoden der Prozeßbewertung sollen dabei die Identifizierung der tatsächlichen Probleme ermöglichen.

Erfahrungen mit der Automatisierung des Softwareprozesses

Ein wichtiger Antrieb zu dieser veränderten Sichtweise waren die Erfahrungen mit der Einführung von CASE-Werkzeugen und -Methoden.[44] Sie zeigten, daß der potentielle Nutzen der neuen Methoden und Werkzeuge nicht oder nur mit ungeplant hohem Aufwand und nach unerwartet langer Zeit realisiert werden konnte. Im wesentlichen lassen sich zwei Gründe für diese Schwierigkeiten bestimmen,

1. organisatorische Mängel, die eine effektive Nutzung der neuen Methoden und Werkzeuge behinderten und

2. die Unterschätzung der Einführungsproblematik.

Organisation vor Methoden vor Technik

Der erste Grund hat zu der programmatischen Formulierung „Organisation vor Methoden vor Technik" des BOOTSTRAP-Projektes[45] geführt und die starke Fokussierung der aktuellen Diskussion auf Aspekte des Softwareprozesses unterstützt.

Change Management ist ein kritischer Erfolgsfaktor der Prozeßverbesserung

Der zweite Grund hat bisher noch nicht die notwendige Beachtung gefunden und scheint uns daher besonders interessant. Er soll etwas genauer beleuchtet werden. Die Unterschätzung der Einführungsproblematik wurde bei CASE-Projekten häufig dadurch sichtbar, daß die Lernphase, d. h. die Zeit von der Einführung der neuen Techniken und Methoden bis zu dem Zeitpunkt, an dem der veränderte Prozeß wieder die alte Leistungsfähigkeit erreicht hat, wesentlich länger und teurer wurde als geplant. Die tatsächlichen Dimensionen der Lernphase betrugen oft ein Vielfaches der geplanten Dimensionen.

Die Unterschätzung der Einführungsproblematik führte dazu, daß in aller Regel die Einführung selbst nicht als eine längerfristige, schwierige Entwicklung eines Prozesses verstanden und daher nicht ausreichend überwacht und gesteuert wurde. Als Hauptproblem der Verbesserung wurde die Auswahl der richti-

---

[44] Vgl. Mellis /Praxiserfahrungen mit CASE/ 51-97

[45] Vgl. Koch /Process assessment/ 387

gen Methoden und Werkzeuge verstanden, d. h. die Bestimmung des Zielzustandes nach der Verbesserung. Der Übergang vom alten zum neuen Prozeß wurde als unproblematisch betrachtet und bestand lediglich in der technischen Implementation der Werkzeuge und in der Methoden- und Werkzeugschulung.

In der Praxis der Softwareprozeßverbesserung zeigt sich der Übergang vom alten zum neuen Prozeß immer deutlicher als Problem. Trotzdem hat auch in der modernen Softwareprozeßverbesserung die Bewältigung des Überganges gegenüber der Planung des neuen Prozesses noch bei weitem nicht die notwendige Aufmerksamkeit erhalten. Im Kap. 6, Change Management, werden wir auf diesen kritischen Erfolgsfaktor der Softwareprozeßverbesserung näher eingehen.

Zielbestimmtes oder strukturorientiertes Modell der Prozeßverbesserung

Zwei grundsätzlich verschiedene Modelle der Softwareprozeßverbesserung lassen sich unterscheiden, die zielbestimmte und die zustandsbestimmte Verbesserung. Bei der zielbestimmten Verbesserung orientiert man sich an einem Katalog von Standardanforderungen an die Struktur des Prozesses oder an einem Referenzmodell, d. h. an der Beschreibung eines idealtypischen Softwareprozesses, der als eine vorbildliche Integration von Best practices verstanden wird. Das Ziel der Verbesserung ist also mehr oder weniger genau bekannt. Die Verbesserung besteht darin, den zu verbessernden Prozeß in seiner Struktur der Zielvorstellung anzugleichen. Daher könnte man dieses Modell der Prozeßverbesserung auch strukturorientiert nennen.

Bei Softwareprozeßverbesserung durch Anwendung der ISO 9001, die zur Zeit in Europa häufigste Vorgehensweise zur Prozeßverbesserung, ist das Ziel als eine Menge von Forderungen an den Prozeß und an die Darlegung der Qualitätsfähigkeit dieses Prozesses formuliert. Ein Referenzmodell gibt es nicht. Vermutlich ist es im Rahmen einer internationalen Standardisierungsbemühung sehr schwierig, sich auf detaillierte Festlegungen für einen idealtypischen Softwareprozeß zu einigen. Zum anderen weist die ISO 9000 selbst darauf hin, daß ihr Ziel nicht die Normierung von Qualitätsmanagementsystemen ist. Man kann also annehmen, daß die Autoren der ISO 9000 eine weitergehende Detaillierung als zu stark normierend verstanden haben. In den Vereinigten Staaten werden Softwareprozeßverbesserungen häufiger an einem Referenzmodell, dem Capability Maturity Model (CMM) orientiert. Im Sinne der obigen Unterscheidung sind auch diese Verbesserungen zielbestimmt. Allerdings enthält das CMM wesentlich detailliertere Forderungen an den Softwareprozeß als die ISO 9000.

Zustandsbestimmtes oder leistungsorientiertes Modell der Prozeßverbesserung

Im Unterschied zur zielbestimmten oder strukturorientierten Verbesserung orientiert sich die zustandsbestimmte Verbesserung nicht an der Vorstellung eines vorbildlichen Prozesses. Sie geht statt dessen davon aus, daß an den Prozeß Leistungsanforderungen gestellt werden, mit denen er bewertet werden kann. Aus der Analyse des aktuellen Zustands des Prozesses werden Verbesserungsmöglichkeiten entwickelt, mit denen der Prozeß die Leistungsanforderungen besser erfüllen soll. Man könnte das zustandsbestimmte Modell der Prozeßverbesserung auch leistungsorientiert nennen.

Verbesserungen nach dem zustandsorientierten Modell bedienen sich einer völlig anderen Vorgehensweise. Zunächst müssen strategische Ziele für den Prozeß bestimmt werden. Dies können z. B. sein: Steigerung der Produktivität um einen bestimmten Prozentsatz oder auf einen bestimmten Wert, der z. B. in Function Points pro Personenmonat angegeben werden könnte. Ein anderes Ziel könnte heißen: Verringerung der zum Kunden ausgelieferten Fehler pro Function Point um den Faktor 10 bei Erhaltung der Produktivität und Entwicklungszeit.

Im zweiten Schritt wird der aktuelle Zustand des Prozesses untersucht. Warum werden die Ziele nicht erreicht? Welche hindernden und unterstützenden Faktoren beeinflussen die Erreichung der Ziele? Aus diesen Analysen wird eine Maßnahmenplanung abgeleitet. Während und nach der Durchführung der geplanten Maßnahmen wird der Fortschritt möglichst quantitativ überwacht und die Maßnahmenplanung gegebenenfalls angepaßt. Abschließend werden Lehren aus den Verbesserungsbemühungen gezogen und innerhalb der Organisation transferiert. Dieses zustandsbestimmte oder leistungsorientierte Verbesserungsmodell findet im TQM Verwendung und entspricht der Idee des organisatorischen Lernens. Es ist das in den großen international bekannten japanischen Unternehmen verbreitete Modell der Softwareprozeßverbesserung.

4.2 ISO 9000

4.2.1 Überblick

Die ISO 9000-Familie ist eine Sammlung von branchenunabhängigen, weltweit gültigen Normen zum Qualitätsmanagement.

Diese Normenreihe der International Organization for Standard-ization (ISO) wurde für Deutschland durch das Deutsche Institut für Normung e. V. (DIN) übernommen. Seit August 1994 ist die vollständige Bezeichnung DIN EN ISO 9000 ff[46].

Die ISO 9000-Familie wurde 1987 erstmals veröffentlicht. Die Normen werden seit ihrem Erscheinen von verschiedenen Gremien der ISO permanent überarbeitet. Anfang 1996 befanden sich die meisten Teile der ISO 9000 auf dem Stand von August 1994. Für Ende 1996 bzw. Anfang 1997 sind Revisionen z. B. der ISO 9001 und der ISO 9000-3 angekündigt.

Gegenstand der ISO 9000 sind Qualitäts-managementsysteme

Gegenstand der Normenreihe ISO 9000 ist nicht die Definition von Anforderungen an die Produktqualität, sondern der Aufbau und die Darlegung bzw. Zertifizierung von Qualitätsmanage-mentsystemen. Der Begriff Qualitätsmanagementsystem (QMS) bezeichnet nach ISO 8402 die Organisationsstrukturen, Verant-wortlichkeiten, Verfahren, Prozesse und die erforderlichen Mittel für das Qualitätsmanagement. Qualitätsmanagement ist der Oberbegriff für Qualitätspolitik, -planung, -lenkung, -sicherung und -verbesserung.

ISO 9000 ist keine softwarespezifische Norm

Im Gegensatz zum CMM, zu BOOTSTRAP oder SPICE ist die ISO 9000 keine softwarespezifische Norm. Die meisten Teile der ISO 9000 enthalten deswegen keine Empfehlungen oder Forderun-gen, die für die Softwareentwicklung typisch wären, sondern Hinweise zum Qualitätsmanagement, die unabhängig von einem konkreten Anwendungsbereich sind.

Die ISO 9000-Familie kann in verschiedenen Zusammenhängen verwendet werden:

- Sie gibt Anleitung zum Qualitätsmanagement bzw. zum Auf-bau eines Qualitätsmanagementsystems.

- Sie kann Bestandteil eines Vertrags zwischen Lieferanten und Kunden sein.

- Sie kann als Vorlage für Überprüfungen des Qualitätsmana-gements eines Unternehmens durch einen Kunden dienen.

- Sie ist Grundlage für die Zertifizierung oder Registrierung von Qualitätsmanagementsystemen durch eine unabhängige Stelle.

---

[46]   Zur Vereinfachung werden wir im folgenden die kürzeren Bezeichnungen ISO 9000 oder ISO 9000-Familie verwenden

4.2.2

ISO 9000 will Quali-
tätsmanagementsys-
teme nicht normieren

Darstellung

Die ISO 9000 beschreibt einen Rahmen für das Qualitätsmanagement. Sie will Qualitätsmanagementsysteme nicht normieren. Aus diesem Grund enthält die ISO 9000 keine detaillierten Anweisungen, wie ein Qualitätsmanagementsystem aufzubauen ist, sondern gibt lediglich generelle Hinweise, welche Elemente ein Qualitätsmanagementsystem umfassen sollte. Die konkrete Ausgestaltung dieser Elemente bleibt den Unternehmen überlassen. Auch die Zertifizierungsnormen ISO 9001, 9002 und 9003 beschreiben nur Mindestanforderungen an Qualitätsmanagementsysteme.

Die ISO 9000-Familie besteht aus verschiedenen Teilen, die Anleitung zum Aufbau und zur Verbesserung eines Qualitätsmanagementsystems geben, Zertifizierungskriterien für Qualitätsmanagementsysteme beschreiben und Auswahl- und Interpretationshilfen für bestimmte Branchen geben. Abb. 4-1 gibt einen Überblick über die verschiedenen Normen der ISO 9000-Familie.

Abb. 4-1:
Übersicht über die
ISO 9000-Familie

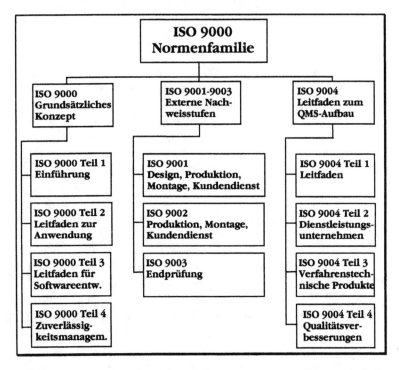

Neben den in Abb. 4-1 dargestellten Normen werden zusätzlich auch die ISO 8402 und verschiedene Teile der ISO 10000 ff. zur ISO 9000-Familie gezählt. Die ISO 8402 definiert wesentliche

Begriffe der ISO 9000-Familie.[47] Verschiedene Teile der ISO 10000 geben z. B. Anleitung zur Erstellung von Qualitätsplänen, zum Konfigurationsmanagement, zur Auditierung von Qualitätsmanagementsystemen oder zur Erstellung von Qualitätshandbüchern.

Grundgedanken der ISO 9000-Familie

Qualität der Prozesse, kontinuierliche Verbesserung, Fehlervermeidung

Die ISO 9000-1 gibt eine Einführung in die ISO 9000-Familie. Die Norm ist ein Leitfaden zur Auswahl und Anwendung von Normen zum Qualitätsmanagement und zur Qualitätssicherung bzw. -darlegung. Sie skizziert die wesentlichen Grundgedanken der Normen: Verbesserung der Produkte durch Verbesserung der (Entwicklungs-)Prozesse, kontinuierliche Qualitätsverbesserungen durch kontinuierliche Weiterentwicklung der Prozesse, Fehlervermeidung statt Beseitigung der Fehlerfolgen sowie ständige Erfüllung von Kundenanforderungen. Der Zweck eines Qualitätsmanagementsystems besteht laut ISO 9000-1 darin, „die Systeme und Prozesse so zu verbessern, daß eine kontinuierliche Qualitätsverbesserung erreicht werden kann"[48].

Auf- und Ausbau von Qualitätsmanagementsystemen nach ISO 9004

Unternehmen sollten sich in erster Linie an der ISO 9004 orientieren

Die ISO 9004-1[49] ist ein Leitfaden zur Errichtung von Qualitätsmanagementsystemen und damit ein Dokument für den internen Gebrauch. An ihr und an den weiteren Normteilen der ISO 9004 sollten sich Unternehmen orientieren, wenn sie ein Qualitätsmanagementsystem aufbauen wollen. Die Verfasser der ISO 9004-1 empfehlen die Beachtung verschiedener Elemente beim Aufbau eines Qualitätsmanagementsystems, räumen jedoch ein, daß die Anwendung der Elemente von den situationsspezifischen Gegebenheiten abhängig gemacht werden muß. Tab. 4-1 gibt einen Überblick über die von der ISO 9004-1 angesprochenen Elemente.

Ein Qualitätsmanagementsystem soll ständige Verbesserungen fördern

Die in Tab. 4-1 dargestellten Elemente sind allerdings nur Überschriften, unter denen jeweils eine Reihe verschiedener Empfehlungen für die Gestaltung eines Qualitätsmanagementsystems zu finden sind. So betont die ISO 9004-1 z. B. die Bedeutung der ständigen Qualitätsverbesserung. Diese soll durch das Qualitäts-

---

[47]   Vgl. DIN, EN, ISO /ISO 8402: 1995/

[48]   DIN, EN, ISO /ISO 9000-1: 1994/

[49]   Vgl. DIN, EN, ISO /ISO 9004-1: 1994/

managementsystem erleichtert und gefördert werden. Zu diesem Zweck empfiehlt die Norm die Formulierung expliziter Qualitätsziele durch die Unternehmensleitung, einen entsprechenden Führungsstil leitender Mitarbeiter, die Förderung von Werten, Einstellungen und Verhaltensweisen, die Ermutigung der Mitarbeiter zu effektiver Verständigung und Teamarbeit, Schulung und Fortbildung der Mitarbeiter im Hinblick auf Qualitätsverbesserungen sowie die Anerkennung von Erfolgen und Leistungen.

Tab. 4-1:
Übersicht über die
Elemente der ISO
9004-1

Verantwortung der Leitung	QM-Elemente
finanzielle Überlegungen zu Qualitätsmanagementsystemen	Qualität im Marketing
Qualität bei Auslegung und Design	Qualität bei der Beschaffung
Qualität von Prozessen	Prozeßlenkung
Produktprüfung	Prüfmittelüberwachung
Lenkung fehlerhafter Produkte	Korrekturmaßnahmen
Aufgaben nach der Produktion	Qualitätsbezogene Dokumente
Personal	Produktsicherheit
Gebrauch statistischer Methoden	

Die Wirksamkeit des Qualitätsmanagementsystems soll permanent überprüft werden. Dabei ist erstens darauf zu achten, daß das System von den Mitarbeitern verstanden, verwirklicht und aufrechterhalten wird. Zweitens muß das Qualitätsmanagementsystem gewährleisten, daß die Produkte tatsächlich die Kundenerfordernisse und -erwartungen erfüllen.

Qualitätsmanagement umfaßt den gesamten Produktlebenszyklus

Qualitätsmanagement nach ISO 9004-1 umfaßt den gesamten Produktlebenszyklus von der Marktforschung bis zur Beseitigung oder Wiederverwertung am Ende der Nutzungsdauer. Alle qualitätswirksamen Tätigkeiten sollen angemessen geplant, gesteuert und kontrolliert werden. Nach jeder Änderung des Prozesses sollten die Auswirkungen auf die Produktqualität untersucht werden, um die Effektivität der Prozeßverbesserung festzustellen. Die resultierenden Veränderungen sollen dokumentiert und in geeigneter Weise bekannt gemacht werden. Alle Dokumente, z. B. auch Verfahrensanweisungen, sollen einfach, eindeutig und verständlich formuliert sein.

Fehlervermeidung hat Vorrang

Besonderer Nachdruck ist dabei auf die Vermeidung von Qualitätsproblemen zu legen. Vorbeugungsmaßnahmen werden deshalb von der 9004-1 wiederholt empfohlen. Fehlerverhütung bzw. Fehlervermeidung durch Verbesserung der Planungs-, Entwicklungs-, Konstruktions- und Herstellungsprozesse soll die Notwendigkeit zur Fehlerbehebung möglichst minimieren.

Unter der etwas irreführenden Überschrift Korrekturmaßnahmen empfiehlt die ISO 9004-1, Kausalanalysen durchzuführen, um aus Fehlern zu lernen. Bei der Analyse qualitätsbezogener Probleme sollte laut ISO 9004-1 „die tiefere Ursache ... festgestellt werden, bevor eine Korrekturmaßnahme geplant wird"[50]. Fehlerursachen sollen aufgeklärt, sowie die Beziehungen zwischen Ursachen und Wirkungen verstanden werden. Im Anschluß sind geeignete Schritte zu unternehmen, um Fehlerursachen zu beseitigen.

Wirtschaftlichkeit eines Qualitätsmanagementsystems soll bewertet werden

Die ISO 9004-1 trägt der Tatsache Rechnung, daß Qualität und Wirtschaftlichkeit der Leistungserstellungsprozesse in Einklang gebracht werden müssen. Die Norm empfiehlt daher, daß „die Wirksamkeit eines QMS in finanziellen Größen gemessen wird"[51] oder anders formuliert, daß die Wirtschaftlichkeit eines Qualitätsmanagementsystems zu bewerten ist. Zu diesem Zweck regt die ISO 9004-1 an, eine Qualitätskostenrechnung einzuführen. In Abschnitt 6 der 9004-1 sind rudimentäre Ansätze für eine Kategorisierung von Qualitätskosten und damit auch für eine Qualitätskostenrechnung enthalten. So unterscheidet die ISO 9004-1 Kosten für Fehlerverhütung, für Prüfung sowie für die Beseitigung von Fehlern, die im eigenen Unternehmen auftauchen und für die Beseitigung von Fehlern, die die Kunden entdecken.

wesentliche Elemente einer Qualitätskultur

Zwar verwendet die ISO 9004-1 den Begriff Qualitätskultur nicht ausdrücklich. In der Norm sind aber wesentliche Elemente einer solchen Kultur erwähnt. Z. B. wird die Bedeutung der Motivation der Mitarbeiter und die Auslobung von Leistungsanreizen zur Unterstützung von Qualitätsverbesserungen empfohlen. Das Management und die Mitarbeiter sollen unternehmensweit Qualitätsmaßstäbe und Qualitätsziele formulieren, um die Erreichung von Qualitätsverbesserungen zu unterstützen. Das Unternehmen soll Mittel entwickeln, mit denen die Erreichung der Qualitätsziele gemessen werden können. Sowohl das Management als auch die Mitarbeiter seien im Hinblick auf Qualitätsaspekte zu

---

[50]   DIN, EN, ISO /ISO 9004-1: 1994/

[51]   DIN, EN, ISO /ISO 9004-1: 1994/

schulen und zu trainieren. Jeder Unternehmensangehörige soll verstehen, inwiefern seine Tätigkeiten zur Leistungserstellung des Unternehmens und zur Qualität der Produkte und Prozesse beiträgt. Zu diesem Zweck ist z. B. ein Programm zur Förderung des Qualitätsbewußtseins zu initiieren, das auch dazu beitragen soll, angemessene Einstellungen und Qualitätsmaßstäbe zu fördern. Den Mitarbeitern soll sichtbar gemacht werden, was sie erreicht haben. Besondere Leistungen sollen ausdrücklich hervorgehoben und gelobt werden.

ISO 9004-4 enthält Kerngedanken des TQM

Die ISO 9004-4 liegt als Entwurf vor.[52] Sie ist ein Leitfaden für kontinuierliche Qualitätsverbesserungenund enthält einige Kerngedanken des Total Quality Managements (TQM). Qualitätsverbesserung wird als kontinuierliche Tätigkeit verstanden, die auf ständig höhere Effektivität und Effizienz der Prozesse zielt. Die Qualität der in den Prozessen entstehenden Produkte wird mit Hilfe der Kundenzufriedenheit bewertet. Die ISO 9004-4 betont wichtige Rahmenbedingungen für Qualitätsverbesserungen wie z. B. die Vorbildfunktion des Managements, Werte, Einstellungen und Verhaltensweisen der Mitarbeiter, Arbeitsatmosphäre und Anreizsystem, Kundenorientierung, internes Kunden-Lieferanten-Verhältnis, kontinuierliche Qualitätsverbesserungen sowie das Verständnis der erfolgsrelevanten Faktoren.

Zertifizierung von Qualitätsmanagementsystemen nach ISO 9001

Ein Qualitätsmanagementsystem kann mit Hilfe der ISO 9001, 9002 oder 9003 „dargelegt" und dadurch für Dritte nachvollziehbar gemacht werden.[53] Die meisten Softwarehersteller wählen die ISO 9001 als Darlegungsnorm. Der heute übliche Weg der Darlegung wird mit Hilfe einer Zertifizierung dokumentiert. Zertifizierung bedeutet eine Beurteilung des Qualitätsmanagementsystems durch eine unabhängige Stelle. Dabei wird überprüft, ob die in der ISO 9001 beschriebenen Mindestanforderungen an das Qualitätsmanagementsystem erfüllt sind. Das Ergebnis der Überprüfung wird gegebenenfalls in einem Zertifikat bescheinigt.

---

[52] Vgl. DIN, ISO /ISO 9004 -4: Entwurf 1992/

[53] Vgl. DIN, EN, ISO /ISO 9001: 1994/, DIN, EN, ISO /ISO 9002:1994/ und DIN, EN, ISO /ISO 9003:1994/

Zertifizierung bescheinigt, daß bestimmte Mindestanforderungen erfüllt sind

Zweck der Zertifizierung ist die Schaffung von Vertrauen in die Fähigkeit eines Lieferanten, daß er festgelegte Mindestanforderungen an sein QMS erfüllt. Die Zertifizierung bescheinigt die Qualitätsfähigkeit eines Unternehmens, oder anders formuliert, die Erfüllung bestimmter Mindestanforderungen an den Prozeß der Leistungserstellung. Ein Zertifikat macht aber keine Aussage über die Leistungsfähigkeit eines Unternehmen oder die Qualität seiner Produkte. Die Verfasser der ISO 9001 haben diese Norm lediglich als eine Grundlage für vertrauensbildende Maßnahmen zwischen Auftraggeber und Lieferant entworfen. Es wäre völlig falsch, die ISO 9001 als eine Anleitung zum Aufbau eines Qualitätsmanagementsystems oder gar als Hilfestellung zur Erhöhung der Wettbewerbsfähigkeit zu verstehen.

Schritte auf dem Weg zur Zertifizierung

Angenommen, ein Unternehmen hat bereits ein Qualitätsmanagementsystem und plant, dieses zertifizieren zu lassen, so müssen dazu in etwa folgende Aufgaben bewältigt werden:

- Die ISO 9000-Familie wird von Mitarbeitern des Unternehmens gelesen und interpretiert.
- Mitarbeiter prüfen die Übereinstimmung des bestehenden Qualitätsmanagementsystems mit den Anforderungen der ISO 9000.
- Falls notwendig, wird das bestehende Qualitätsmanagementsystem entsprechend den Anforderungen der ISO 9000-Familie verändert.
- Mitarbeiter des Unternehmens dokumentieren das Qualitätsmanagementsystem gemäß der ISO 9000-Familie.
- Die Auditoren lesen die Dokumentation und prüfen, ob ihre Interpretation der Dokumentation mit ihrer Interpretation der ISO 9000 konform ist. Gegebenenfalls werden Änderungsauflagen gemacht.
- Die Auditoren prüfen, ob die Dokumentation das Qualitätsmanagementsystem zutreffend beschreibt.

Beurteilungsfragen für die Zertifizierung

Zur Beurteilung des QMS haben die Auditoren drei wesentliche Fragen zu beantworten:[54]

- Sind die Prozesse festgelegt und sind ihre Verfahren angemessen dokumentiert?
- Sind die Prozesse wie dokumentiert vollständig entwickelt und verwirklicht?

---

[54] Vgl. DIN, EN, ISO /ISO 9000-1: 1994/ Abschnitt 4.9.1

- Sind die Prozesse effektiv bei der Bereitstellung der erwarteten Ergebnisse?

Sind keine gravierenden Beanstandungen zu finden, wird ein Zertifikat erteilt. Geringfügige Abweichungen von den Forderungen der Norm werden in einem Auditierungsbericht festgehalten und als Änderungsauflagen formuliert. Diese Auflagen müssen beim nächsten Überprüfungsaudit erfüllt sein.

Die Anforderungen der ISO 9001 an ein Qualitätsmanagementsystem sind in Form von 20 Elementen strukturiert. Die einzelnen Elemente setzen sich wiederum aus einer Reihe verschiedener Anforderungen zusammen. Tab. 4-2 gibt einen Überblick über die Elemente der ISO 9001.

Tab. 4-2:
Übersicht über die
Elemente der ISO
9001

Verantwortung der Leitung	Qualitätsmanagementsystem
Vertragsprüfung	Designlenkung
Lenkung der Dokumente und Daten	Beschaffung
Lenkung der vom Kunden beigestellten Produkte	Kennzeichnung und Rückverfolgbarkeit von Produkten
Prozeßlenkung	Prüfungen
Prüfmittelüberwachung	Prüfstatus
Lenkung fehlerhafter Produkte	Korrektur- und Vorbeugungsmaßnahmen
Handhabung, Lagerung, Verpackung, Konservierung und Versand	Lenkung von Qualitätsaufzeichnungen
Interne Qualitätsaudits	Schulung
Wartung	Statistische Methoden

Finanzielle Überlegungen und Produktsicherheit sind nicht Gegenstand der ISO 9001

Abgesehen von sprachlichen und gliederungstechnischen Unterschieden entsprechen die Forderungen der ISO 9001 den von der ISO 9004-1 empfohlenen Elementen, bis auf zwei Ausnahmen: Unter der Überschrift „Finanzielle Überlegungen zu QMS" finden sich in der ISO 9004-1 Hinweise zum Aufbau eines Qualitätskostenrechnungssystems, die nicht Gegenstand der ISO 9001 sind. Im Abschnitt „Produktsicherheit" der ISO 9004-1 werden Hinweise zur Analyse von Sicherheitsaspekten bei Produkten und Prozessen gegeben, die in der ISO 9001 ebenfalls nicht thematisiert werden.

Die in der ISO 9001 formulierten Anforderungen an ein Qualitätsmanagementsystem gehen in erster Linie auf Konzepte und Prinzipien des Qualitätsmanagements zurück, die für die produzierende Industrie entwickelt worden sind. Bei der Übertragung dieser Konzepte und Prinzipien auf die Softwareentwicklung sind verschiedene Probleme aufgetaucht. So merken die Verfasser der ISO 9000-3 an: „Der Prozeß der Entwicklung und Wartung von Software unterscheidet sich ... von jenem für die meisten anderen Arten industrieller Produkte."[55] Aus diesem Grund ist die ISO 9000-3 in die Normenfamilie eingefügt worden.

ISO 9000-3 ist eine softwarespezifische Interpretation der ISO 9001

Die ISO 9000-3 soll die Anwendung der ISO 9001 für die Entwicklung, Lieferung und Wartung von Software erleichtern. Die ISO 9000-3 ist eine branchenspezifische Interpretation der ISO 9001. Auf der einen Seite soll diese Norm eine Hilfe für die Softwarebranche darstellen, auf der anderen Seite ist die ISO 9000-3 ein Bruch des erklärten Willens der Verfasser der ISO 9000, daß die Normenfamilie branchenunbhängig sein soll. Da die ISO 9001 in der Fassung von August 1994 vorliegt, die aktuelle Fassung der ISO 9000-3 von Juni 1992 sich aber noch auf die Version der ISO 9001 von 1987 bezieht, ergeben sich bei der Anwendung der ISO 9000-3 gewisse Schwierigkeiten. Hinzu kommt, daß die ISO 9000-3 trotz des Versuchs, den Gepflogenheiten und dem Sprachstil der Softwarebranche zu entsprechen, schwer verständlich ist. Offenbar verwenden deshalb die meisten deutschen Softwarehersteller, die ein Qualitätsmanagementsystem gemäß ISO 9000 aufbauen und es zertifizieren lassen, die ISO 9000-3 nicht sehr intensiv. Sie konzentrieren sich statt dessen auf andere Teile der Normenfamilie, insbesondere auf die ISO 9001.

Die ISO 9000-3 beschreibt im wesentlichen die gleichen Elemente wie die ISO 9001. Die Elemente sind aber in der ISO 9000-3 etwas anders strukturiert und zum Teil mit anderen Begriffen bezeichnet. Außerdem sind die Elemente in drei verschiedene Kategorien gegliedert worden: Rahmen eines Qualitätsmanagementsystems, phasenbezogene Elemente (Lebenszyklustätigkeiten) und phasenunabhängige Elemente (unterstützende Tätigkeiten). Tab. 4-3 gibt einen Überblick über die wesentlichen Elemente der ISO 9000-3. Bei den einzelnen

---

[55]   DIN, ISO /ISO 9000-3: 1992/ Einleitung

Elementen sind außerdem jeweils deren wichtigste Forderungen aufgeführt.

QM-Element	Forderung
Verantwortung der obersten Leitung	• Festlegung und Umsetzung Qualitätspolitik • Bereitstellung der erforderlichen Ressourcen • Bewertung der Wirksamkeit des Qualitätsmanagementsystems
QM-System	• Erstellung eines QM-Handbuchs • Erstellung von Verfahrensanweisungen • QM-Pläne erstellen und umsetzen
Interne Qualitäts-Audits	• Durchführung interner Qualitäts-Audits • Verifizierung qualitätsrelevanter Tätigkeiten • Feststellung der Wirksamkeit des Qualitätsmanagementsystems
Korrekturmaßnahmen	• Korrekturmaßnahmen für Kundenreklamationen, Fehlerursachen und deren Überwachung • Vorbeugemaßnahmen bezüglich Prozeßqualität und deren Überwachung
Vertragsüberprüfung	• Überprüfung des Vertrages durch Lieferanten • Aufzeichnung der Vertragsprüfung
Spezifikation	• Vollständiger und eindeutiger Satz von funktionalen Anforderungen für den Lieferanten • Validierbarkeit der Anforderungen bei Abnahme • Dokumentenlenkung für Spezifikation • Konfigurationsmanagement für Spezifikation
Entwicklungsplanung	• Festlegung und Dokumentation von Terminen, Mitteln, Ergebnissen, Vorgaben • Durchführung und Dokumentation der Verifizierung der Phasen
QM-Planung	• Erstellung und permanente Anpassung eines Qualitätssicherungsplanes • Definition von Qualitätszielen
Design und Implementierung	• Festlegung von Designregeln, internen Schnittstellenfestlegungen, Designmethodik • Verwendung früherer Designerfahrungen

	• Vorbereitung für nachgelagerte Prozesse • Festlegung und Beachtung von Regeln: Programmierregeln, Programmiersprachen, Namenskonventionen, Codier- und Kommentarregeln
Testen und Validierung	• Erstellung eines Testplanes • Aufzeichnung von Testergebnissen, -konfigurationen für End- und Zwischenprodukte • Erprobung des vollständigen Produktes durch den Lieferanten • Feldversuch unter Anwendungsumgebung
Abnahme	• Methodisches Annahmeverfahren mit festgelegten Kriterien • Planung der Annahmeprüfungen (Terminplan, Bewertungsverfahren, Software-/Hardware-Umgebung und Mittel, Annahmekriterien)
Vervielfältigung, Lieferung und Installierung	• Festlegung Kopienanzahl, Datenträger, Dokumente, Kopiervorlagen, Sicherungskopien etc. • Verifizierung der ausgelieferten Kopien • Validierung der (Test-)Installation
Wartung	• Festlegung der Wartungsobjekte (Programme, Daten und ihre Strukturen, Spezifikationen, Dokumente etc.) • Durchführung von Wartungstätigkeiten (Problemlösung, Schnittstellenänderung, Funktionserweiterung, Leistungsverbesserung) • Verfahren zur Freigabe neuer Softwareversionen
Konfigurationsmanagement	• Eindeutige Identifizierung von Softwareversionen • Eindeutige Identifizierung der Softwareelemente, die gemeinsam die spezifische Version eines kompletten Produktes bilden • Eindeutige Identifizierung des Entwicklungsstatus von Softwareprodukten • Identifikation und Rückverfolgbarkeit der Konfiguration • Lenkung von Änderungen • Konfigurations-Statusbericht

Dokumenten-lenkung	• Lenkung von Dokumenten für Verfahrens-anweisungen, Planungs- und Produkt-dokumenten • Prüfung und Genehmigung von Doku-menten bei der Ersterstellung sowie bei jeder Änderung
Qualitätsauf-zeichnungen	• Identifikation, Sammlung, Indexierung, Ordnung, Speicherung/Aufbewahrung, Pflege und Bereitstellung von Qualitäts-aufzeichnungen • Gewährleistung der Lesbarkeit und Aufbe-wahrung von Qualitätsaufzeichungen
Messungen	• Anwendung von Meßmethoden für die Qualität des jeweiligen Produktes • Anwendung quantitativer Meßverfahren für die Qualität des Entwicklungs- und Lenkungsprozesses
Regeln, Praktiken, Überein-kommen	• Festlegung von Regeln, Praktiken und Übereinkommen, um ein Qualitätsmanage-mentsystem wirksam zu machen • Überprüfung und ggf. Überarbeitung dieser Regeln, Praktiken und Übereinkommen
Werkzeuge und Techniken	• Nutzung von Werkzeugen, Einrichtungen und Techniken • Verbesserung der Werkzeuge und Techniken durch Lieferanten
Beschaffung	• Sicherstellung der Erfüllung definierter Forderungen für beschaffte Produkte oder Dienstleistungen • Aufzeichnungen über annehmbare Unter-lieferanten • Validierung von beschafften Produkten
bereitgestellte Software-produkte	• Möglichkeit der Forderung des Einsatzes bereitgestellter Softwareprodukte • Validierung der bereitgestellten Software-produkte
Schulung	• Verfahren zur Ermittlung des Schulungs-bedarfs • Schulung durch qualifiziertes Personal unter Berücksichtigung entsprechender Hilfsmittel (u. a. Werkzeuge und Rech-nerhilfsmittel)

Fragenkataloge helfen bei der Interpretation der Normen

Die einzelnen Elemente der ISO 9001 und der ISO 9000-3 sind von verschiedenen Institutionen mit Hilfe umfangreicher Fragenkataloge aufbereitet worden.[56] Diese Fragenkataloge spezifizieren die Forderungen und Empfehlungen der meist abstrakt gehaltenen Normentexte. Sie helfen den Unternehmen bei der Interpretation der Normen und bei der Durchführung von internen Audits. Die Fragenkataloge geben auch Anhaltspunkte dafür, auf welche Aspekte Auditoren im Rahmen von Zertifizierungsaudits Wert legen.

4.2.3 Bewertung

Nicht jede Kritik an der ISO 9000 ist gerechtfertigt

Die ISO 9000 ist Gegenstand heftiger Kritik und kontroverser Diskussionen geworden.[57] Aber nicht jede Kritik, die an der Normenfamilie geübt wurde, ist gerechtfertigt. Es scheint daher ratsam, einer Bewertung der ISO 9000 einige grundsätzliche Bemerkungen voranzustellen.

- Geist und Buchstaben der Normenfamilie müssen von der üblichen Praxis des Aufbaus von Qualitätsmanagementsystemen in Unternehmen unterschieden werden. So empfiehlt die ISO 9000-Familie beispielsweise ausdrücklich, daß ein Qualitätsmanagementsystem in Anlehnung an die ISO 9004-1 aufgebaut und mit Hilfe der ISO 9004-4 kontinuierlich verbessert werden soll. Dabei sind die in der ISO 9000-1 beschriebenen Prinzipien zu beachten. Die ISO 9001 dient nur der Darlegung eines Qualitätsmanagementsystems. In der Praxis nehmen aber viele Unternehmen lediglich die ISO 9001 zur Kenntnis und entwickeln auf dieser Basis ein Qualitätsmanagementsystem.

- Die ISO 9000-Familie verfolgt im wesentlichen zwei Ziele: Erstens gibt sie Anleitung zum Aufbau und zur Verbesserung von Qualitätsmanagementsystemen. Zweitens beschreibt sie Anforderungen an Qualitätsmanagementsysteme, auf deren Basis z. B. Zertifizierungen durchgeführt werden. An der Zertifizierungspraxis verschiedener Institutionen ist heftige Kritik

---

[56]   Vgl. z. B. DGQ, DQS /Audits/ zu den Forderungen der ISO 9001 und zu den Elementen der ISO 9000-3 die Fragenkataloge in ITQS /Auditor Guide/; Ministerium für Wirtschaft, Mittelstand und Technologie des Landes NRW /Einführung 2/ oder DTI, BSI /TickIT/

[57]   Vgl. stellvertretend für andere z. B. Rieker /Norm ohne Nutzen?/, Haynes, Meyn /ISO 9000/ oder Matsubara /ISO 9000/

geübt worden.[58] Kritik an der Zertifizierungspraxis darf aber nicht automatisch mit Kritik an der ISO 9000-Familie gleichgesetzt werden.

- Wie bereits mehrfach betont, besteht die ISO 9000-Familie aus einer Reihe unterschiedlicher Normen. Einige Kritiker der Qualitätsnormen haben aber offenbar lediglich die ISO 9001 zur Kenntnis genommen. Da die Normenfamilie nicht richtig verstanden werden kann, wenn man nicht wenigstens die ISO 9000-1, ISO 9000-2 und ISO 9004-1 gelesen und verstanden hat, sind viele Kritikpunkte bei näherer Betrachtung gegenstandslos.

In den folgenden Abschnitten werden wir überprüfen, welche der in Kap. 3 dargestellten Prinzipien von der ISO 9000 erfüllt bzw. unterstützt werden. Da wir in diesem Kapitel des Buches untersuchen wollen, inwiefern verschiedene „Markenartikel" geeignet sind, die Einführung eines modernen Qualitätsmanagements zu unterstützen, werden wir der folgenden Bewertung den Wortlaut der ISO 9000 zugrunde legen. An den Stellen, an denen die Qualitätsmanagementpraxis in Softwarehäusern eklatant von den Vorgaben der ISO 9000 abweicht, werden wir auch die Praxis der Umsetzung der ISO 9000 in die Bewertung mit einbeziehen. Wo es sinnvoll erscheint, werden wir auf die Unterschiede in den verschiedenen Teilen der Norm eingehen.

Kundenorientierung Die Bedeutung der Erfüllung von Kundenanforderungen wird bereits in der Einleitung zur ISO 9000-1 erwähnt. Sowohl die ISO 9004-1 als auch die ISO 9004-4 betonen, daß ein Qualitätsmanagementsystem sicherstellen sollte, daß Kundenerfordernisse und -erwartungen tatsächlich erfüllt werden. Die ISO 9004-4 stellt klar, daß die Qualität der Produkte durch die Kundenzufriedenheit bestimmt wird. In der Zertifizierungsnorm ISO 9001 spielt die Kundenorientierung jedoch nur eine völlig nebensächliche Rolle. Da sich viele Unternehmen beim Aufbau eines Qualitätsmanagementsystems auf die ISO 9001 konzentrieren, verwundert es nicht, daß die Anwendung der ISO 9001 bei Softwareherstellern nicht wesentlich zur Erhöhung der Kundenzufriedenheit beigetragen hat. An den meisten Stellen, an denen sich die ISO 9000-Familie zur Kundenorientierung äußert, steht die Schaffung von Vertrauen im Vordergrund, daß der Lieferant in der Lage ist, die geforderten Produktmerkmale zu realisieren. Die ISO 9000 gibt jedoch an keiner Stelle konkrete Hinweise darauf, wie z. B.

---

[58] Vgl. z. B. Petrick /Zertifizierung/ oder Stelzer /Interpretation/

Kundenanforderungen zu ermitteln oder zu erfüllen sind. Insofern läßt die ISO 9000 die Kundenorientierung zwar nicht außer acht, sie gibt aber auch keine Hilfestellung, wie die Kundenorientierung in einem Unternehmen umgesetzt werden kann.

Prozeßorientierung

Die Prozeßorientierung wird von der ISO 9000 vollständig erfüllt. Wie bereits erwähnt, gehören Verbesserung der Produkte durch Verbesserung der (Entwicklungs-)Prozesse, kontinuierliche Qualitätsverbesserungen durch kontinuierliche Weiterentwicklung der Prozesse sowie Vorbeugung und Fehlervermeidung zu den wesentlichen Prinzipien der ISO 9000. Im Rahmen des Auf- und Ausbaus des Qualitätsmanagementsystems müssen gegebenenfalls auch notwendige Einstellungsänderungen der Mitarbeiter angestrebt werden. Z. B. soll darauf hingewirkt werden, daß Qualitätsverbesserungen zum normalen Bestandteil aller Aufgaben werden.

Qualitätsorientierung

Da die ISO 9000 eine Normenfamilie zum Qualitätsmanagement ist, verwundert es nicht, daß sowohl der Produkt- als auch der Prozeßqualität hohe Bedeutung beigemessen wird. Die ISO 9004-1 trägt der Tatsache Rechnung, daß Qualität aber auch im Hinblick auf andere Ziele angemessen sein muß. Sie empfiehlt daher die Einführung einer Qualitätskostenrechnung, die eine Überprüfung der Qualitätsmaßnahmen im Hinblick auf deren Wirtschaftlichkeit ermöglicht. Die ISO 9000 bietet allerdings nur wenige Maßnahmen an, um den Vorrang der Qualität vor Schnelligkeit und Produktivität zu sichern und den Wandel in den Einstellungen der Mitarbeiter zu unterstützen

Wertschöpfungs-orientierung

Zwar wird der ISO 9000 häufig vorgeworfen, daß sie nicht auf eine Steigerung der Wertschöpfung ausgerichtet sei. Bei genauerem Studium der Normtexte läßt sich dieser Vorwurf aber nicht aufrechterhalten. Wie bereits erwähnt, stellt die ISO 9000 den Kundennutzen in den Vordergrund. Sie betont, daß ein erfolgreiches Unternehmen Produkte anbieten muß, die Kundenerwartungen erfüllen, kostengünstig produziert und zu konkurrenzfähigen Preisen angeboten werden können.[59] Ein Qualitätsmanagementsystem soll dazu dienen, diese Ziele zu unterstützen. Qualitätsmanagement ist laut ISO 9000-1 durch die Unternehmensleitung zu bewerten. Die Ergebnisse sollen dazu genutzt werden, Effektivität und Effizienz des QMS zu erhöhen.[60] Die ISO 9000 legt Wert auf Vorbeugung bzw. auf Fehlervermeidung

[59] Vgl. hierzu die Einleitung zur ISO 9004-1
[60] Vgl. DIN, EN, ISO /ISO 9000-1: 1994/ 4.9

statt Fehlerbehebung. Dies soll durch eine konsequente Verbesserung der Planungs-, Entwicklungs-, Konstruktions- und Herstellungsprozesse erreicht werden. Selbst die im Zusammenhang mit der ISO 9000 so häufig kritisierte Dokumentationspflicht ist laut ISO 9000-1 als „dynamische Tätigkeit" zu gestalten, die zu „hoher Wertsteigerung"[61] beiträgt. Es ist zu vermuten, daß der Vorwurf der mangelnden Wertschöpfungsorientierung in erster Linie auf einer unvollständigen Kenntnis und mangelhaften Interpretation der ISO 9000-Familie durch viele Softwarehersteller und Unternehmensberater beruht. Obwohl die ISO 9000 die Kerngedanken der Wertschöpfungsorientierung beachtet, muß eingeräumt werden, daß die Normenfamilien keine detaillierten Hilfestellungen zur Umsetzung des Prinzips gibt.

Zuständigkeit aller

Die ISO 9004-1 betont die Zuständigkeit aller Mitarbeiter für Qualität. Auch die Verantwortung der Unternehmensleitung für Qualität wird von allen Teilen der ISO 9000 hervorgehoben. Laut ISO 9004-1 sind sowohl für das Management als auch für alle Mitarbeiter angemessene Schulungen durchzuführen. Mit Hilfe eines Programms zur Förderung des Qualitätsbewußtseins sollen alle Mitarbeiter motiviert werden, Verantwortung für die Qualität der Prozesse und Produkte zu übernehmen. Ferner ist darauf zu achten, daß sie ein ausreichendes Verständnis für den Beitrag ihrer Arbeit zum Unternehmenserfolg entwickeln. Die Qualitätsmaßstäbe aller Unternehmensangehörigen sollen dadurch gefördert werden, daß Mittel zur Messung der erreichten Qualität eingesetzt werden. Mit deren Hilfe soll allen Mitarbeitern sichtbar gemacht werden, was sie erreicht haben. Positive Leistungen der Mitarbeiter sollen belohnt werden. Das Prinzip der Zuständigkeit aller wird folglich von der ISO 9000 erfüllt. In der Unternehmenspraxis ist die Verantwortung der Unternehmensleitung für die Qualität allerdings häufig nur ein Lippenbekenntnis. Die Zuständigkeit für Qualität wird oft auf einen Qualitätsbeauftragten abgeschoben. Dieser Beauftragte muß zwar Mitglied des Führungskreises des Unternehmens sein, in der Regel ist das Anliegen der Qualität mit diese Delegierung aber aus dem Blickfeld der anderen Führungsmitglieder genommen. Der Beauftragte ernennt in der Regel einen weiteren Mitarbeiter, der den Auf- und Ausbau des Qualitätsmanagementsystems planen, steuern und kontrollieren soll. Die anderen Mitarbeiter bekommen schnell den Eindruck, daß die Zuständigkeit für die Prozeß- und Produktqualität im Verantwortungsbereich der Qualitätsbeauftragten

---

[61]   DIN, EN, ISO /ISO 9000-1: 1994/ 5.1

liegt. Qualität ist damit eine Spezialaufgabe einiger weniger Mitarbeiter und nicht mehr integraler Bestandteil der täglichen Arbeit jedes Unternehmensangehörigen. In vielen Unternehmen ändert sich auch nach dem Aufbau eines Qualitätsmanagementsystems an der Einstellung und dem Verantwortungsbewußtsein der Mitarbeiter nur wenig.

interne Kunden-Lieferanten-Beziehungen

Die ISO 9000 erkennt an, daß Kunden auch Angehörige des eigenen Unternehmens sein können. Die ISO 9004-4 fordert z. B. explizit, daß auch die Erfordernisse und Erwartungen interner Kunden eines Prozesses zu identifizieren sind.[62] Die von der ISO 9000 geforderte Definition und Abgrenzung von Zuständigkeiten und Verantwortungsbereichen kann zwar zur Etablierung interner Kunden-Lieferanten-Beziehungen beitragen, allerdings bietet die ISO 9000 keine wesentlichen weiteren Hilfsmittel an, um die unternehmensinterne Zusammenarbeit zu steuern. Sie fordert z. B. nicht die Analyse von Prozessen in Kunden-Lieferanten-Beziehungen.

Kontinuierliche Verbesserung

Wie bereits erwähnt, besteht der Zweck eines Qualitätsmanagementsystems laut ISO 9000-1 darin, „die Systeme und Prozesse so zu verbessern, daß eine kontinuierliche Qualitätsverbesserung erreicht werden kann". Laut ISO 9004-1 ist Qualitätsverbesserung eine kontinuierliche Tätigkeit, die auf ständig höhere Effektivität und Effizienz der Prozesse abzielt. Jedes Mitglied einer Organisation sollte eine Haltung entwickeln, die Vermeidung von Verschwendung begünstigt und zur effektiveren und effizienteren Gestaltung von Prozessen beiträgt. Ebenso stellt die ISO 9004-1 klar, daß das Qualitätsmanagementsystem eine ständige Qualitätsverbesserung erleichtern und fördern soll. Die Norm betont für Qualitätsverbesserung wichtige Rahmenbedingungen, wie z. B. die Vorbildfunktion des Managements, die Bedeutung von Werten, Einstellungen und Verhaltensweisen der Mitarbeiter sowie die Arbeitsatmosphäre und das Lohn- und Anreizsystem. Die ISO 9000 berücksichtigt organisatorische und unternehmenskulturelle Entwicklungen zur Realisierung kontinuierlicher Verbesserungen angemessen. Bei genauem Studium der Normen entsteht der Eindruck, daß die ISO 9000 inkrementellen, evolutionären Veränderungen den Vorzug vor radikalen, revolutionären Veränderungen gibt.

Stabilisierung von Verbesserungen

Bezüglich der Stabilisierung von Verbesserungen fordert die ISO 9004-1, daß ein Qualitätsmanagementsystem so gestaltet werden

---

[62]   Vgl. DIN, ISO /ISO 9004-4: 1992/ 4.1.3

sollte, daß die damit angestrebten Ziele wirklich erreicht werden können. Unter den Stichworten Qualität von Prozessen und Prozeßlenkung fordert die Norm, die Wirksamkeit aller relevanten Prozesse zu überprüfen und falls nötig ihre Leistungsfähigkeit zu verbessern. Bei enger Auslegung dieser Forderungen würde das bedeuten, daß Verbesserungen gegebenenfalls permanent überarbeitet, aufgefrischt und verstärkt werden müssen. Allerdings erwecken weite Teile der ISO 9000 den Eindruck, als gingen die Verfasser der Norm davon aus, daß Verbesserungen mit relativ geringem Aufwand aufrechterhalten werden könnten. Das Prinzip der Stabilisierung von Verbesserungen hat deshalb in der ISO 9000 nicht den Stellenwert, der ihm angesichts der damit verbundenen Schwierigkeiten in der Praxis zukommen müßte.

Rationalitätsprinzip Das Rationalitätsprinzip verlangt, daß ein Unternehmen klare Ziele definieren und Maßnahmen ergreifen soll, die geeignet erscheinen, diese Ziele zu erreichen. Übertragen auf das Softwarequalitätsmanagement gemäß ISO 9000 bedeutet das z. B., daß ein Softwarehersteller seine wichtigsten Probleme identifizieren und Maßnahmen zu deren Bekämpfung ergreifen soll. Dabei sollen sowohl die Problemursachen verstanden als auch der potentielle Beitrag einzelner Maßnahmen zur Problembekämpfung und damit zur Zielerreichung begründet dargelegt werden.

Die Normen der ISO 9000 fordern, daß ein Unternehmen Qualitätsziele schriftlich niederlegt.[63] Ferner soll überprüft werden, ob die verwendeten Prozesse und Verfahren geeignet sind, diese Ziele zu erreichen.[64] Die ISO 9000 bietet aber keine weitergehenden Hilfen an, den Zusammenhang zwischen den Unternehmenszielen und dem Qualitätsmanagementsystem bzw. einzelnen Maßnahmen des Qualitätsmanagements herzustellen. Erschwerend kommt hinzu, daß die ISO 9000 selbst eine Vielzahl von Zielen vorgibt. „Die Normen der ISO 9000-Familie beschreiben, was Elemente eines Qualitätsmanagementsystems ... bewirken sollten ..."[65]. In anderen Worten: Die ISO 9000 formuliert Ziele für Qualitätsmanagementsysteme. Selbstverständlich müssen die in der ISO 9000 formulierten Ziele aber nicht unbedingt mit den drängendsten Problemen der Unternehmen überein-

---

[63] Vgl. DIN, EN, ISO /ISO 9001: 1994/ 4.1 oder DIN, EN, ISO /ISO 9004-1: 1994/ 4.3

[64] Vgl. z. B. die Aussagen in DIN, EN, ISO /ISO 9004-1: 1994/ 11 zur Prozeßlenkung

[65] DIN, EN, ISO /ISO 9004-1: 1994/ Einleitung

stimmen. Die Verfasser der ISO 9000 gehen von der Annahme aus, daß ein in Anlehnung an die Norm gestaltetes Qualitätsmanagementsystem dazu beiträgt, die Unternehmensziele besser zu erreichen. Diese Annahme ist aber weder theoretisch noch empirisch begründet worden. Das Prinzip der Zielorientierung wird in der ISO 9000 also zwar ansatzweise thematisiert, aber durch die Ausgestaltung der Norm nur teilweise verwirklicht.

Die ISO 9004-1 fordert implizit, daß Softwarehersteller aus Problemen und Fehlern lernen sollen. Kausale Beziehungen zwischen Fehlerursachen und Fehlerwirkungen sollen aufgeklärt werden. Auf dieser Basis soll der potentielle Beitrag von Maßnahmen zur Bekämpfung der Probleme erörtert werden. Erst dann sollen Qualitätsmaßnahmen geplant und über ihren Einsatz entschieden werden.[66] Die ISO 9004-1 fordert sogar, daß nach jeder Änderung eines Prozesses die Auswirkungen auf die Produktqualität untersucht werden sollten, um die Effektivität der Prozeßänderung festzustellen[67]. Die Ursache-Wirkungs-Beziehungen zwischen Prozeßveränderung und Produktverbesserung sollen analysiert, dokumentiert und in geeigneter Weise bekannt gemacht werden, um eine kontinuierliche Qualitätsverbesserung durch Lernen zu ermöglichen. Man könnte also meinen, in der ISO 9000 sei das Verständnisprinzip verwirklicht. Tatsächlich ist dies jedoch nur ansatzweise der Fall. Erstens bietet die ISO 9000 - abgesehen von den angesprochenen Aspekten - keine weitergehende Unterstützung für das Verständnis und die Klärung der zu bekämpfenden Probleme. Zweitens, und dies wiegt schwerer, werden z. B. in der ISO 9001 20 Elemente eines Qualitätsmanagementsystems konkret angesprochen. Diese Elemente sind leichter verständlich, konkreter formuliert und unmittelbarer umzusetzen als das in der ISO 9004-1 eher abstrakt und mit niedrigerem Stellenwert angesprochene Verständnisprinzip. Vielen Unternehmen wird dadurch eine voreilige Auswahl von Lösungen nahegelegt. Die ISO 9000 begünstigt die Realisierung verschiedener Maßnahmen ohne ausreichendes Verständnis der zugrundeliegenden Probleme.

Die von der ISO 9000 angesprochenen Unternehmens- und Qualitätsziele auf der einen sowie die Maßnahmen des Qualitätsmanagements auf der anderen Seite lassen sich in der Praxis der Softwarehersteller häufig nur schwer miteinander verbinden.

---

[66]   Vgl. DIN, EN, ISO /ISO 9004-1: 1994/ 15

[67]   Vgl. DIN, EN, ISO /ISO 9004-1: 1994/ 11

Die Begründung für einzelne Maßnahmen erfolgt deshalb in der Regel auch nicht so, wie vom Begründungsprinzip vorgesehen, sondern mit einem formalen Hinweis auf die ISO 9001. Für alle Mitarbeiter nachvollziehbare, situationsspezifische Begründungen für bestimmte Maßnahmen sind eher selten.

Das führt dazu, daß sich Softwarehersteller beim Auf- und Ausbau von Qualitätsmanagementsystemen häufig nicht vom Rationalitätsprinzip leiten lassen, sondern mehr oder weniger unreflektiert die in der ISO 9001 geforderten Elemente verwirklichen. Viele Unternehmen bauen z. B. ein QMS auf, ohne geklärt zu haben, welche Ziele sie damit erreichen wollen.[68] Ferner werden in der Unternehmenspraxis Qualitätsziele häufig auf einem sehr abstrakten und allgemeinen Niveau formuliert. Der Bezug zu den Zielen einzelner Projekte und den Aufgaben der Mitarbeiter wird oft nicht explizit hergestellt. Aus diesem Grunde bleiben die Qualitätsziele in vielen Unternehmen abstrakte und „abgehobene" Formulierungen für Hochglanzbroschüren. Im Arbeitsalltag vieler Unternehmen spielen sie keine besondere Rolle.

Bedeutung von Menschen

Die ISO 9004-1 empfiehlt die Förderung angemessener Werte, Einstellungen und Verhaltensweisen der Mitarbeiter sowie einen unterstützenden Führungsstil des Managements. Die Norm ermuntert die Unternehmen, auf effektive Verständigung und Teamarbeit hinzuwirken, Erfolge und Leistungen anzuerkennen sowie für ausreichende Schulung und Fortbildung zu sorgen. Alle Mitarbeiter sollen ein umfassendes Verständnis davon erlangen, in welcher Weise und in welchem Maße ihre Arbeit zur Leistungserstellung des Unternehmens beiträgt. Falls nötig, soll ein Programm zur Förderung des Qualitätsbewußtseins aufgelegt werden. Das Prinzip der Bedeutung von Menschen wird also in der ISO 9000 zumindest implizit angesprochen. Allerdings scheinen die Verfasser der ISO 9000-Familie davon auszugehen, daß ein Qualitätsmanagementsystem den entscheidenden Einfluß von Menschen auf die Qualität von Produkten und Prozessen der Softwareentwicklung abschwächen und dadurch zu einer Verstetigung der Qualität der Leistungserstellung beitragen kann. Dies könnte im Extremfall dazu führen, daß die Mitarbeiter den Eindruck gewinnen, es komme letztlich doch nicht auf ihre Leistung, sondern auf die Funktionsfähigkeit des abstrakten Qualitätsmanagementsystems an. Insofern wird das Prinzip der Bedeu-

---

[68] Vgl. Bellin, Stelzer, Mellis /ISO 9000/

tung von Menschen in der Praxis des Qualitätsmanagements häufig wieder zunichte gemacht.

Totalität

Da die ISO 9000 keine spezifische Norm für das Softwarequalitätsmanagement ist, sondern den Anspruch erhebt, für alle Bereiche eines Unternehmens und für verschiedene Branchen relevant zu sein, könnte mit Hilfe eines Qualitätsmanagementsystems nach ISO 9000 die Einbettung des Softwarequalitätsmanagements in das Qualitätsmanagement des gesamten Unternehmens prinzipiell gelingen. Die ISO 9000 fordert auch die Verbindung von Qualitätszielen mit anderen übergreifenden Unternehmenszielen wie z. B. wirtschaftlichem Erfolg. Allerdings bietet die Normenfamilie für die praktische Verbindung und Abstimmung dieser Ziele keine konkrete Hilfe an. Sollen die grundlegenden Gedanken, Prinzipien und Ideale der ISO 9000 sinnvoll verwirklicht werden, so ist eine Verbesserung des gesamten Managements eines Unternehmens notwendig. Wenn dies geschieht, wenn also die Gedanken und Empfehlungen der ISO 9000 in die bereits bestehenden Managementstrukturen eines Softwareherstellers einfließen und dort angemessen umgesetzt werden, könnte man davon ausgehen, daß das Totalitätsprinzip unterstützt würde. Leider legt die ISO 9000 mit der Empfehlung, Qualitätsmanagementsysteme aufzubauen, den Aufbau einer „Parallelstruktur" nahe. Im Hinblick auf das Totalitätsprinzip ist diese Forderung der ISO 9000 ein grundlegender und entscheidender Mangel. Das von der ISO 9000 geforderte Qualitätsmanagementsystem existiert in der Praxis häufig neben den schon vorher bestehenden Managementstrukturen. Schon die von den Verfassern der Norm gewählten Benennungen begünstigen eine solche Parallelstruktur. So dürfte die von der ISO 9000 geforderte Qualitätspolitik z. B. nicht Qualitätspolitik heißen. Vielmehr müßte die Norm darauf drängen, daß Qualität zum integralen Bestandteil der Unternehmenspolitik wird.

Der Anspruch der ISO 9000 darf nicht auf das Qualitätsmanagement beschränkt bleiben. Die ISO 9000 fordert im Grunde eine Verbesserung der Qualität des Managements. Die von der Norm entwickelten Mittel, dieses Ziel zu erreichen, sind jedoch nicht ausgereift.

4.3 Capability Maturity Model (CMM)

4.3.1 Überblick

Das Department of Defense benötigt das CMM zur Beurteilung von Lieferanten

Das Capability Maturity Modell (CMM) for software wird seit 1986 am Software Engineering Institute (SEI) der Carnegie Mellon University in Pittsburgh, U.S.A. entwickelt.[69] Das amerikanische Verteidigungsministerium finanziert die Arbeiten am CMM, da es das Modell als Hilfsmittel zur Beurteilung und Auswahl von Lieferanten für Softwaresysteme benötigt. Fortwährende Überschreitungen von Lieferterminen und Entwicklungsbudgets sowie mangelhafte Qualität von Softwareprodukten hatten das Verteidigungsministerium veranlaßt, ein solches Hilfsmittel entwickeln zu lassen.

Die Wurzeln des CMM liegen einerseits in den Grundgedanken des Qualitätsmanagements, wie es in der Fertigungsindustrie entwickelt wurde, und andererseits in den Erfahrungen mit der Entwicklung großer Softwaresysteme bei IBM hauptsächlich während der 60er und 70er Jahre.[70] Die Verfasser des CMM erheben den Anspruch, daß das Modell eine Interpretation und Anwendung des Total Quality Managements für die Softwareentwicklung darstelle.

Das CMM hilft, den Reifegrad von Softwareentwicklungsprozessen zu ermitteln

Das Modell soll helfen, den Reifegrad von Softwareentwicklungsprozessen zu ermitteln, um gezielte Verbesserungen vornehmen zu können. Reife im Sinne des CMM beschreibt das Ausmaß, in dem ein Softwareprozeß definiert und beschrieben ist, und in dem er geplant, gesteuert und kontrolliert wird. Mit steigendem Reifegrad wird die Erwartung verbunden, daß die Vorhersagbarkeit von Terminen, Kosten- und Qualitätszielen zunimmt. Gleichzeitig - so die Verfechter des CMM - sinke das Risiko, daß einzelne Projekte ihre Ziele nicht erreichen. Die Verfasser des CMM stellen außerdem einen Zusammenhang zwischen der Reife und der Effektivität eines Softwareprozesses her. Sie behaupten, je reifer ein Softwareprozeß sei, desto höher sei die Qualität der entwickelten Produkte, desto kürzer die Entwicklungszeiten und desto niedriger die Kosten.

---

[69] Die Beschreibung im folgenden Kapitel bezieht sich auf die Version 1.1 des CMM. Vgl. Paulk u. a. /Capability Maturity Model/ und Paulk u. a. /CMM Guidelines/

[70] Ein guter Überblick über die historischen Wurzeln des CMM findet sich in Jones /Software Risks/ 3-9.

Das CMM empfiehlt keine spezifischen Methoden oder Werkzeuge

Das CMM beschreibt, *welche* Fähigkeiten Organisationen der verschiedenen Reifegrade beherrschen sollten, nicht aber, *wie* diese Fähigkeiten im einzelnen ausgeführt werden. Insbesondere empfiehlt das CMM keine spezifischen Methoden oder Werkzeuge für das Software Engineering oder das Management von Softwareprojekten.

Das CMM soll den besten Weg zur Softwareprozeß- verbesserung beschreiben

Die Verfasser des CMM gehen (unausgesprochen) von der Vorstellung aus, daß es einen besten Weg gibt, Softwareprozesse zu verbessern. Dieser beste Weg wird durch das CMM beschrieben. Die Autoren sind sich der Tatsache bewußt, daß die Entwicklung von einem unreifen zu einem reifen Softwareprozeß lange währt und viele Zwischenschritte erfordert. Aus diesem Grund ist das CMM in fünf Reifegrade strukturiert. Diese fünf Reifegrade können einerseits Anhaltspunkte für die Prozeßbewertung liefern und andererseits Hinweise für Prozeßverbesserungen geben.

Im Zusammenhang mit dem Modell sind eine Reihe verschiedener Produkte entwickelt worden. Das bekannteste Produkt dürfte der maturity questionnaire sein, ein Fragebogen, der aus ca. 125 Fragen besteht.[71] Er ist in erster Linie als Hilfsmittel gedacht, um Softwareunternehmen Schwachstellen bzw. Ansatzpunkte für Verbesserungen des Softwareprozesses aufzuzeigen. Die Autoren des CMM empfehlen, den Fragebogen lediglich als ein Hilfsmittel für die Analyse des Softwareprozesses zu verwenden. Softwareprozeßverbesserungen sollen mit Hilfe des Modells vorgenommen werden und nicht allein auf der Basis des Fragebogens. Darüber hinaus sind mittlerweile verschiedene Varianten des CMM for software entwickelt worden, z. B. ein CMM for Systems Engineering und ein Modell für IT-Sicherheitsaspekte.

4.3.2   Darstellung

Fünf Reifegrade von Softwareprozessen

Das wesentliche Strukturierungsmerkmal des CMM sind die sogenannten Reifegrade (maturity levels). Reifegrad 1 (initial) beschreibt unreife Prozesse. Reifegrad 5 (optimizing) beschreibt reife Prozesse. Die fünf Reifegrade bauen aufeinander auf. Jeder Reifegrad unterscheidet sich von dem vorhergehenden dadurch, daß zusätzliche Fähigkeiten und Praktiken beherrscht werden. In

---

[71]   Die Fragen lassen sich in Software Engineering Institute /Questionnaire/ oder - in einer etwas anderen Fassung - bei Thaller /Qualitätsoptimierung/ nachlesen.

den folgenden Abschnitten werden die wesentlichen Charakteristika der fünf Reifegrade erläutert:

Reifegrad 1:
chaotische
Entwicklung

- Initial: Softwareentwicklungsprojekte werden ad hoc strukturiert und laufen tendenziell chaotisch ab. Nur wenige Teilprozesse sind klar definiert. Es gibt keine Vorgaben oder Hilfsmittel zur Planung und Steuerung von Projekten. Liefertermine und Budgets der Projekte sowie Funktionalität und Qualität der Produkte lassen sich nur schwer vorhersagen. Der Erfolg oder Mißerfolg von Projekten hängt in erster Linie von den Bemühungen, der Motivation und der Qualifikation der beteiligten Personen ab.

Reifegrad 2:
Projektmanagement
funktioniert

- Repeatable: Grundlegende Projektmanagementaufgaben, wie Planung, Kontrolle und Steuerung von Zeit, Kosten, Funktionalität und Qualität, sind etabliert. Die Planung von Projekten basiert auf den Erfahrungen ähnlicher Projekte. Der Softwareprozeß ist stabil, Erfolge einzelner Projekte können unter ähnlichen Bedingungen mit einer gewissen Wahrscheinlichkeit wiederholt werden.

Reifegrad 3:
Prozeßmanagement
funktioniert

- Defined: Es ist ein unternehmensweit gültiger, kohärenter Softwareprozeß dokumentiert und standardisiert worden. Alle Softwareentwicklungsprojekte richten sich nach diesem Prozeß. Hilfreiche situationsspezifische Anpassungen und Interpretationen des Prozesses in einzelnen Projekten sind zulässig und erwünscht, sofern sie nachvollziehbar begründet werden können. Der Prozeß umfaßt nicht nur Managementaufgaben, sondern auch Software Engineering Aktivitäten. Eine eigene organisatorische Einheit, die Software Engineering Process Group, pflegt den Prozeß und entwickelt ihn weiter, so daß die Projekte jederzeit sinnvoll unterstützt werden können.

Reifegrad 4:
unternehmensweites
Meßprogramm

- Managed: Es werden quantitative Ziele für Softwareprodukte und -prozesse formuliert. Als Teil eines unternehmensweiten Meßprogramms wird die Qualität der Produkte und die Produktivität wichtiger Prozesse gemessen. Alle Meßergebnisse werden mit Hilfe einer Datenbank verwaltet und ausgewertet. Der Einfluß der verwendeten Maßnahmen auf die Qualität der Produkte und die Produktivität der Prozesse ist verstanden und quantitativ formuliert worden. Die Maßnahmen können dementsprechend gezielt eingesetzt werden. Zeit-, Kosten- und Qualitätsziele werden mit hoher Genauigkeit erreicht. Abweichungen von den Zielen können mit Hilfe der gesammelten Daten erklärt werden. Falls nötig, werden frühzeitig Gegenmaßnahmen ergriffen.

Reifegrad 5: kontinuierliche Prozeßverbesserung

- Optimizing: Das gesamte Unternehmen ist auf kontinuierliche Prozeßverbesserungen eingestellt. Erfahrungen mit dem Softwareprozeß werden mit quantitativen Daten beschrieben. Diese Daten ermöglichen kontinuierliche Prozeßverbesserungen. Neue Ideen, Methoden und Werkzeuge werden in Pilotanwendungen erprobt. Quantitative Kosten-Nutzen-Analysen dieser Innovationen ermöglichen Empfehlungen für den unternehmensweiten Einsatz der jeweils besten Software Engineering- und Managementtechniken.

Abb. 4-2 gibt einen Überblick über die Reifegrade des CMM.

Abb. 4-2: Reifegrade und Key process areas des CMM[72]

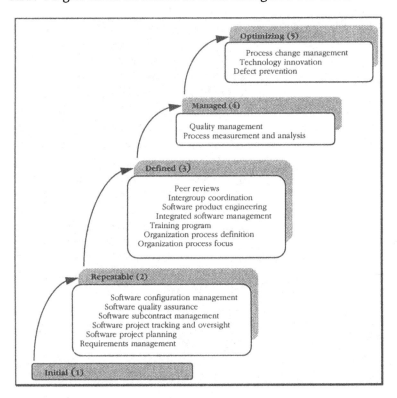

Die Reifegrade des CMM werden durch key process areas, common features und key practices strukturiert. Key process areas beschreiben Aufgabenkomplexe, die ein Unternehmen beherrschen muß, um die Ziele des jeweiligen Reifegrads erreichen zu

---

[72]   Paulk u. a. /Capability Maturity Model/ 3.2

können. Common features und key practices erläutern notwendige unterstützende Maßnahmen. Abb. 4-3 stellt die Struktur des CMM im Überblick dar. In den folgenden Abschnitten werden die key process areas, common features und key practices des CMM näher erläutert.

Abb. 4-3:
Struktur des CMM[73]

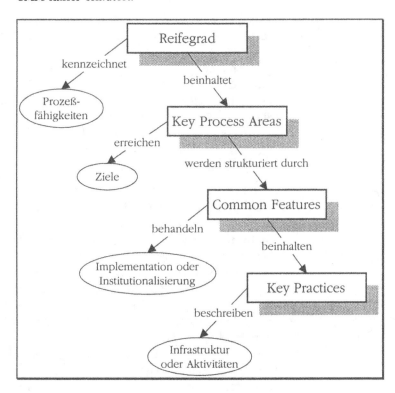

Key Process Areas

Key process areas beschreiben Bereiche, die ein Unternehmen gestalten muß, um einen Reifegrad zu erreichen

Reifegrad 2

Abgesehen vom initial level setzt sich jeder Reifegrad aus verschiedenen key process areas zusammen. Die key process areas der jeweils nächst höheren Stufe geben Anhaltspunkte dafür, wie der Softwareprozeß verbessert werden kann.

Die key process areas des Reifegrads 2 (repeatable) umfassen in erster Linie Aufgaben, die die Abwicklung von Softwareentwicklungsprojekten erleichtern sollen: Das requirements management dient dazu, die Kundenanforderungen zu strukturieren und den Softwareentwicklern ein umfassendes Verständnis dieser Anforderungen zu ermöglichen. Software project planning stellt eine

---

[73] Paulk u. a. /Capability Maturity Model/ 3.1

angemessene Planung der in jedem Projekt notwendigen Software Engineering- und Projektmanagementaktivitäten sicher. Software project tracking and oversight ermöglicht eine Fortschrittskontrolle der Entwicklungsprojekte. Sie ist Voraussetzung, um Gegenmaßnahmen ergreifen zu können, falls Abweichungen von den gesetzten Projektzielen sichtbar werden. Mit Hilfe des software subcontract management werden Unterauftragnehmer ausgewählt und die Zusammenarbeit mit ihnen geplant, kontrolliert und gesteuert. Software quality assurance umfaßt die Planung der Qualitätssicherung. Sie soll es dem Management ermöglichen, sich jederzeit einen Überblick über den aktuellen Stand der Projekte und der (Zwischen-)Produkte zu verschaffen. Software configuration management dient dazu, die Integrität der im Verlauf eines Entwicklungsprojektes erstellten Produkte und Teilprodukte zu gewährleisten.

Reifegrad 3

Die key process areas des Reifegrads 3 (defined) umfassen sowohl projektbezogene Tätigkeiten als auch den Aufbau einer Infrastruktur zur Unterstützung des unternehmensweit gültigen Softwareprozesses: Ziel des organization process focus ist es, Stärken und Schwächen des Softwareprozesses zu identifizieren und Verbesserungsmaßnahmen vorzuschlagen. Die Verantwortung für diese Tätigkeiten wird einer eigenen organisatorischen Einheit übertragen. Im Rahmen der organization process definition werden verschiedene software process assets entwickelt. Die software process assets sind Informationssammlungen, die die Leistungsfähigkeit der Projekte erhöhen sollen. Hierzu zählen z. B. Empfehlungen für lebenszyklusspezifische Aktivitäten, Vorgaben für das Tailoring des Softwareprozesses oder Bibliotheken mit Dokumentationen. Ein training program dient dazu, den Mitarbeitern die benötigten Fähigkeiten und Kenntnisse zu vermitteln. Das integrated software management dient dazu, Software Engineering- und Managementaktivitäten aufeinander abzustimmen. Im Rahmen des software product engineering werden die verschiedenen zur Produktentwicklung notwendigen Software Engineering Aktivitäten (u. a. Anforderungsanalyse, Design, Codierung, Test, etc.) beschrieben, aufeinander abgestimmt und verfeinert. Die intergroup coordination dient dazu, einen Erfahrungsaustausch der verschiedenen Entwicklerteams zu ermöglichen und zu vereinfachen. Peer reviews, d. h. Prüfungen durch Kollegen, z. B. in Form von Fagan-Inspektionen oder structured walkthroughs, dienen dazu, Fehler in Produkten frühzeitig zu erkennen, diese zu beseitigen und die Entwickler auf übliche Fehlerquellen aufmerksam zu machen.

Reifegrad 4

Die key process areas des Reifegrads 4 (managed) haben zum Ziel, wichtige Ursache-Wirkungs-Zusammenhänge im Rahmen der Softwareentwicklung quantitativ zu beschreiben: Quantitative process management ist ein umfangreiches Meßprogramm, mit dessen Hilfe die Leistung der einzelnen Softwareentwicklungsprojekte quantitativ kontrolliert wird. Darüber hinaus werden Abweichungen von für den Prozeß typischen Werten untersucht, Ursachen für die Abweichungen erforscht und gegebenenfalls Gegenmaßnahmen ergriffen. Dem quantitative process management ähnlich sind die Aktivitäten des software quality managements. Hier werden jedoch eher produktspezifische Messungen durchgeführt, kontrolliert, koordiniert und entsprechende Verbesserungsmaßnahmen eingeleitet.

Reifegrad 5

Die key process areas des Reifegrads 5 (optimizing) zielen darauf ab, durch Messungen gesteuerte kontinuierliche Softwareprozeßverbesserungen zu ermöglichen: Defect prevention soll Fehlerursachen identifizieren und Fehlerverhütung, z. B. durch Veränderungen des Softwareprozesses, ermöglichen. Das technology change management analysiert vielversprechende neue Technologien - hierzu zählen Methoden, Werkzeuge und Prozesse - und gibt Empfehlungen und Hilfestellungen zur Anwendung dieser Innovationen im Unternehmen. Process change management hat die Aufgabe, den Softwareprozeß kontinuierlich weiterzuentwickeln, um die Produktqualität und die Prozeßproduktivität zu erhöhen sowie die Entwicklungszeiten zu verkürzen.

Common Features

Common features beschreiben unterstützende Maßnahmen

Jede key process area wird durch fünf sogenannte common features beschrieben, die sicherstellen sollen, daß die Ziele der einzelnen key practices tatsächlich erreicht werden können. Z. B. muß sich das Management verpflichten, alle notwendigen Aktivitäten zu unterstützen, entsprechende Regelungen zu treffen und ausreichende Ressourcen zur Verfügung zu stellen. Außerdem werden Voraussetzungen beschrieben, die in jedem Projekt erfüllt sein müssen, damit die Anforderungen des entsprechenden Reifegrades erfüllt werden können. Hierzu zählen in erster Linie personelle und finanzielle Ressourcen, organisatorische Strukturen sowie Schulung der Mitarbeiter. Darüber hinaus werden Verantwortungsbereiche und Tätigkeiten spezifiziert, die erforderlich sind, um eine key process area zu gestalten. Jede key process area ist durch Analysen und Messungen zu begleiten, um die Effektivität und Effizienz der Tätigkeiten zu überprüfen. Außerdem muß, z. B. durch Reviews und Audits, sichergestellt werden, daß die im Softwareprozeß vorgesehenen Aktivitäten im Arbeitsalltag auch tatsächlich umgesetzt werden.

Key Practices

Key practices beschreiben organisatorische Voraussetzungen

Die key practices beschreiben in knapper Form, welche organisatorischen Voraussetzungen gegeben sein und welche fachlichen Aktivitäten ergriffen werden müssen, um die Ziele der einzelnen key process areas erreichen zu können. Eine key practice der key process area software configuration management des Reifegrads 2 (repeatable) lautet z. B., „Die Verantwortung für das Konfigurationsmanagement wird in jedem Projekt explizit festgelegt". Ein Beispiel für eine key practice der key process area organization process focus des Reifegrads 3 (defined) lautet: „Das höhere Management verpflichtet sich, Finanzmittel, Personal und andere notwendige Ressourcen für die Softwareprozeßverbesserung zur Verfügung zu stellen sowie langfristige Pläne für die Verbesserung des Softwareprozesses zu entwickeln und zu unterstützen."

Ausblick auf die Version 2 des CMM

Für 1997 ist die überarbeitete Version 2 des CMM vom SEI angekündigt worden. Diese Version wird sich voraussichtlich in folgender Hinsicht von der zur Zeit gültigen Version 1.1 unterscheiden.

- Die gravierendste Veränderung ist ein modifizierter Aufbau des CMM. Waren in der Version 1.1 die key process areas einzelnen Reifegraden zugeordnet, so werden sich die key process areas in der Version 2 über mehrere Reifegrade erstrecken. Das CMM wird sich insofern der SPICE-Architektur annähern.

- Die Beschreibungen und Empfehlungen für die Reifegrade vier und fünf (managed und optimizing) werden detailliert und verbessert. Da mittlerweile mehr Erfahrungen von Unternehmen vorliegen, die diese Reifegrade erreicht haben, als zur Zeit der Abfassung der Version 1.1 können z. B. fundiertere Aussagen über die Anwendbarkeit der statistischen Prozeßkontrolle für die Softwareentwicklung gemacht werden.

- Die Ermittlung von Kundenanforderungen wird in das CMM for software aufgenommen. Die Ermittlung der Kundenanforderungen war, wie bereits erwähnt, bisher nicht Gegenstand des CMM for software, sondern lediglich des systems engineering CMM.

- Die Schwierigkeiten verschiedener Unternehmen, Software-prozeßverbesserungen wirksam werden zu lassen, haben dazu geführt, daß Aspekte wie die Befähigung der Mitarbeiter oder die Unterstützung des kulturellen Wandels im CMM stärkeres Gewicht bekommen werden.

- Die Notwendigkeit der Harmonisierung des CMM mit der ISO 9000-Familie und SPICE werden zu bestimmten Erweiterungen und Modifikationen führen, wie z. B. zu einer stärkeren Betonung der Schnittstelle zwischen Kunden und Lieferanten.

- Darüber hinaus werden einige key process areas, z. B. über das Testen von Software, stärkeres Gewicht bekommen.

4.3.3 Bewertung

In den folgenden Abschnitten werden wir überprüfen, welche der in Kap. 3 dargestellten Prinzipien von Version 1.1 des CMM unterstützt werden:

Kundenorientierung

Die Kundenorientierung wird vom CMM nur indirekt berührt. Zwar wird bereits ab Reifegrad 2 die Verwaltung der Kundenanforderungen gefordert, die entsprechenden key practices beziehen sich aber in erster Linie auf formale Aufgaben, wie Dokumentation, Prüfung, Verwaltung und Weiterleitung der Anforderungen. Die Verfasser des CMM betonen ausdrücklich: „The CMM does not explicitly state that the customer should be satisfied (or delighted) with the software product."[74] Das liegt in erster Linie daran, daß das CMM ursprünglich für militärische Institutionen entwickelt wurde. In diesem Kontext ist die Ermittlung der Kundenanforderungen nicht Aufgabe der Softwareentwicklung, sondern des vorgelagerten Systems Engineering. Die Aufgaben des Systems Engineering werden in einem eigenständigen Systems Engineering CMM beschrieben. Ein Unternehmen, das seine Prozesse mit Hilfe des CMM verbessert, kann daher sowohl kundenfreundliche Produkte entwickeln als auch Software, die nicht die Bedürfnisse der Kunden erfüllt. Anders formuliert: Im Hinblick auf die Kundenorientierung ist das CMM for software ergänzungsbedürftig.

---

[74] Paulk u. a. /CMM Guidelines/ 12

Prozeßorientierung

Die Prozeßorientierung ist eine der wichtigsten Stärken des CMM. Die Verfasser des CMM legen den Schwerpunkt ihrer Ausführungen auf die Betrachtung des Entwicklungsprozesses von Software, da z. B. die Vorteile innovativer Methoden und Werkzeuge in einem schlecht entwickelten Prozeß nicht zur Wirkung kommen können. Der Reifegrad 2 dient unter anderem dazu, ein geordnetes Projektmanagement zu etablieren und damit wichtige Voraussetzungen für ein Prozeßmanagement zu schaffen. Ab Reifegrad 3 des CMM rückt die Bewertung, Pflege und Verbesserung der Prozesse in den Vordergrund. Die Verantwortung für die Prozeßverbesserung wird z. B. eigens dafür geschaffenen organisatorischen Einheiten übertragen. Außerdem müssen finanzielle und personelle Mittel zur Verfügung gestellt werden. Gleichzeitig wird aber nie aus den Augen gelassen, daß Prozeßverbesserung kein Selbstzweck ist, sondern den Softwareentwicklungsprojekten dienen muß, in denen die Wertschöpfung stattfindet.

Qualitätsorientierung

Das CMM ist darauf angelegt, Softwareprozeßverbesserungen zu erreichen. Das Modell soll es softwareentwickelnden Organisationen ermöglichen, ihren Softwareentwicklungsprozeß in einen reiferen Zustand zu versetzen. Dadurch sollen verschiedene Ziele erreicht werden, wie z. B. Verkürzung der Entwicklungszeiten, Erhöhung der Produktivität und Qualitätsverbesserungen der Produkte. Qualitätsorientierung im CMM bedeutet in erster Linie Betonung der Qualität des Softwareentwicklungsprozesses. Dem CMM liegt die Annahme zugrunde, daß eine Verbesserung der Prozeßqualität unter anderem eine Verbesserung der Produktqualität ermöglicht.

Wertschöpfungs-orientierung

Mit der Verbesserung des Prozesses soll auch Verschwendung reduziert werden. Das CMM empfiehlt - vor allem im Rahmen der Reifegrade 2 und 3 - viele Maßnahmen, die darauf angelegt sind, Fehler zu vermeiden, Aufwand für erforderliche Nacharbeit zu reduzieren oder Abstimmungsaufwand zwischen den verschiedenen, am Entwicklungsprozeß beteiligten Gruppen zu vereinfachen. Andererseits garantiert die Anwendung des CMM - wie bereits erläutert - nicht unbedingt, daß die entwickelten Produkte nur vom Kunden gewünschte bzw. entsprechend honorierte Eigenschaften enthalten, da die richtige Ermittlung der Kundenanforderungen nicht Gegenstand des CMM ist. Außerdem sind von verschiedenen Seiten Zweifel geäußert worden, ob sich die im Rahmen der Reifegrade 4 und 5 geforderten Maßnahmen in der Mehrzahl der Unternehmen wirtschaftlich rechtfertigen lassen. Das Prinzip der Wertschöpfungsorientierung wird vom CMM also nicht notwendigerweise unterstützt.

Zuständigkeit aller

Ein Unternehmen, daß Softwareprozeßverbesserung mit Hilfe des CMM betreibt, muß notwendigerweise alle Mitarbeiter in die entsprechenden Bemühungen einbeziehen. Die leitenden Mitarbeiter müssen sich z. B. verpflichten, die Verbesserungsbemühungen zu unterstützen und entsprechende Ressourcen zur Verfügung zu stellen. Projektleiter müssen das Projektmanagement einerseits an den verbesserten Prozessen ausrichten und andererseits die definierten Prozesse immer wieder auf ihre Angemessenheit und Verbesserungsfähigkeit hin überprüfen. Alle Mitarbeiter erleben zum Teil gravierende Eingriffe in ihre tägliche Arbeit. Es ist kaum vorstellbar, daß irgendein Mitarbeiter im Bereich der Softwareentwicklung von diesen Bemühungen unberührt bleibt. Andererseits ist nicht unbedingt gesichert, daß sich bei allen Mitarbeitern auch der erforderliche Einstellungswandel vollzieht. Es bedarf über das CMM hinausgehende Anstrengungen, um den Mitarbeitern klar zu machen, daß es bei der Softwareprozeßverbesserung nicht in erster Linie um das Einhalten formaler Regeln geht, sondern um die Verbesserung der (Prozeß-)Qualität.

Interne Kunden-Liefe-ranten-Beziehungen

Das CMM unterstützt das Prinzip der internen Kunden-Lieferanten-Beziehungen, z. B. dadurch, daß die Verantwortungsbereiche einzelner am Softwareentwicklungsprozeß beteiligter Gruppen klar definiert sowie Art und Umfang der Zuarbeit zu anderen Gruppen festgelegt werden müssen. Wie beim Prinzip der Zuständigkeit aller müssen aber auch im Hinblick auf das Prinzip der internen Kunden-Lieferanten-Beziehungen über das CMM hinausgehende Anstrengungen unternommen werden, um bei den Mitarbeitern die entsprechende Einstellung zu wecken, daß Kollegen wie Kunden behandelt werden müssen.

Kontinuierliche Verbesserung

Das CMM ist auf eine kontinuierliche Verbesserung des Softwareprozesses angelegt. Das Modell unterstützt eine inkrementelle Verbesserung von Softwareprozessen. Dabei werden zunächst organisatorische Voraussetzungen geschaffen, bevor z. B. Methoden und Techniken des Software Engineering verbessert werden. Im Rahmen der Bemühungen, die Reifegrade 2 und 3 zu erreichen, werden Verbesserungen in erster Linie durch die Einführung vorgegebener Maßnahmen (key practices) erreicht. Ab Reifegrad 4 rückt das Verstehen von Ursache-Wirkungs-Zusammenhängen als Basis für entsprechende Verbesserungen in den Vordergrund. Der höchste Reifegrad des CMM ist ein durch

Messungen unterstützter Verbesserungsprozeß, der selbst ständig verbessert wird.

Stabilisierung von Verbesserungen

Die Verfasser des CMM betonen, daß es in der Regel von der Einführung bis zur Beherrschung der Maßnahmen eines Reifegrades mehrere Jahre dauert. Die Empfehlung, den nächst höheren Reifegrad erst nach mehreren Jahren anzustreben, beruht auf der Überzeugung, daß Veränderungen nicht nur eingeführt, sondern auch über längere Zeit geprüft, angepaßt, überarbeitet und gepflegt werden müssen, damit sie zu wirklichen Verbesserungen führen können. Allerdings gibt das CMM nur wenige konkrete Hinweise darauf, wie Verbesserungen nachhaltig stabilisiert werden können.

Rationalitätsprinzip

Das CMM fördert einen rationalen Umgang mit der Gestaltung des Softwareentwicklungsprozesses. Für jede key process area werden verschiedene Ziele definiert, die es zu erreichen gilt. Alle Aktivitäten müssen im Hinblick auf ihren Beitrag zur Erreichung der Ziele untersucht und entsprechend gestaltet werden. Selbstverständlich muß Softwareprozeßverbesserung mit Hilfe des CMM in den jeweiligen Kontext des anwendenden Unternehmens eingebettet werden. Dies gilt insbesondere für die Abstimmung mit den Unternehmenszielen. Naturgemäß kann das CMM hierzu nur wenig Unterstützung liefern.

Die Autoren des CMM gehen davon aus, daß die überwiegende Mehrzahl der Softwarehersteller mit ähnlichen Problemen zu kämpfen haben. Ferner, so eine der Annahmen des CMM, lassen sich diese Probleme mit einem Satz einheitlicher „Lösungen" bekämpfen. Diese einheitlichen Lösungen werden auf den Reifestufen 2 und 3 beschrieben. Mit den dort vorgeschlagenen Maßnahmen wird eher der Anspruch der Allgemeingültigkeit verbunden, als daß das Verständnis der situationsspezifischen Probleme gefördert wird. Überspitzt formuliert: Es werden Lösungen vorgeschlagen, bevor die Probleme im Einzelfall verstanden sind. Dies ändert sich auf den Stufen 4 und 5. Hier rückt die Beschreibung, Analyse und das Verständnis der spezifischen Probleme des Unternehmens in den Vordergrund. Werden die Empfehlungen der Stufen 4 und 5 des CMM richtig angewendet, kann man davon ausgehen, daß das Verständnisprinzip unterstützt wird.

Da auf den Stufen 2 und 3 des CMM tendenziell das Implementieren vorgefertigter Lösungen im Vordergrund steht, stellt sich die Frage nach der Begründung dieser Lösungen. Für die im

CMM beschriebenen Hinweise zur Entwicklung softwareproduzierender Unternehmen von Reifegrad 1 zu 2 oder 3 spricht in erster Linie die Plausibilität der Empfehlungen. Zwar liegen verschiedene Erfahrungsberichte von Unternehmen vor, die mit Hilfe des CMM angeblich gravierende Verbesserungen erreicht haben. Diese Berichte haben aber eher anekdotischen Charakter und genügen nicht den Anforderungen repräsentativer empirischer Untersuchungen. Es gibt bisher keinen Nachweis dafür, daß die Entwicklung einer Organisation von einem niedrigeren zu einem höheren Reifegrad mit einer gewissen Wahrscheinlichkeit zu einem verbesserten wirtschaftlichen Erfolg führt. Dies gilt insbesondere für die Reifegrade 4 und 5, mit denen fast keine Erfahrungen vorliegen. Von verschiedenen Kritikern des CMM ist insbesondere der Vorwurf erhoben worden, daß die notwendigen organisatorischen Maßnahmen, insbesondere die intensiven Messungen zur Erreichung der höheren Reifegrade, sich zwar möglicherweise für extrem sicherheitskritische Anwendungen rechtfertigen lassen (z. B. bei der Entwicklung von Steuerungssoftware für Raumfähren). Dies müsse aber für andere Anwendungen nicht unbedingt der Fall sein.

Während auf den Stufen 2 und 3 des CMM tendenziell eher das Implementieren vorgefertigter Lösungen im Vordergrund steht, die nicht detailliert begründet werden müssen, wird das Verständnis von Ursache-Wirkungs-Zusammenhängen und die situationsspezifische Begründung von Lösungsvorschlägen auf den Stufen 4 und 5 zum wichtigsten Instrument der Softwareprozeßverbesserung.

Bedeutung von Menschen

Die Verfasser des CMM leugnen die Bedeutung der Menschen für den Erfolg von Softwareprozeßverbesserungsinitiativen nicht. Das hat sie aber nicht davon abgehalten, „menschliche Aspekte" weitgehend aus dem CMM auszuklammern.[75] So wird im CMM zwar die Notwendigkeit betont, Mitarbeiter auszubilden und zu motivieren, im großen und ganzen scheinen die Autoren jedoch davon auszugehen, daß sich die Mitarbeiter den klaren Vorgaben des Modells problem- und widerspruchslos unterwerfen. Insbesondere die höheren Reifegrade des CMM setzen aber eine für die meisten Softwareunternehmen unübliche Unternehmenskultur und einen bestimmten Mitarbeitertyp voraus. Die Reifegrade

---

[75] Dieses Defizit hat zur Ergänzung des CMM for software durch das sogenannte People-CMM geführt. Vgl. hierzu Curtis, Hefley, Miller /People CMM/ und Kap. 4.7 dieses Buches

4 und 5 lassen sich vermutlich nur erreichen, wenn sich alle Mitarbeiter festgefügten Strukturen und rigorosen Regelwerken unterwerfen und ihre tägliche Arbeit diszipliniert an diesen Strukturen ausrichten können. Personen, die einen eher flexiblen Arbeitsstil pflegen und die es lieben, ihre Arbeit assoziativ und kreativ immer wieder neu an die jeweiligen Bedürfnisse anzupassen, dürften mit dieser Kultur Schwierigkeiten bekommen.

Totalität

Das CMM erhebt den Anspruch, die TQM-Gedanken für die Softwareentwicklung interpretiert und nutzbar gemacht zu haben. Im CMM werden zwar viele wichtige Aspekte der Softwareentwicklung und -prozeßverbesserung thematisiert, die umfassende Einbettung der Maßnahmen in ein unternehmensweites TQM wird durch das CMM jedoch nicht gewährleistet. Die Verfasser des CMM räumen selbst ein, daß sich das CMM auf einige ausgewählte Aspekte des TQM beschränkt und daß viele andere essentielle Aspekte nicht thematisiert werden.[76] Hierzu zählen insbesondere die Personalauswahl und die Mitarbeitermotivation. Auch die Abstimmung der Softwareprozeßverbesserung mit den strategischen Plänen und den wirtschaftlichen Zielen eines Unternehmens sowie die Einbettung der Softwareentwicklung in die Unternehmenskultur und die Organisationsstruktur sind nicht Gegenstand des CMM. Insofern unterstützt das CMM das Totalitätsprinzip nicht.

Im Vergleich zur ISO 9000 geht das CMM zwar detaillierter auf softwarespezifische Aspekte ein, ähnlich wie die ISO 9000 unterstützt es die Prinzipien des TQM aber nur teilweise.

4.4 BOOTSTRAP

4.4.1 Überblick

BOOTSTRAP wurde zwischen 1989 und 1993 im Rahmen eines ESPRIT-Projektes (European Strategic Programme for Research in Information Technology) entwickelt.[77] Ziel des Projektes war es, das CMM für die europäische Softwareindustrie zu modifizieren und zu erweitern. Neben dem CMM haben die Verfasser Anregungen aus den ISO 9000-Qualitätsstandards und aus einem Prozeßmodell der ESA (European Space Agency) in BOOTSTRAP

---

[76] Vgl. Paulk u. a. /Capability Maturity Model/ 15

[77] Vgl. Koch /Process assessment/, Koch, Gierszal /BOOTSTRAP/, Kuvaja, Bicego /BOOTSTRAP/ und Lebsanft /BOOTSTRAP: Experiences/

einfließen lassen. Da BOOTSTRAP auf wesentlichen Grundlagen des CMM aufbaut, kann die Darstellung und Diskussion hier sehr knapp gehalten werden.

4.4.2

BOOTSTRAP gliedert den Softwareprozeß in Organisation, Methoden und Technik

Darstellung

Ähnlich wie die Verfasser des CMM gehen auch die Autoren von BOOTSTRAP davon aus, daß zunächst eine angemessene Organisation für die Softwareentwicklung etabliert werden muß, bevor mit Hilfe von innovativen Methoden und Techniken Softwareprozeßverbesserungen erzielt werden können. BOOTSTRAP gliedert den Softwareprozeß deshalb in die Untersuchungsbereiche Organisation, Methoden und Technik. Diese drei Bereiche werden wiederum in eine Reihe von Prozeßqualitätsattributen unterteilt, die für die Bewertung von Softwareprozessen verwendet werden können. Den Attributen sind jeweils verschiedene Fragen zugeordnet, mit deren Hilfe sich zunächst der Reifegrad der einzelnen Attribute und auf einem höheren Aggregationsniveau auch der Reifegrad des Softwareprozesses bestimmen läßt. Die Antworten auf die Fragen geben Hinweise auf Verbesserungspotentiale.

Abb. 4-4 gibt einen Überblick über die Prozeßqualitätsattribute in BOOTSTRAP. Im Rahmen einer Prozeßbewertung werden die Attribute der Bereiche Organisation, Methoden und Technik berücksichtigt. In die Bestimmung des Reifegrads fließen nur die Attribute der Bereiche Organisation und Methoden ein.

BOOTSTRAP erlaubt eine etwas detailliertere Prozeßbewertung als das CMM

Ähnlich wie das CMM eignet sich auch BOOTSTRAP für die Bewertung und Verbesserung von Softwareprozessen. Das CMM fordert, daß alle key practices einer Reifestufe erfüllt sein müssen, bevor einem Softwareprozeß eine bestimmte Reifestufe bescheinigt wird. Im Unterschied dazu erlaubt BOOTSTRAP eine etwas detailliertere Positionsbestimmung des Softwareprozesses. Zwar werden im wesentlichen die gleichen Kriterien wie bei einem CMM-Assessment verwendet, die Bewertung nach BOOTSTRAP erlaubt jedoch auch Aussagen darüber, in welchem Maße einzelne Forderungen *verschiedener* Reifestufen erfüllt sind.

Ein Stärken-Schwächen-Profil erlaubt einen Vergleich mit dem Softwareprozeß anderer Unternehmen, die sich bereits nach BOOTSTRAP haben bewerten lassen. Auf der Basis eines solchen Profils können außerdem Vorschläge für Verbesserungen des Softwareprozesses entwickelt werden. Diese Vorschläge sind in Form von kurz- und langfristigen Aktionsplänen formuliert.

Die Aktionspläne können wiederum in verschiedenen Verbesserungsprojekten umgesetzt werden.

Abb. 4-4:
Prozeßqualitätsattribute in BOOT-STRAP[78]

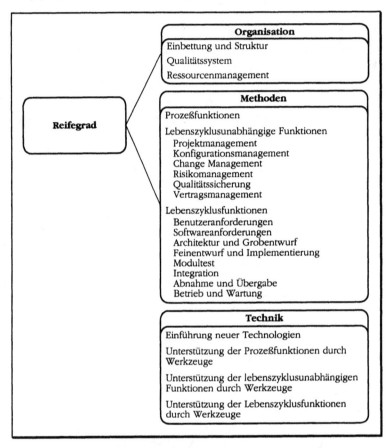

Organisation
Einbettung und Struktur
Qualitätssystem
Ressourcenmanagement

Methoden
Prozeßfunktionen
Lebenszyklusunabhängige Funktionen
Projektmanagement
Konfigurationsmanagement
Change Management
Risikomanagement
Qualitätssicherung
Vertragsmanagement

Lebenszyklusfunktionen
Benutzeranforderungen
Softwareanforderungen
Architektur und Grobentwurf
Feinentwurf und Implementierung
Modultest
Integration
Abnahme und Übergabe
Betrieb und Wartung

Technik
Einführung neuer Technologien
Unterstützung der Prozeßfunktionen durch Werkzeuge
Unterstützung der lebenszyklusunabhängigen Funktionen durch Werkzeuge
Unterstützung der Lebenszyklusfunktionen durch Werkzeuge

Reifegrad

Mit BOOTSTRAP kann auch der Reifegrad einzelner Projekte ermittelt werden

Darüber hinaus wird mit BOOTSTRAP nicht nur der gesamte Prozeß, sondern auch der Reifegrad einzelner Projekte untersucht. Dies ermöglicht relativ genaue Aussagen über die Angemessenheit des Prozesses für die tägliche Arbeit in den Projekten und darüber, wie einzelne Projekte die Möglichkeiten des Prozesses tatsächlich nutzen. Es kann auch aufgezeigt werden, ob einzelne Projekte bereits Methoden oder Techniken anwenden, die unternehmensweit noch nicht üblich und deshalb noch nicht im Softwareprozeß enthalten sind.

---

[78]   Vgl. Koch /Process assessment/

[79]   Vgl. Dorling /SPICE/ und Rout /SPICE/

BOOTSTRAP ermöglicht einen Vergleich mit den Forderungen der ISO 9001. Dabei wird im Anschluß an ein BOOTSTRAP-Assessment festgestellt, inwiefern die Forderungen der ISO 9001 von einem Unternehmen erfüllt werden.

Im Gegensatz zum CMM unterstützt BOOTSTRAP keine Selbstbewertungen. Dadurch ist jedes Unternehmen gezwungen, für Softwareprozeßbewertungen oder -verbesserungen mit Hilfe von BOOTSTRAP externe Hilfe in Anspruch zu nehmen.

Während das CMM in den U.S.A. - nicht zuletzt durch die massive Förderung des amerikanischen Verteidigungsministeriums - eine sehr weite Verbreitung gefunden hat, ist die Bedeutung von BOOTSTRAP in Europa vergleichsweise gering.

4.4.3 Bewertung

Da BOOTSTRAP, abgesehen von den erwähnten Unterschieden, dem CMM sehr ähnlich ist, kann auf eine separate Bewertung des Modells verzichtet werden. Die im Kapitel zum CMM getroffenen Aussagen gelten im wesentlichen auch für BOOTSTRAP.

4.5 Software Process Improvement and Capability dEtermination (SPICE)

4.5.1 Überblick

SPICE - ein Normungsprojekt zur Bewertung und Verbesserung von Softwareprozessen

SPICE ist die Kurzbezeichnung für Software Process Improvement and Capability dEtermination, ein Normungsprojekt unter dem Dach der ISO. Das Ziel des Projekts besteht darin, eine international anerkannte Norm zur Bewertung und Verbesserung von Softwareprozessen zu entwickeln.[79] SPICE soll die Grundgedanken der ISO 9000, des CMM und von BOOTSTRAP aufgreifen und weiterentwickeln. Sowohl vom Inhalt, von der Strukturierung als auch von der Benennung einzelner Aspekte erinnert SPICE sehr an das CMM. Eine Arbeitsgruppe der ISO arbeitet seit 1993 an SPICE. Seitdem wird die Norm sukzessiv entwickelt. Zwischen 1993 und 1994 wurden erste Entwürfe von SPICE geprüft und verfeinert, seit Anfang 1995 werden in verschiedenen Feldstudien erste praktische Erfahrungen mit SPICE gesammelt. Die Publikation des Standards war zunächst für 1997 geplant. Aufgrund verschiedener Verzögerungen ist aber damit zu rechnen, daß der endgültige Text der Norm nicht vor 1998 veröffentlicht werden wird. Sowohl die Erörterung als auch die Diskussion von SPICE in diesem Buch beruhen auf den Anfang

1996 öffentlich verfügbaren Dokumenten.[80] Die endgültige Fassung von SPICE kann sich selbstverständlich davon unterscheiden. Ferner ist zu berücksichtigen, daß abgesehen von ersten Ergebnissen einiger Feldstudien noch keinerlei Erfahrungen mit der Anwendung von SPICE in der Unternehmenspraxis vorliegen.

4.5.2   Darstellung

SPICE bildet einen generellen Rahmen, den jedes Unternehmen für sich konkretisieren muß

Ähnlich wie die ISO 9000, das CMM oder BOOTSTRAP setzt SPICE keine spezifischen Methoden, Techniken oder Werkzeuge für das Software Engineering oder das Projektmanagement voraus. Ebenfalls werden keine speziellen Vorgehensmodelle, Organisationsstrukturen oder Managementtechniken für die Softwareentwicklung empfohlen oder vorgeschrieben. SPICE ist als genereller Rahmen für die Bewertung und Verbesserung von Softwareprozessen zu verstehen. SPICE formuliert lediglich Anforderungen, die in der Praxis für den jeweiligen Zweck und den konkreten Anwendungsbereich ausgestaltet und so angewendet werden können, wie es die konkrete Situation erfordert.

SPICE unterscheidet drei Aufgabenbereiche

SPICE kann, ähnlich wie die ISO 9000 oder das CMM, sowohl zur Bewertung der eigenen Softwareentwicklungsprozesse als auch zur Bewertung anderer Unternehmen, z. B. im Rahmen einer Lieferantenauswahl, verwendet werden. Darüber hinaus unterstützt SPICE die Prozeßverbesserung. SPICE unterscheidet drei zentrale Aufgabenbereiche:

- Prozeßbewertungen (process assessments)
  Mit Hilfe von Prozeßbewertungen sollen Prozesse in einem Unternehmen beschrieben, analysiert und bewertet werden. Das Ziel der Bewertungen besteht darin zu überprüfen, ob wichtige Prozesse in einem Unternehmen so ablaufen, daß die verfolgten Ziele tatsächlich erreicht werden können. Außerdem sollen Schwachpunkte und Ansatzpunkte für Verbesserungen aufgezeigt werden.

- Prozeßverbesserungen (process improvement)
  Prozeßverbesserungen dienen dazu, vorhandene Schwachstellen in den Prozessen zu bekämpfen und Verbesserungspotentiale zu nutzen, um die Unternehmensziele schneller und besser erreichen zu können.

- Bestimmung der Prozeßfähigkeiten (process capability determination)

---

[80]   Vgl. ISO/IEC /SPICE Part 1/

Mit der Bestimmung der Prozeßfähigkeiten wird ermittelt, ob ein Unternehmen angesichts der gegebenen Stärken und Schwächen sowie der vorhandenen Chancen und Risiken bestimmter Teilprozesse in der Lage ist, vorgegebene Anforderungen zu erfüllen. Beispielsweise könnte ein Auftraggeber mit Hilfe einer process capability determination ermitteln, ob ein potentieller Auftragnehmer in der Lage ist, ein Entwicklungsprojekt in sehr kurzer Zeit abzuwickeln, ohne daß die Qualität der Ergebnisse darunter leidet.

Abb. 4-5 stellt den Zusammenhang der Aufgabenbereiche von SPICE dar. SPICE beruht auf der Annahme, daß sowohl Prozeßverbesserungen als auch die Bestimmung der Prozeßfähigkeiten auf der Basis von Prozeßbewertungen durchgeführt werden sollten. Insofern sind Prozeßbewertungen das zentrale Element von SPICE.

Abb. 4-5:
Zusammenhang der zentralen Aufgabenbereiche in SPICE

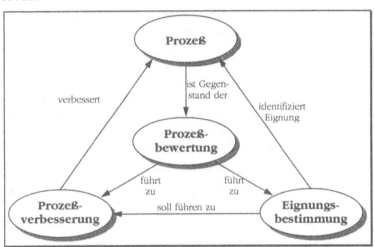

Architektur von SPICE

Die Architektur von SPICE besteht aus sechs Komponenten

Prozeßbewertungen werden auf der Grundlage der Prozeßarchitektur von SPICE durchgeführt. Die Prozeßarchitektur besteht aus folgenden Komponenten:

- Process categories fassen Prozesse zusammen, die einen einheitlichen Aufgabenbereich abdecken. So umfaßt die engineering process category z. B. Analyse-, Design-, Implementations- und Wartungsprozesse im Rahmen der Softwareentwicklung.

- Processes bezeichnen eine Reihe von Aktivitäten oder Verfahren, mit denen ein gemeinsames Ziel verfolgt wird. Prozesse werden durch sogenannte base practices näher beschrieben.

- Base practices beschreiben einzelne Aktivitäten aus den Bereichen Software Engineering oder Softwaremanagement. Die base practices konkretisieren zusammen mit den generic practices die im Rahmen der verschiedenen Prozesse zu absolvierenden Tätigkeiten.

- Capability levels (Reifegrade) ermöglichen eine zusammenfassende Bewertung von Prozessen. Die Erreichung des jeweils nächsthöheren Reifegrads bedeutet laut SPICE eine wesentliche Erhöhung der Wahrscheinlichkeit, die Ziele des jeweiligen Prozesses zu erreichen.

- Common features dienen einerseits der Kennzeichnung der Reifegrade. Andererseits sind die common features Überschriften bzw. inhaltliche Zusammenfassungen verschiedener generic practices.

- Generic practices sind Aktivitäten, die helfen, die Leistungsfähigkeit eines Prozesses zu gewährleisten bzw. zu verbessern. Während base practices jeweils nur im Rahmen bestimmter Prozesse Bedeutung haben, sind die generic practices von allgemeingültiger Natur. Zu den generic practices gehören z. B. die Planung von Aktivitäten, die Bewilligung ausreichender Ressourcen, die Klärung von Verantwortungsbereichen und die Dokumentation von Prozessen.

Abb. 4-6 stellt die Prozeßarchitektur von SPICE dar.

**Abb. 4-6:
SPICE-Prozeß-
architektur**

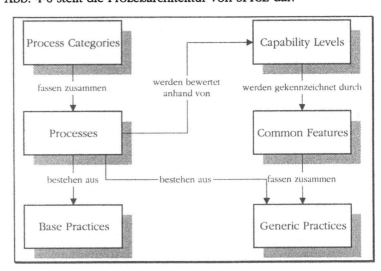

Process Categories, Processes und Base Practices

Vollständigkeit von Prozessen

Process categories, processes und base practices dienen in SPICE zur Kennzeichnung der Vollständigkeit von Prozessen.
SPICE unterscheidet fünf process categories:[81]

- Die customer-supplier process category beschreibt Prozesse, die den Kunden unmittelbar berühren, z. B. Vertragsgestaltung, Ermittlung der Kundenbedürfnisse, Schulung, Lieferung, Installation und Wartung.

- Die engineering process category beschreibt Prozesse, die ein IT-System, ein Softwareprodukt oder zugehörige Dokumentation spezifizieren, implementieren oder warten.

- Die project process category beschreibt Prozesse, die notwendig sind, um Projekte zu planen, zu steuern und zu kontrollieren.

- Die support process category beschreibt Prozesse, die andere Prozesse in einem Projekt unterstützen.

- Die organization process category beschreibt Prozesse, die zur Definition von Unternehmenszielen führen und die Ressourcen zur Erreichung der Ziele zur Verfügung stellen.

Die fünf process categories sind in insgesamt 35 processes unterteilt. Tab. 4-4 gibt einen Überblick über die process categories und processes von SPICE.

Jeder dieser 35 Prozesse wird in SPICE durch 3 bis 13 base practices näher beschrieben. Insgesamt enthält SPICE ca. 200 base practices, die - zusammen mit den ca. 25 generic practices - wichtige Aktivitäten im Zusammenhang mit der Softwareentwicklung beschreiben.

SPICE soll Grundsätze ordnungsmäßiger Softwareentwicklung wiedergeben

Die Verfasser behaupten, mit den practices allgemeingültige Grundsätze aufgestellt zu haben, die generell anerkannte, branchenübliche Tätigkeiten (industry's good practice) repräsentieren. Ähnlich den Grundsätzen ordnungsmäßiger Buchführung für das Rechnungswesen sei hier ein Satz von Aktivitäten definiert worden, den ein Softwareunternehmen im Regelfall beherrschen müsse.

---

[81]   Vgl. ISO/IEC /SPICE Part 2/

Tab. 4-4:
Process categories
und processes von
SPICE

customer-supplier process category	engineering process category	project process category	support process category	organization process category
Software-produkt und/oder Dienstleistung erwerben	Systemanfor-derungen und Design entwickeln	Projektlebens-zyklus planen	Dokumen-tation entwickeln	Unterneh-menskultur entwickeln
Vertrag formulieren	Softwarean-forderungen entwickeln	Projektplan festlegen	Konfigurati-onsmanage-ment durch-führen	Prozesse definieren
Kunden-bedürfnisse identifizieren	Software-design entwickeln	Projektteams bilden	Qualitäts-sicherung betreiben	Prozesse verbessern
Gemeinsame Audits und Reviews durchführen	Software-design imple-mentieren	Anforde-rungsma-nagement durchführen	Fehlerbe-handlung durchführen	Schulungen durchführen
Software ver-packen, aus-liefern und installieren	Software integrieren und testen	Qualitätsma-nagement betreiben	Peer Reviews (Prüfung durch Kolle-gen)	Wiederver-wendung unterstützen
Betreiber und Benutzer unterstützen	System inte-grieren und testen	Risikoma-nagement betreiben		Software-entwicklungs umgebung zur Verfü-gung stellen
Kundendienst	System und Software war-ten	Zeit- und Ressourcen managen		Arbeitsum-gebung gestalten
Kundenzu-friedenheit ermitteln		Unterauftrag-nehmer managen		

Capability Levels, Common Features und Generic Practices

Leistungsfähigkeit
von Prozessen

Capability levels (Reifegrade), common features und generic practices dienen in SPICE zur Kennzeichnung der Leistungsfähigkeit von Prozessen.

SPICE sieht fünf Reifegrade vor, die denen des CMM sehr ähnlich sind.[82] Im Unterschied zum CMM werden mit diesen Reifegraden aber nicht Unternehmen, Unternehmensbereiche oder Projekte beurteilt, sondern process categories und processes.

---

[82]   Vgl. ISO/IEC /SPICE Part 2/

- Not performed
  Die für diesen Prozeß vorgesehenen practices werden nicht angewendet.

Reifegrad 1
- Performed informally
  Die für diesen Prozeß vorgesehenen practices werden im großen und ganzen verwendet. Der Einsatz dieser practices wird aber nicht genau geplant und verfolgt. Die Qualität der Ergebnisse des Prozesses hängt im wesentlichen von der Erfahrung und dem Engagement einzelner Mitarbeiter ab.

Reifegrad 2
- Planned and tracked
  Die für diesen Prozeß vorgesehenen practices werden geplant und angewendet. Ihr Erfolg wird überprüft. Die erzielten Ergebnisse erfüllen in der Regel alle relevanten Vorgaben und Anforderungen.

Reifegrad 3
- Well defined
  Die für diesen Prozeß vorgesehenen practices werden gemäß einer gut strukturierten Prozeßbeschreibung abgewickelt. Sofern Abweichungen vom Standardprozeß nötig sind, müssen diese genehmigt werden. Das Genehmigungsverfahren ist standardisiert.

Reifegrad 4
- Quantitatively controlled
  Es gibt meßbare Erfolgskriterien für alle für diesen Prozeß vorgesehenen practices. Alle Aktivitäten werden mit Hilfe dieser Erfolgskriterien geplant, gesteuert und überprüft. Messungen ermöglichen einen detaillierten Einblick in die Leistungsfähigkeit des Prozesses. Dies ermöglicht eine genaue Aufwandsschätzung. Die Qualität der Produkte kann quantifiziert werden.

Reifegrad 5
- Continuously improving
  Aus den Unternehmenszielen werden quantitativ formulierte Vorgaben für die Leistung einzelner Aktivitäten abgeleitet. Alle Ressourcen können so geplant und gesteuert werden, daß die angestrebten Ziele mit hoher Wahrscheinlichkeit erreicht werden. Kontinuierliche Prozeßverbesserungen werden durch permanente Analyse und Messung aller Aktivitäten des Standardprozesses sowie durch Pilotprojekte und Experimente mit neuen Ideen, Methoden und Techniken ermöglicht.

Reifegrade bewerten Vollständigkeit und Leistungsfähigkeit von Prozessen und geben Hinweise für Verbesserungen

Die Reifegrade von SPICE können einerseits dazu verwendet werden, Prozesse eines Unternehmens hinsichtlich ihrer Vollständigkeit und Leistungsfähigkeit zu bewerten. Andererseits geben die Beschreibungen des jeweils nächsthöheren Reifegrads Anhaltspunkte für Prozeßverbesserungen.

Die einzelnen Reifegrade werden durch common features beschrieben. Common features fassen einzelne generic practices zusammen. Generic practices sind Aktivitäten, die helfen, die Leistungsfähigkeit eines Prozesses zu gewährleisten bzw. zu verbessern.

Tab. 4-5 zeigt die von SPICE vorgesehenen common features und die zugehörigen generic practices.

In den folgenden Abschnitten stellen wir die Verwendung von SPICE für die Prozeßbewertung, die Auswahl von Lieferanten und die Prozeßverbesserung dar.

Verwendung von SPICE zur Prozeßbewertung

Im Rahmen einer Prozeßbewertung werden einzelne Instanzen des Prozesses, z. B. Entwicklungsprojekte, daraufhin untersucht, ob sie die in SPICE vorgegebenen Aktivitäten angemessen umsetzen.

Attribute zur Prozeßbewertung

Bei einer Prozeßbewertung gehen die Assessoren folgendermaßen vor:[83] Zunächst wird untersucht, ob die in SPICE vorgesehenen Aktivitäten in dem untersuchten Prozeß existieren und tatsächlich durchgeführt werden. Die Aktivitäten werden anschließend anhand einer vierstufigen Skala mit folgenden Attributen bewertet:

- vollständig erfüllt:
  Die Aktivität trägt vollständig dazu bei, den Zweck des Prozesses zu erfüllen.

- weitgehend erfüllt:
  Die Aktivität trägt im großen und ganzen dazu bei, den Zweck des Prozesses zu erfüllen.

- teilweise erfüllt:
  Die Aktivität trägt nur in geringem Maße dazu bei, den Zweck des Prozesses zu erfüllen.

---

[83]   Vgl. ISO/IEC /SPICE Part 3/

- nicht erfüllt:
  Die Aktivität wird entweder nicht ausgeführt oder sie trägt nicht dazu bei, den Zweck des Prozesses zu erfüllen.

Tab. 4-5:
Common features
und generic practices
in SPICE

Common Features	Generic Practices
Base Practices anwenden	• Prozeß anwenden
Durchführung planen	• Ressourcen zuteilen • Verantwortung festlegen • Hilfsmittel zur Verfügung stellen • Mitarbeiter trainieren • Prozeß planen
Durchführung disziplinieren	• Pläne, Standards und Verfahren verwenden • Konfigurationsmanagement anwenden
Durchführung verifizieren	• Übereinstimmung mit Prozeß verifizieren • Arbeitsergebnisse überprüfen
Durchführung kontrollieren	• Messungen durchführen • Korrekturmaßnahmen anwenden
Standardprozeß definieren	• Prozeß standardisieren • Standardprozeß an spezifische Situation anpassen
definierten Prozeß anwenden	• definierten Prozeß verwenden • „peer reviews" durchführen • Prozeß mittels Meßdaten steuern
meßbare Qualitätsziele setzen	• meßbare Qualitätsziele setzen
Durchführung objektiv managen	• Prozeßfähigkeit bestimmen • Prozeßfähigkeit anwenden
Leistungsfähigkeit des Unternehmens verbessern	• Effektivitätsziele für Prozesse setzen • Standardprozesse kontinuierlich verbessern
Prozeßeffektivität verbessern	• Fehlerursachen analysieren • Fehlerursachen eliminieren • definierte Prozesse kontinuierlich verbessern

Aktivitäten werden anhand der Produkte bewertet

Die mit Hilfe einer bestimmten Aktivität erstellten Produkte bilden die Grundlage für die Bewertung dieser Aktivität. Wird beispielsweise im Rahmen der Aktivität Projektplan festlegen ein Projektplan erstellt, der den jeweiligen Anforderungen genügt, so wird die Aktivität Projektplan festlegen als vollständig erfüllt bewertet. Die Bewertungen der Aktivitäten ermöglichen relativ genaue Einblicke in die Prozesse und geben Anhaltspunkte für deren Verbesserung. Abgesehen von den Reifegraden kann die Bewertung von Prozessen auch zu sogenannten Prozeßprofilen verdichtet werden. Die Prozeßprofile ermöglichen einen schnellen Überblick über Stärken und Schwächen einzelner Prozesse eines Unternehmens. Sie geben außerdem Anhaltspunkte für Verbesserungspotentiale.

Verwendung von SPICE zur Auswahl von Auftragnehmern

Anforderungen an Lieferanten werden mit einem Prozeßprofil beschrieben

Die sogenannten capability determinations sollen die Auswahl eines Auftragnehmers ermöglichen, der am besten in der Lage ist, einen bestimmten Auftrag erfolgreich auszuführen. Ein Auftraggeber kann zu diesem Zweck mit Hilfe von SPICE zunächst Anforderungen formulieren, die ein Auftragnehmer für die erfolgreiche Abwicklung des betreffenden Auftrags erfüllen muß. Diese Anforderungen werden in Form eines Prozeßprofils beschrieben. Wenn bei den potentiellen Auftragnehmern bereits Prozeßbewertungen nach SPICE durchgeführt worden sind, können die Ergebnisse dieser Prozeßbewertungen mit dem Anforderungsprofil des Auftraggebers verglichen werden.

Ob die Prozeßbewertung für die Lieferantenauswahl tatsächlich eine große Rolle spielen wird, muß bezweifelt werden. Heute klagen viele Softwarehersteller noch darüber, daß die Mehrzahl der Kunden nicht einmal eine genaue Vorstellung davon hat, welchen Anforderungen die gewünschten Produkte genügen sollen. Viele Auftraggeber, die verlangen, daß ihre Lieferanten nach ISO 9001 zertifiziert sind, scheinen das Zertifikat häufig als eine Art Alibi zu verwenden, um ihre eigene Auswahlentscheidung formal abzusichern. Von einigen Ausnahmen abgesehen, machen sich viele Auftraggeber nur wenig Mühe, Anforderungen an die Entwicklungsprozesse ihrer Lieferanten zu definieren. Es ist zu vermuten, daß - zumindest im Verlauf der nächsten Jahre - die capability determination als Teil der Lieferantenauswahl in Deutschland keine große Rolle spielen wird.

Verwendung von SPICE zur Prozeßverbesserung

Aktivitäten zur Verbesserung von Prozessen

Abgesehen von Prozeßbewertungen und der Auswahl von Lieferanten kann SPICE auch zur Verbesserung von Prozessen verwendet werden. Prozeßverbesserungen mit Hilfe von SPICE erfolgen nach folgendem Schema:

- Ermittlung der Prozesse, die unzureichend ausgeführt werden,
- Ermittlung eines wünschenswerten Reifegrads für diese Prozesse,
- Ermittlung notwendiger Aktivitäten, um den angestrebten Reifegrad erreichen zu können,
- Priorisierung der notwendigen Verbesserungen und
- Entwicklung eines Aktionsplans für die Prozeßverbesserung.

Über dieses Schema hinaus soll SPICE Hilfestellung für die Planung, Implementierung und Kontrolle der Verbesserungsprojekte geben. Sowohl die „harten" als auch die „weichen Faktoren" der Prozeßverbesserungen (z. B. die Entwicklung einer angemessenen Unternehmenskultur, eines Lohn- und Anreizsystems etc.) sollen durch SPICE unterstützt werden.

4.5.3 Bewertung

Kundenorientierung

Die Kundenorientierung wird in SPICE im Gegensatz zum CMM explizit thematisiert, vor allem im Rahmen der customer-supplier process category. Dort werden verschiedene Prozesse beschrieben, die den Kunden unmittelbar berühren. Hierzu zählen z. B. Vertragsgestaltung, Ermittlung der Kundenbedürfnisse, Kundendienst und die Ermittlung der Kundenzufriedenheit.

Prozeßorientierung

Die Prozeßorientierung ist eines der zentralen Merkmale von SPICE. SPICE beruht auf der Annahme, daß eine hohe Prozeßqualität notwendige Voraussetzung für eine Erhöhung der Produktqualität sowie für eine Reduzierung von Entwicklungszeit und -kosten ist. Der Bewertung und Verbesserung von Softwareprozessen gilt das deshalb Hauptaugenmerk von SPICE.

Qualitätsorientierung

Die Verfasser von SPICE gehen davon aus, daß durch eine Verbesserung der wesentlichen Prozesse sowohl die Produktqualität als auch die Produktivität und die Reaktionsgeschwindigkeit eines Softwareunternehmens gesteigert werden können.

Wertschöpfungsorientierung

Ähnlich wie beim CMM dürften auch die von SPICE auf den unteren Reifegraden vorgeschlagenen Aktivitäten in der Mehrzahl der Softwarehäuser zu einer Erhöhung der Wertschöpfung beitragen. Über die Effizienz der auf den Reifegraden 4 und 5 vorgeschlagenen Aktivitäten liegen bisher jedoch nur wenige theoretisch fundierte Erklärungen oder empirisch gewonnene Erfahrungen vor. Es ist zu vermuten, daß die Aktivitäten in sehr spezifischen Kontexten wirtschaftlich sinnvoll eingesetzt werden und zur Wertschöpfung beitragen können. Für die Mehrzahl der Softwarehersteller dürfte die auf den Stufen 4 und 5 skizzierte Art der Softwareentwicklung jedoch noch so weit vom status quo entfernt sein, daß die dort angesprochenen Bereiche kaum von praktischem Nutzen sein dürften. Grundsätzlich ist auch fraglich, ob die starke Betonung des Messens und der quantitativen Durchdringung des Softwareentwicklungsprozesses nicht z. B. zugunsten einer stärkeren Betonung der sozialen Aspekte aufgegeben werden sollte, wenn man die Softwareentwicklung perfektionieren will.

Zuständigkeit aller

Die Zuständigkeit aller Mitarbeiter für Qualität wird von SPICE als essentiell vorausgesetzt. Stärker noch als das CMM betont SPICE die erforderliche Unternehmenskultur. So enthält z. B. die organization process category den Prozeß Unternehmenskultur entwickeln. Dieser Prozeß wird in den Entwürfen zu SPICE irreführend mit „engineer the business" überschrieben. Er umfaßt aber die Entwicklung einer strategischen Vision für das Unternehmen, die Etablierung einer Qualitätskultur, die Teambildung, die Einrichtung eines angemessenen Lohn- und Anreizsystems sowie die Entwicklung von Karriereplänen für alle Mitarbeiter des Unternehmens.[84]

Interne Kunden-Lieferanten-Beziehungen

SPICE geht wie selbstverständlich davon aus, daß Kunden sowohl unternehmensexterne Personen und Institutionen als auch Mitarbeiter im eigenen Unternehmen sein können. Insofern wird auch das Prinzip der internen Kunden-Lieferanten-Beziehungen unterstützt.

Kontinuierliche Verbesserungen

Das Prinzip der kontinuierlichen Verbesserung wird von SPICE genauso wie vom CMM unterstützt. Auf den unteren Reifegraden geben die Aktivitäten des nächst höheren Reifegrads die Verbesserungsrichtung vor. Auf den Stufen 4 und 5 liegt der Schwerpunkt auf der quantitativen Darstellung relevanter Zusammenhänge. Dadurch soll ein besseres Verständnis der Ursache-Wirkungs-Beziehungen ermöglicht werden. Das bessere Verständnis soll helfen, Verbesserungspotentiale zu erschließen.

---

[84] Vgl. ISO/IEC /SPICE Part 2/ und ISO/IEC /SPICE Part 7/

Stabilisierung von Verbesserungen

Das Prinzip der Stabilisierung von Verbesserungen wird in SPICE ansatzweise berücksichtigt. So enthalten die Abschnitte über Prozeßdefinition und -verbesserung verschiedene base practices, die darauf hindeuten, daß den Autoren von SPICE die Notwendigkeit der Stabilisierung von Verbesserungen bewußt ist. Dort wird z. B. betont, daß ein angemessenes Training der Mitarbeiter bei Prozeßveränderungen notwendig ist. Ferner wird darauf hingewiesen, daß gewünschte Wirkungen von Prozeßveränderungen überprüft und gegebenenfalls Maßnahmen zur Verstärkung und Stabilisierung von Prozeßverbesserungen ergriffen werden müssen.

Rationalitätsprinzip

Die Zielorientierung wird von SPICE konsequent unterstützt. SPICE sieht für die Formulierung und die Anwendung einer strategischen Vision eigene base practices vor. Für die einzelnen Geschäftsprozesse des Unternehmens sind Ziele zu formulieren. Es ist jeweils zu klären, welchen Beitrag die einzelnen Ziele zur Erreichung der Vision leisten. Alle Aktivitäten, z. B. auch Prozeßverbesserungsmaßnahmen, sind im Hinblick auf ihren Zielerreichungsbeitrag und damit auch im Hinblick auf die Verwirklichung der Vision zu überprüfen. Die in SPICE beschriebenen Aktivitäten geben einem Unternehmen eine recht genaue Vorstellung davon, auf welche Aspekte man im Rahmen der Softwareprozeßbewertung und -verbesserung achten könnte. Auf der anderen Seite kann die Realisierung dieser Aktivitäten besonders im Rahmen der unteren Reifegrade dazu führen, daß Maßnahmen ohne ein ausreichendes Verständnis der entsprechenden Probleme und ohne situationsspezifische Begründung implementiert werden. Ähnlich wie beim CMM wird sowohl das Verständnis der relevanten Zusammenhänge als auch die Begründung von Maßnahmen erst auf den beiden obersten Reifegraden konsequent unterstützt.

Bedeutung von Menschen

Hinsichtlich der Bedeutung von Menschen ergibt sich bei der Analyse von SPICE ein zwiespältiges Bild. Einerseits machen kulturelle und soziale Faktoren im Vergleich zu den vielen fachlich-technischen Aspekten nur einen kleinen Teil von SPICE aus. Andererseits betont SPICE das Prinzip der Bedeutung von Menschen stärker als z. B. das CMM oder die ISO 9000. Wie bereits erwähnt, wird in SPICE die Notwendigkeit einer angemessenen Unternehmenskultur für nachhaltige Verbesserungen der Softwareentwicklung hervorgehoben. Die Bedeutung von Führung, Teamarbeit, Motivation und Kommunikation, von angemessenen Einstellungen und dem notwendigen Wertewandel werden explizit angesprochen. Es bleibt aber festzuhalten, daß einige wichtige Aspekte des notwendigen kulturellen Wandels, die neben den fachlich-technischen Faktoren über den Erfolg von Verbesserungsmaßnahmen entscheiden,[85] nur am Rande berührt werden.

Totalität

Hinsichtlich des Totalitätsprinzips geht SPICE über die Aspekte hinaus, die in der ISO 9000, im CMM oder in BOOTSTRAP angesprochen werden. Beispielsweise thematisiert SPICE die Abstimmung der Softwareprozeßverbesserung mit den strategischen Zielen eines Unternehmens. Auch die Einbettung der Softwareprozeßverbesserung in die Unternehmenskultur und die Organisationsstruktur sind Gegenstand von SPICE.

Eine Stärke von SPICE sind die umfangreichen Feldstudien, die zwischen 1995 und 1997 durchgeführt werden. In der ersten Erprobungsphase bis Ende 1995 wurden die Entwürfe von SPICE in 35 Unternehmen in verschiedenen Erdteilen angewendet. Die Ergebnisse der Feldversuche dienen in erster Linie dazu, die Norm so zu verfeinern, daß SPICE in der Praxis der Softwareprozeßbewertung und -verbesserung sinnvoll angewendet werden kann.

4.6   European Quality Award (EQA)

4.6.1   Überblick

EQA behandelt die Qualität der Unternehmensführung

Der European Quality Award (EQA)[86] ist ein Qualitätspreis, der seit 1992 jährlich an ein europäisches Unternehmen vergeben wird, das sich durch hervorragendes, „umfassendes Qualitätsmanagement" auszeichnet.[87] Der Begriff „umfassendes Qualitätsmanagement" deutet an, daß die Verfasser des EQA den Anspruch erheben, Richtlinien für das Total Quality Management ausgearbeitet zu haben. Der Europäische Qualitätspreis basiert auf den Gedanken des modernen Qualitätsmanagements, d. h. er behandelt die Qualität der Unternehmensführung. Die Ausführungen zum EQA sind branchenunabhängig. Die Bewerbungsunterlagen für den EQA werden nicht nur von Unternehmen verwendet, die sich um den Preis bewerben, sondern auch von

---

[85]   Vgl. hierzu Kap. 4.8 und 6 dieses Buches

[86]   Die Begriffe EQA und Europäischer Qualitätspreis werden im folgenden synonym verwendet

[87]   Vgl. EFQM /Selbstbewertung/

Organisationen, die ihre Stärken und Schwächen im Rahmen einer Selbstbewertung ermitteln wollen. Der EQA ist zwar vornehmlich für große Unternehmen entwickelt worden, die Grundgedanken sind aber durchaus auch für kleinere Organisationen relevant.

Der Europäische Qualitätspreis wird durch die European Foundation for Quality Management (EFQM) und die European Organization for Quality vergeben. Die EFQM wurde 1988 von vierzehn führenden westeuropäischen Unternehmen gegründet. Anfang 1996 zählte die EFQM mehr als tausend Mitgliedsunternehmen. Sie hat es sich zum Ziel gesetzt, die Wettbewerbsposition europäischer Unternehmen mit Hilfe des TQM zu verbessern. Der Preis dient dazu, dieses Anliegen bekanntzumachen.

4.6.2   **Darstellung**

Das Europäische Modell für Umfassendes Qualitätsmanagement

EFQM-Modell ist die Grundlage des EQA

Der EQA basiert auf dem „Europäischen Modell für Umfassendes Qualitätsmanagement". Dieses Modell ist die Grundlage für Selbstbewertungen von Unternehmen und für die Auswahl des Preisträgers.[88] Die Qualität der Unternehmensführung wird in diesem Modell mit Hilfe von zwei verschiedene Faktorenbündel beschrieben, den „enablers" (befähigende Faktoren) und den „results" (ergebnisbezogene Faktoren). Die enablers sind die Faktoren, die ein Unternehmen befähigen sollen, herausragende Ergebnisse zu erzielen. Die results beschreiben, wie sich die überragende Leistungsfähigkeit ausdrückt, was das Unternehmen in den letzten Jahren erreicht hat und welches Leistungspotential in dem Unternehmen steckt.

befähigende und ergebnisbezogene Faktoren

Die befähigenden Faktoren sind in fünf verschiedene Bereiche unterteilt: Führung, Politik und Strategie, Mitarbeiterführung, Ressourcenmanagement und Prozesse. Die ergebnisbezogenen Faktoren werden durch die Bereiche Kundenzufriedenheit, Mitarbeiterzufriedenheit, Auswirkungen auf die Gesellschaft und Geschäftsergebnisse beschrieben. Jeder dieser Bereiche wird im EFQM-Modell durch ein bis sechs Kriterien gekennzeichnet. Insgesamt umfaßt das Modell 29 Kriterien. Diese werden durch weitere Teilkriterien und Bewertungsfragen näher erläutert.

---

[88]   Das Modell wird im folgenden der Einfachheit halber als „EFQM-Modell" bezeichnet

Abb. 4-7 gibt einen Überblick über die neun Bereiche des EFQM-Modells. Die in der Abb. 4-7 angegebenen Prozentzahlen bezeichnen die Gewichte, mit denen die einzelnen Bereiche bei der Verleihung des Qualitätspreises berücksichtigt werden.

Abb. 4-7:
Das Europäische
Modell für Umfas-
sendes Qualitäts-
management

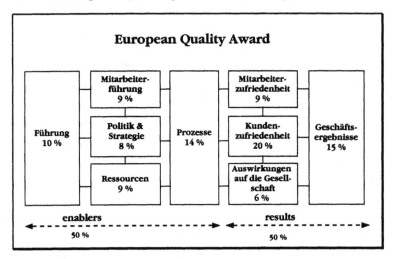

Bereiche und Kriterien des Europäischen Qualitätspreises

In den folgenden Abschnitten werden die neun Bereiche des EFQM-Modells näher beschrieben. Die zugehörigen Kriterien und Bewertungsfragen sollen dem Leser ein besseres Verständnis der Aspekte ermöglichen, auf die die Initiatoren des Qualitätspreises besonderen Wert legen.

Führung

Wie führen leitende
Mitarbeiter TQM ein?
Wie erreichen sie
kontinuierliche
Verbesserungen?

Der Bereich Führung beschreibt, wie leitende Mitarbeiter TQM im Unternehmen einführen und kontinuierliche Verbesserungen anstreben. Der Bereich Führung wird durch sechs Kriterien näher beschrieben:

- Sichtbares Engagement der Führungskräfte
  Wie kommunizieren Führungskräfte mit der Belegschaft? Verhalten sich die Führungskräfte vorbildlich? Sind sie für ihre Mitarbeiter ansprechbar? Schulen sie ihre Mitarbeiter? Sind die Führungskräfte bereit, sich selber schulen zu lassen? Wie machen sie ihr Engagement für das TQM deutlich?

- Umfassende Qualitätskultur
  Mit welchen Hilfsmitteln bewerten die Führungskräfte das umfassende Qualitätsmanagement im eigenen Unternehmen? Wie überprüfen sie Fortschritte? Wie berücksichtigen sie bei

der Beurteilung und Beförderung von Mitarbeitern deren Leistungen und Erfolge?

- Anerkennung von Leistungen und Erfolgen
  Wie würdigen und belohnen Führungskräfte Leistungen und Erfolge von Einzelpersonen oder von Teams sowie von Lieferanten und Kunden?

- Unterstützung und Bereitstellung geeigneter Ressourcen
  Wirken die Führungskräfte bei der Festlegung von Prioritäten für Verbesserungsmaßnahmen mit? Stellen sie ausreichende Ressourcen zur Finanzierung und Durchführung von Schulungs- und Verbesserungsmaßnahmen zur Verfügung? Unterstützen sie die Mitarbeiter aktiv, die mit der Durchführung von Qualitätsinitiativen beauftragt sind? Gewähren sie den Mitarbeitern Freiräume, damit diese an TQM-Aktivitäten teilnehmen können?

- Kooperation mit Kunden und Lieferanten
  Welche Anstrengungen unternehmen Führungskräfte, um die Bedürfnisse von Kunden und Lieferanten zu ermitteln, zu verstehen und zu befriedigen? Wie knüpfen sie partnerschaftliche Beziehungen zu Kunden und Lieferanten? Engagieren sich die Führungskräfte in gemeinsamen Verbesserungsprojekten mit Geschäftspartnern?

- Förderung umfassender Qualität außerhalb des Unternehmens
  Wirken Führungskräfte in Berufsverbänden, in kommunalen oder regionalen Einrichtungen mit, halten sie Vorträge auf Konferenzen und Seminaren oder veröffentlichen sie Artikel, um auf diese Weise umfassende Qualität auch außerhalb des Unternehmens zu fördern?

Mitarbeiterführung

Wie werden Mitarbeiter gefördert?

Der Bereich Mitarbeiterführung beschreibt, wie Mitarbeiter des Unternehmens gefördert werden, um die Leistungsfähigkeit des Unternehmens ständig zu verbessern. Folgende Kriterien erläutern diesen Bereich:

- Verbesserung der Mitarbeiterführung
  Wie wird die Mitarbeiterführung im Unternehmen verbessert? Inwiefern werden Personalplanung und Personalentwicklung auf die Unternehmensstrategie abgestimmt? Wie werden Umfragen zur Mitarbeiterzufriedenheit durchgeführt? Was geschieht mit den Ergebnissen solcher Umfragen?

- Förderung der Kenntnisse und Fähigkeiten der Mitarbeiter
  Wie werden Kenntnisse und Fähigkeiten von Mitarbeitern bewertet und mit den Anforderungen des Unternehmens verglichen? Wie werden Einstellungen und Beförderungen geplant? Wie werden Aus- und Weiterbildungspläne erstellt und verwirklicht? Wie wird die Wirksamkeit von Aus- und Weiterbildungsmaßnahmen überprüft? Wie werden die Fähigkeiten einzelner Mitarbeiter durch Teamarbeit verbessert?

- Zielvereinbarung und Fortschrittsprüfung
  Wie werden Ziele für die Entwicklung einzelner Mitarbeiter und Teams vereinbart? Wie werden diese Ziele mit den Unternehmenszielen abgestimmt? Wie werden die Ziele aktualisiert? Wie wird die Zielerreichung überprüft? Wie werden die Mitarbeiter im Hinblick auf die Zielerreichung gefördert?

- Beteiligung der Mitarbeiter an kontinuierlichen Verbesserungen
  Welchen Beitrag leisten Mitarbeiter und Teams zu Qualitätsverbesserungen? Wie werden Mitarbeiter ermuntert, kontinuierliche Verbesserungen zu unterstützen? Inwiefern wird es Mitarbeitern ermöglicht, an kontinuierlichen Verbesserungsbemühungen teilzunehmen?

- Unternehmensinterne Kommunikation
  Wie wird eine wirksame Kommunikation zwischen den verschiedenen Hierarchieebenen des Unternehmens gewährleistet? Auf welche Weise erhalten Führungskräfte Informationen von den Mitarbeitern? Wie informieren Führungskräfte die Mitarbeiter? Wie werden Kommunikationsbedürfnisse des Unternehmens identifiziert? Wie wird die Wirksamkeit der unternehmensinternen Kommunikation bewertet und verbessert?

Politik und Strategie

Inwiefern spiegeln sich die Grundgedanken des TQM in Unternehmenspolitik und -strategie wider?

Der Bereich Politik und Strategie beschreibt, inwiefern Unternehmenspolitik und -strategie die Grundgedanken des TQM widerspiegeln und ob diese Gedanken im Unternehmen auch tatsächlich angewendet werden. Der Bereich umfaßt fünf Kriterien:

- TQM als Grundlage von Unternehmenspolitik und -strategie
  Worin kommt zum Ausdruck, daß Politik und Strategie des Unternehmens auf den Grundgedanken des TQM basieren? Welche Rolle spielt TQM in den Werten und Leitbildern, in den Aussagen zum Unternehmenszweck und in der Strategie des Unternehmens?

- Informationsgrundlage von Unternehmenspolitik und -strategie

  Basieren Politik und Strategie des Unternehmens auf den Grundgedanken des TQM? Fließen Feedback von Kunden, Lieferanten und Mitarbeitern in die Unternehmenspolitik und -strategie ein? Wie werden Daten über die Leistungsfähigkeit von starken Wettbewerbern oder den Besten einer Branche genutzt? In welcher Weise werden Daten über gesellschaftliche, ordnungspolitische und rechtliche Belange sowie gesamtwirtschaftliche Indikatoren zur Formulierung von Unternehmenspolitik und -strategie verwendet?

- Relevanz von Unternehmenspolitik und -strategie für die Unternehmensplanung

  Sind Unternehmenspolitik und -strategie tatsächlich maßgebend für die operative und taktische Unternehmensplanung? Wie werden Geschäftspläne aus Unternehmenspolitik und -strategie abgeleitet? Wie werden Geschäftspläne geprüft, bewertet, priorisiert und verbessert?

- Bekanntmachung von Unternehmenspolitik und -strategie

  Wie werden Unternehmenspolitik und -strategie im Unternehmen bekanntgemacht? Wie ermittelt das Unternehmen, ob die Mitarbeiter Politik und Strategie kennen und verstehen? Wie wird die Bekanntmachung der Unternehmenspolitik und -strategie geplant, kontrolliert und verbessert?

- Prüfung und Verbesserung von Unternehmenspolitik und -strategie

  Auf welche Weise bewertet das Unternehmen Wirksamkeit und Relevanz seiner Politik und Strategie? Wie werden Unternehmenspolitik und -strategie überarbeitet und verbessert?

Ressourcen

Wie plant, steuert und kontrolliert das Unternehmen seine Ressourcen?

Der Bereich Ressourcen beschreibt, wie das Unternehmen seine Ressourcen plant, steuert und kontrolliert, um dadurch Leistungssteigerungen zu erreichen. Vier Kriterien detaillieren diesen Bereich:

- Finanzierung und Rechnungswesen

  Wie werden Rechnungswesen und TQM aufeinander abgestimmt? Wie werden Finanzierungsstrategien überprüft und verbessert? Wie werden finanzwirtschaftliche Kenngrößen für Verbesserungsvorhaben verwendet? Wie ist die Qualitätskostenrechnung gestaltet?

- Informationsversorgung
  Wie werden Informationssysteme geplant, gesteuert und kontrolliert? Wie werden Integrität, Verfügbarkeit und Vertraulichkeit der Informationen gewährleistet und verbessert? Wie wird die Informationsversorgung von Mitarbeitern, Kunden und Lieferanten verbessert? Wie unterstützt die Informationsversorgung das TQM des Unternehmens?

- Materielle Ressourcen
  Wie werden Bezugsquellen und Lieferanten von Rohstoffen ausgewählt und kontrolliert? Wie werden Lagerbestände optimiert? Wie werden Ausschuß und Verschwendung minimiert? Wie werden Sachanlagen optimal genutzt?

- Technologienutzung
  Wie werden alternative und neue Technologien identifiziert und im Hinblick auf ihre Chancen und Risiken für das Unternehmen beurteilt? Wie werden Technologien genutzt, um Wettbewerbsvorteile zu erschließen? Wie werden Kenntnisse und Fähigkeiten der Mitarbeiter auf den Einsatz neuer Technologien abgestimmt? Wie werden Technologien eingesetzt, um Verbesserungen von Prozessen und Informationssystemen zu erreichen? Auf welche Weise wird der Schutz geistigen Eigentums gewährleistet?

Prozesse

Wie identifiziert, überprüft und verbessert das Unternehmen seine Geschäftsprozesse?

Der Bereich Prozesse beschreibt, wie das Unternehmen Geschäftsprozesse identifiziert, überprüft und gegebenenfalls verändert, um seine Leistungsfähigkeit kontinuierlich zu verbessern. Der Bereich wird durch folgende Kriterien näher beschrieben:

- Identifizierung wesentlicher Prozesse
  Wie werden die für den Unternehmenserfolg wesentlichen Prozesse identifiziert? Wie werden die Schnittstellen zwischen verschiedenen Prozessen beschrieben? Wir wird der Beitrag einzelner Prozesse zum Unternehmenserfolg bewertet?

- Kontrolle der Prozesse
  Wie kontrolliert und lenkt das Unternehmen wesentliche Geschäftsprozesse? Auf welche Weise werden die Prozeßverantwortlichen bestimmt? Welche Kenngrößen für den Erfolg von Prozessen gibt es? Wie werden die Kenngrößen für das Prozeßmanagement verwendet? Welche Rolle spielen Qualitätsnormen, wie z. B. die ISO 9000, für das Prozeßmanagement?

- Leistungsmessung und Prozeßverbesserung
  Auf welche Weise werden Informationen von Mitarbeitern, Kunden und Lieferanten verwendet, um Verbesserungsziele festzulegen? Inwiefern fließen Ergebnisse aus früheren und gegenwärtigen Leistungsmessungen in die Definition von Verbesserungszielen ein? Wie werden die für den Unternehmenserfolg ausschlaggebenden Prozesse überprüft? Wie werden herausfordernde Ziele definiert und angestrebt?

- Nutzung von Innovation und Kreativität zur Prozeßverbesserung
  Wie werden neue Konstruktionsprinzipien, neue Technologien und neue Vorgehensweisen entdeckt und eingeführt? Wie wird die Kreativität der Mitarbeiter für Prozeßverbesserungen genutzt? Wie werden Unternehmensstrukturen geändert, so daß Innovationsfähigkeit und Kreativität der Mitarbeiter zur Geltung kommen können?

- Einführung und Bewertung von Prozeßveränderungen
  Wie werden neue oder veränderte Prozesse erprobt? Wie wird ihre Einführung gesteuert und überwacht? Wie werden Prozeßveränderungen bekanntgemacht? Wie werden Mitarbeiter vor der Einführung der Prozeßveränderungen geschult? Wie werden Prozeßveränderungen überprüft, so daß gewährleistet werden kann, daß die angestrebten Ziele erreicht werden?

In den folgenden Abschnitten werden die ergebnisbezogenen Faktoren des EFQM-Modells beschrieben.

Kundenzufriedenheit

Welchen Eindruck haben Kunden von dem Unternehmen?

Welchen Eindruck haben externe Kunden von dem Unternehmen sowie von dessen Produkten und Dienstleistungen? Indikatoren zur Beantwortung dieser Frage können sein, wie die Kunden z. B. folgende Aspekte wahrnehmen:

- Funktionsfähigkeit, Bedienungsfreundlichkeit, Wartbarkeit und Langlebigkeit der Produkte,

- Erreichbarkeit, Zuverlässigkeit und Freundlichkeit des Personals,

- Termintreue, Reaktionsgeschwindigkeit, Flexibilität, Zahlungsbedingungen und Garantieleistungen des Unternehmens.

Mitarbeiterzufriedenheit

Welchen Eindruck
haben Mitarbeiter
von dem Unterneh-
men?

Wie empfinden die Mitarbeiter ihr Unternehmen? Werden ihre Bedürfnisse und Erwartungen befriedigt? Anhaltspunkte zur Beantwortung der Fragen können sein, wie die Mitarbeiter folgende Aspekte bewerten:

- Arbeitsbedingungen, Gesundheits- und Sicherheitsvorkehrungen,

- Arbeitsklima, Führungsstil und Kommunikationsgewohnheiten,

- Karrierechancen, Aus- und Weiterbildung, Lohn- und Anreizsystem und Sicherheit des Arbeitsplatzes.

Auswirkungen auf die Gesellschaft

Welchen Eindruck
hat die Öffentlichkeit
von dem Unterneh-
men?

Welchen Eindruck hat die Öffentlichkeit von dem Unternehmen? Welchen Beitrag leistet das Unternehmen zur Steigerung der Lebensqualität, zum Schutz der Umwelt und zur Erhaltung der globalen Ressourcen? Folgende Aspekte können als Anhaltspunkte zur Beantwortung der Fragen dienen:

- das Engagement des Unternehmens für wohltätige Zwecke, Aus- und Weiterbildung, Gesundheitsfürsorge oder Sportveranstaltungen,

- die Bemühungen, Umweltschäden oder durch die Betriebstätigkeit verursachte Belästigungen zu begrenzen sowie

- der Beitrag des Unternehmens zur Erhaltung, Erneuerung und Schonung der globalen Ressourcen.

Geschäftsergebnisse

Erreicht das Unter-
nehmen seine wirt-
schaftlichen Ziele?

In welchem Maße erreicht das Unternehmen seine wirtschaftlichen Ziele? Die Verfasser des EQA sehen vor, daß die Leistungsfähigkeit des Unternehmens sowohl in finanziellen Kenngrößen als auch mit Hilfe nicht monetärer Werte ausgedrückt wird.

- Finanzielle Ergebnisse können z. B. mittels des Gewinns, des Cash-Flow, des Umsatzes, der Wertschöpfung, der Liquidität, der Dividendenhöhe oder des Shareholder-Value dargestellt werden.

- Nicht monetäre Meßgrößen bringen zum Ausdruck, inwiefern andere unternehmerische Ziele und Vorgaben, die für den Geschäftserfolg wesentlich sind, erreicht wurden. Indikatoren dafür können sein: der Marktanteil, die Ausschußquote, Lieferzeiten von Produkten, Reaktions- und Durchlaufzeiten sowie die Länge von Innovationszyklen.

Kriterien sind Anhaltspunkte

Sowohl im Rahmen einer Selbstbewertung als auch bei der Preisverleihung sind die oben beschriebenen Kriterien als Anhaltspunkte zu verstehen. Sie sollen nicht als K.-o.-Kriterien mißverstanden werden. Den Verfassern des EQA geht es in erster Linie darum, daß die mit den einzelnen Bereichen verfolgten Ziele erreicht werden. Wenn ein Unternehmen die Ziele auf andere Weise erreicht, als in den Kriterien angedeutet, so wird das akzeptiert.

Selbstbewertung nach dem Europäischen Qualitätspreis

Die im EFQM-Modell beschriebenen Bereiche können als Vorlage für eine Selbstbewertung verwendet werden. Eine solche Selbstbewertung soll das Management in die Lage versetzen, wesentliche Aspekte der Unternehmensführung zu überprüfen und entsprechende Verbesserungen durchzuführen.

Vergabe von Punkten für alle Faktoren

Im Rahmen einer Selbstbewertung sowie bei der Ermittlung des Preisträgers werden die im EFQM-Modell vorgesehenen Faktoren mit Hilfe von Punkten bewertet. Bei der Ermittlung der Punktwerte werden für alle befähigenden und ergebnisbezogenen Faktoren jeweils zwei Aspekte berücksichtigt:

1. In welchem Ausmaß ist der jeweilige Faktor erfüllt?
2. Inwieweit ist der Faktor im Unternehmen verbreitet?

In Tab. 4-6 und Tab. 4-7 sind diese beiden Aspekte in den äußeren Spalten dargestellt. Die Prozentzahlen in der mittleren Spalte beziehen sich auf den maximal erreichbaren Punktwert des jeweiligen Faktors. Die in den Tabellen dargestellten Prozentzahlen sind lediglich Anhaltspunkte. Selbstverständlich können die Gutachter auch Zwischenwerte vergeben.

Für eine Selbstbewertung kann ein Unternehmen eine komplette Bewerbungsdokumentation erstellen und diese durch ein Team von internen und externen Prüfern bewerten lassen. Um Aufwand zu sparen, wird es sich für die meisten Organisationen jedoch anbieten, mit Hilfe von Standardformularen, die bei der EFQM bezogen werden können, eine kürzere Dokumentation zu erstellen. Die Durchführung von Workshops, bei denen Führungskräfte des Unternehmens die im EQA angesprochenen Kriterien verwenden, um Stärken und Schwächen des Unternehmens zu ermitteln, ist die am wenigsten aufwendige Form der Selbstbewertung.

Tab. 4-6:
Bewertung der befä-
higenden Kriterien
(„enablers") im EQA

Wie werden die Faktoren angewendet?	Bewertung	In welchen Unternehmensbereichen werden die Faktoren angewendet?
zufällig und ohne nachhaltigen Einfluß auf die Wertschöpfung	0 %	fast nirgendwo
einige Anzeichen für eine sinnvolle Anwendung, gelegentliche Überprüfung, teilweise Bestandteil der Alltagsarbeit	25 %	in etwa einem Viertel der Unternehmensbereiche
Nachweis für eine fundierte und systematische Anwendung, regelmäßige Überprüfung, ist gut in Alltagsarbeit integriert, wird systematisch geplant	50 %	in etwa der Hälfte der Unternehmensbereiche
klarer Nachweis für eine fundierte und systematische Anwendung, kontinuierliche Verbesserung auf der Basis regelmäßiger Überprüfung, ist gut in Alltagsarbeit integriert, wird systematisch geplant	75 %	in etwa drei Vierteln der Unternehmensbereiche
klarer Nachweis für eine fundierte und systematische Anwendung, kontinuierliche Verbesserung auf der Basis regelmäßiger Überprüfung, vollkommen in Alltagsarbeit integriert, wird systematisch geplant, könnte als Vorbild für andere Unternehmen dienen	100 %	in allen Unternehmensbereichen

Tab. 4-7:
Bewertung der er-
gebnisbezogenen
Kriterien („results")
im EQA

Wie stabil sind die Ergebnisse?	Bewer-tung	In welchen Unter-nehmensbereichen werden die Ergeb-nisse erzielt?
die Ergebnisse kommen zufällig zustande	0 %	in einigen, wenig rele-vanten Unternehmens-bereichen
einige Ergebnisse zeigen im Zeit-ablauf positive Trends, teilweise werden die selbstgesetzten Ziele erreicht	25 %	in einigen relevanten Unternehmensberei-chen
viele Ergebnisse zeigen seit mindestens drei Jahren positive Trends, die selbstgesetzten Ziele werden für viele „results" erreicht, einige „results" sind ähnlich gut wie in hervorragenden Unternehmen, einige Ergebnisse lassen sich eindeutig auf das TQM des Unter-nehmens zurückführen	50 %	in vielen relevanten Unternehmens-bereichen
die meisten Ergebnisse zeigen seit mindestens drei Jahren positive Trends, die selbstgesetzten Ziele werden für die meisten „results" erreicht, viele „results" sind ähnlich gut wie in hervorragenden Un-ternehmen, viele Ergebnisse lassen sich eindeutig auf das TQM des Unternehmens zurückführen	75 %	in den meisten relevanten Unter-nehmensbereichen
alle Ergebnisse zeigen seit mindestens fünf Jahren positive Trends, die selbstgesetzten Ziele werden für alle „results" erreicht, die meisten „results" sind besser als in hervorragenden Unternehmen, die Ergebnisse lassen sich eindeutig auf das TQM des Unternehmens zurückführen	100 %	in allen relevanten Un-ternehmensbereichen

Bewerbung um den Europäischen Qualitätspreis

Unternehmen können sich um den Preis bewerben, indem sie eine Selbstbewertung durchführen und deren Ergebnisse in Form einer höchstens 75-seitigen Dokumentation bei der EFQM einreichen.

Bei einer Bewerbung um den Qualitätspreis muß ein Unternehmen nachweisen, daß es jeden der im EQA behandelten Bereiche in hervorragender Weise umsetzt. Alle Bewerber sollen sowohl den gegenwärtigen Stand der eigenen Leistungsfähigkeit demonstrieren als auch entsprechende Entwicklungstrends aufzeigen. Nach Möglichkeit sind auch Vergleichswerte über die Leistungsfähigkeit der besten Unternehmen der jeweiligen Branche beizufügen.

Nach einem detaillierten Begutachtungs- und Auswahlverfahren besuchen Gutachter die aussichtsreichsten Unternehmen. Dabei überprüfen sie, ob der Arbeitsalltag mit dem in den Bewerbungsunterlagen beschriebenen Bild übereinstimmt. Im Anschluß daran wird dem besten Unternehmen der Europäische Qualitätspreis verliehen. Die nächstplazierten Unternehmen erhalten Qualitätsmedaillen. Alle Unternehmen, die sich um den Preis beworben haben, bekommen ausführliche Feedback-Berichte, die Auskunft über die Bewertungen in den einzelnen Bereichen geben und in denen Stärken und Verbesserungspotentiale aufgelistet werden.[89] Die Preisträger verpflichten sich, ihre Bewerbungsunterlagen zu veröffentlichen, damit andere Unternehmen davon profitieren können.[90]

4.6.3 **Bewertung**

Der Europäische Qualitätspreis wird dem Anspruch, auf den Prinzipien des TQM zu beruhen, eher gerecht als jedes andere in diesem Buch beschriebene Hilfsmittel zum Qualitätsmanagement. Bei der Bewertung ist aber zu berücksichtigen, daß das dem Qualitätpreis zugrundeliegende EFQM-Modell keine konreten Handlungsanweisungen enthält. Wer in den Unterlagen zum EQA rezeptartige Vorschläge sucht, wird enttäuscht werden. Das Modell gibt vielmehr Ziele vor, die Orientierung für die Verbesserung der unternehmerischen Tätigkeiten geben können. Wie

---

[89] Waldner /Qualitätspreis/ enthält einen Erfahrungsbericht eines der fünf Unternehmen, die die Endrunde im Wettbewerb um den Europäischen Qualitätspreis 1995 erreicht haben.

[90] Vgl. z. B. Rank Xerox /Submission Document/

diese Ziele konkret erreicht werden sollen, bleibt jedem Unternehmen selbst überlassen.

Kundenorientierung

Kundenorientierung ist einer der Schwerpunkte des Europäischen Qualitätspreises. Angefangen von der Ermittlung der Kundenbedürfnisse, über gemeinsame Verbesserungsprojekte mit Kunden, bis hin zur Messung der Kundenzufriedenheit wird immer wieder betont, wie wichtig die Ausrichtung eines Unternehmens auf die Kunden ist. Die starke Betonung der Kundenorientierung kommt auch darin zum Ausdruck, daß die Kundenzufriedenheit mit 20 % die höchste Gewichtung aller neun Bereiche des Europäischen Qualitätspreises hat.

Prozeßorientierung

Auch die Prozeßorientierung hat im EQA ein hohes Gewicht. Die Verfasser des Qualitätspreises empfehlen, wesentliche Geschäftsprozesse zu identifizieren, Kriterien zur Messung ihrer Leistungsfähigkeit zu entwickeln und die Prozesse permanent zu überprüfen. Sowohl die Kreativität der Mitarbeiter als auch neue Technologien sollen dazu benutzt werden, wichtige Prozesse des Unternehmens kontinuierlich zu verbessern. Vorbeugung und Fehlervermeidung haben im EQA einen deutlich höheren Stellenwert als Produktprüfung und Nachbesserung.

Qualitätsorientierung

Das EFQM-Modell basiert auf der Annahme, daß Qualitätsverbesserungen von Prozessen und Produkten zu einer höheren Leistungsfähigkeit des Unternehmens führen. Insofern sind Qualitätsverbesserungen ein Mittel, um den Unternehmenszweck besser erreichen zu können.

Wertschöpfungsorientierung

Mit Hilfe einer umfassenden Qualitätskultur, der Konzentration auf die wesentlichen Geschäftsprozesse sowie der Ausrichtung auf die Kunden sollen wertschöpfende Tätigkeiten in den Mittelpunkt des betrieblichen Geschehens gerückt werden. Dadurch soll unter anderem Verschwendung vermieden werden.

Zuständigkeit aller

Die wichtige Bedeutung, die die Führungskräfte eines Unternehmens für die Verwirklichung des TQM haben, kommt im EQA dadurch deutlich zum Ausdruck, daß der Führung ein eigener Bereich gewidmet ist. Das EFQM-Modell empfiehlt keine Zentralisierung der Qualitätsverantwortung, sondern betont die Zuständigkeit aller Mitarbeiter für die Qualität ihrer Arbeit. Eine angemessene Anleitung durch die Führungskräfte sowie Schulungs- und Weiterbildungsmaßnahmen sollen die Mitarbeiter in die Lage versetzen, qualitativ hochwertige Arbeit zu leisten.

Interne Kunden-Lieferanten-Beziehungen

Der EQA geht davon aus, daß die Mitarbeiter eines Unternehmens, auch über verschiedene Hierachieebenen hinweg, effektiv

135

zusammenarbeiten müssen. In den Unterlagen zum EFQM-Modell wird deutlich, daß die Verfasser eine Zusammenarbeit der Mitarbeiter in Form von internen Kunden-Lieferanten-Beziehungen für sinnvoll halten. Dieser Gedanke wird aber nicht explizit ausgeführt. Das Modell bietet auch keine Hilfsmittel an, mit denen die internen Kunden-Lieferanten-Beziehungen gestaltet oder gesteuert werden könnten.

Kontinuierliche Verbesserung

Einer der Grundgedanken des EQA besagt, daß ein Unternehmen kontinuierliche Verbesserungen aller Prozesse und Tätigkeiten anstreben sollte, um die Leistungsfähigkeit des Unternehmens permanent zu steigern. Zu diesem Zweck werden nicht nur technische und methodische Innovationen, sondern auch organisatorische und unternehmenskulturelle Entwicklungen empfohlen. Tendenziell bevorzugt das EFQM-Modell inkrementelle, evolutionäre gegenüber radikalen, revolutionären Veränderungen.

Stabilisierung von Verbesserungen

Den Verfassern des Modells ist bewußt, daß jede Veränderung, vor allem während der Einführungszeit, erprobt, angepaßt und gegebenenfalls verbessert werden muß. Aus diesem Grund wird in den Unterlagen zum EQA explizit auf die Notwendigkeit der Stabilisierung von Verbesserungen hingewiesen.

Rationalitätsprinzip

Die Zielorientierung kommt bereits in der grundlegenden Unterscheidung in befähigende und ergebnisbezogene Faktoren zum Ausdruck. Die ergebnisbezogenen Faktoren geben klare Ziele für die Verbesserungsaktivitäten vor. Qualitätsverbesserungen sind kein Selbstzweck. Sie werden vielmehr durch die Steigerung der Leistungsfähigkeit des Unternehmens gerechtfertigt. Leistungssteigerungen können mit Hilfe der ergebnisbezogenen Kriterien ausgedrückt werden. Das EFQM-Modell beschreibt Ziele für die Gestaltung verschiedener Bereiche. Es schreibt aber keine Wege vor, wie diese Ziele erreicht werden sollen. Ferner empfiehlt es keine konkreten Methoden, Verfahren oder Werkzeuge. Wie die einzelnen in dem Modell aufgeführten Ziele erreicht werden, bleibt jedem Unternehmen selbst überlassen. Das bedeutet, daß der EQA keine voreilige Auswahl von Maßnahmen nahelegt, sondern den Unternehmen ein Verständnis der erfolgsrelevanten Faktoren abverlangt. Wie bereits bemerkt, legt der EQA Wert darauf, daß Verbesserungsbemühungen auf die Steigerung der betrieblichen Leistungsfähigkeit ausgelegt werden. Ferner fordert der EQA, daß der Erfolg von Veränderungsbemühungen überprüft und bewertet wird. Bei umsichtiger Anwendung des EFQM-Modells wird auf diese Weise auch dem Begründungsprinzip entsprochen.

Bedeutung von Menschen

Die entscheidende Bedeutung der Mitarbeiter für die Qualität der Prozesse und Produkte, und damit auch für die Leistungsfähigkeit des Unternehmens, kommt im EQA dadurch zum Ausdruck, daß sich zwei Bereiche, Mitarbeiterführung und Mitarbeiterzufriedenheit, unmittelbar mit der Bedeutung von Menschen befassen. Darüber hinaus wird im EFQM-Modell betont, daß die Motive, Interessen und Fähigkeiten der Mitarbeiter angemessen berücksichtigt werden müssen.

Totalität

Durch die konsequente Verknüpfung von befähigenden und ergebnisbezogenen Faktoren gewährleistet das Modell, daß Qualitätsverbesserungen nicht zum Selbstzweck werden oder lediglich deshalb realisiert werden, weil eine Norm dies fordert. Vielmehr dienen Qualitätsverbesserungen dem Ziel, Leistungssteigerungen des Unternehmens zu ermöglichen. Um dieses Ziel erreichen zu können, verfolgt das Modell einen ganzheitlichen Ansatz. Es thematisiert die Qualität des Managements. Mit anderen Worten: Der EQA ist auf die Verbesserung der Unternehmensführung ausgerichtet.

4.7 People Capability Maturity Model

4.7.1 Überblick

People-CMM und Personal Software Process

Das P-CMM darf nicht mit dem „Personal Software Process" verwechselt werden. Der Personal Software Process wird von Watts S. Humphrey in seinem Buch 'A Discipline for Software Engineering' beschrieben[91]. Während Humphrey erörtert, wie einzelne Softwareentwickler ihre individuelle Arbeitsweise verbessern können, konzentriert sich das People-CMM auf die Frage, wie Unternehmen ihre Bemühungen zur Softwareprozeßverbesserung um Konzepte zur Personalbeschaffung und -entwicklung ergänzen können.

P-CMM thematisiert Personalbeschaffung und -entwicklung

Das People Capability Maturity Model (P-CMM)[92] soll softwareentwickelnden Unternehmen helfen, ihre „workforce practices" zu verbessern. „Workforce practices", der zentrale Begriff des P-CMM, läßt sich am treffendsten mit den deutschen Begriffen

---

[91]   Vgl. Humphrey /Discipline/

[92]   Vgl. Curtis, Hefley, Miller /Overview/ und Curtis, Hefley, Miller /People CMM/

„Personalbeschaffung und -entwicklung" übersetzen. Das P-CMM behandelt sowohl Maßnahmen zur Personalbeschaffung als auch zur Förderung der Mitarbeiter. Es soll helfen, talentierte Mitarbeiter zu akquirieren und langfristig an das Unternehmen zu binden, sie zu motivieren, sie gemäß ihren Fähigkeiten einzusetzen und ihre Leistungsfähigkeit zu erhöhen.

Das P-CMM geht von der Annahme aus, daß Leistungsverbesserungen softwareentwickelnder Organisationen im wesentlichen auf der Verbesserung folgender drei Komponenten basieren:

- Menschen
- Prozesse
- Technologie

Notwendigkeit des P-CMM

Die Verfasser des P-CMM stellen fest, daß die meisten Unternehmen und Organisationseinheiten, die Software herstellen, in den letzten Jahren zwar umfangreiche Investitionen in die Optimierung ihrer technischen Entwicklungsumgebungen und in die Verbesserung ihrer Entwicklungsprozesse investiert haben, daß aber häufig vergessen wurde, die Leistungsfähigkeit der Mitarbeiter in ähnlichem Maße zu entwickeln. Aspekte der Personalentwicklung sind z. B. im CMM for software[93] nur unzureichend berücksichtigt. Die Verfasser stellen ferner fest, daß es gerade für softwareentwickelnde Organisationen von höchster Wichtigkeit ist, ausreichend talentierte und motivierte Mitarbeiter zu gewinnen, diese langfristig an das Unternehmen zu binden und ihre Leistungsfähigkeit kontinuierlich zu verbessern. Führungskräfte aus Organisationseinheiten, die Software entwickeln, sind für diese Aufgaben häufig nicht gerüstet. Aus diesem Grund - so die Verfasser des P-CMM - werden Aufgaben der Personalakquisition und -entwicklung häufig auf die Personalabteilung abgeschoben. Dies hat zur Folge, daß die Bemühungen um Softwareprozeßverbesserung und Personalentwicklung nicht integriert werden, sondern weitgehend getrennt bleiben. Da sich nachhaltige Softwareprozeßverbesserungen ohne eine angemessene Personalentwicklung nicht erreichen lassen, ist eine solche Aufteilung der beiden Aufgabenbereiche unangemessen.

Das P-CMM konzentriert sich deshalb auf die Frage, wie Unternehmen ihre Bemühungen zur Softwareprozeßverbesserung, wie sie z. B. das CMM for software beschreibt, um Konzepte zur Steigerung der Leistungsfähigkeit ihrer Belegschaft erweitern

---

[93]   Vgl. hierzu Kap. 4.3

können. Insofern ist das P-CMM als Ergänzung des CMM for software zu verstehen.

4.7.2   **Darstellung**

Da das P-CMM auf den Grundgedanken des CMM for software aufbaut, sollte sich der Leser zunächst mit dem CMM for software[94] vertraut machen, bevor er die Darstellung des P-CMM liest.

Reife im Sinne des P-CMM beschreibt, in welchem Maße eine Organisation es versteht, das Wissen, die Fähigkeiten und die Motivation der Mitarbeiter in Einklang mit den Zielen der Organisation zu bringen und die Leistungsfähigkeit des Personals kontinuierlich zu erhöhen.

Das P-CMM skizziert einen evolutionären Verbesserungsprozeß, in dessen Verlauf Verfahren zur Personalentwicklung optimiert werden. Im einzelnen beschreibt das P-CMM, wie Unternehmen

- den Reifegrad ihrer Maßnahmen zur Personalbeschaffung und -entwicklung ermitteln können,
- ihre Maßnahmen zur Personalbeschaffung und -entwicklung kontinuierlich verbessern können,
- Personalbeschaffung und -entwicklung sowie Softwareprozeßverbesserung in Einklang bringen können.

Annahmen des P-CMM

Das P-CMM basiert auf folgenden Annahmen:

1. Die Leistungsfähigkeit eines Unternehmens läßt sich durch Förderung der Mitarbeiter kontinuierlich steigern.

2. Die Förderung der Mitarbeiter kann in verschiedene Teilaktivitäten gegliedert werden, die sich einzeln verbessern lassen.

3. Prinzipien, die für die Verbesserung von Produkten und Softwareprozessen hilfreich sind, lassen sich auch für Maßnahmen der Personalbeschaffung und -entwicklung nutzen.

4. Das Wissen und die Fähigkeiten der Mitarbeiter lassen sich messen.

5. Organisationen können ihre Aktivitäten zur Personalbeschaffung und -entwicklung kontinuierlich verbessern.

---

[94]   Vgl. hierzu Kap. 4.3

Reifegrade des P-CMM

Reifegrade der Per-
sonalbeschaffung
und -entwicklung

Ähnlich wie das CMM for software ist das People-CMM mit Hilfe von fünf Reifegraden („maturity levels") strukturiert. Jeder Reifegrad wird durch bestimmte Fähigkeiten gekennzeichnet. Je höher der Reifegrad desto leistungsfähiger sind die Maßnahmen des Unternehmens zur Beschaffung und Entwicklung von Mitarbeitern.

Reifegrad 1:
chaotische Personal-
beschaffung und
-entwicklung

- Reifegrad 1 (initial) kennzeichnet Unternehmen, die kein abgestimmtes Konzept zur Personalbeschaffung und -entwicklung haben. Entsprechende Maßnahmen beschränken sich auf Einstellungsgespräche und schematisierte Leistungsbeurteilungen. Die Förderung der Mitarbeiter geschieht eher zufällig, je nachdem, ob sich der jeweilige Vorgesetzte darum bemüht oder nicht. Die meisten Führungskräfte bezeichnen Personalentwicklung nicht als wesentlichen Bestandteil ihrer Arbeit. Entsprechend hoch ist der Anteil der Mitarbeiter, die in ihrer Position fehl am Platz sind oder die nicht ausreichend gefördert werden. Die Fluktuationsrate unter den Mitarbeitern ist hoch. Mitarbeiter, die das Unternehmen verlassen, müssen immer wieder durch weniger erfahrenes Personal ersetzt werden.

Reifegrad 2:
rudimentäre Perso-
nalbeschaffung und
-entwicklung

- Reifegrad 2 (repeatable) beschreibt Unternehmen, die bereits einige grundlegende Maßnahmen zur Verbesserung der Personalbeschaffung und -entwicklung ergriffen haben. Unternehmen des Reifegrads 2 haben z. B. geklärt, wie sie die Leistung der Mitarbeiter bestimmen wollen. Es gibt ein Aus- und Weiterbildungsprogramm, Verfahren zur Verbesserung der internen Kommunikation sowie ein abgestimmtes Lohn- und Anreizsystem. Alle Führungskräfte haben akzeptiert, daß Personalentwicklung zu ihrem Verantwortungsbereich gehört.

Reifegrad 3:
optimierte Personal-
beschaffung und
-entwicklung

- Reifegrad 3 (defined) ist dadurch gekennzeichnet, daß die auf Reifegrad 2 beschriebenen Maßnahmen auf die spezifischen Bedürfnisse des Unternehmens zugeschnitten und entsprechend optimiert werden. Schwerpunkte der Mitarbeiterförderung orientieren sich an den Kernkompetenzen des Unternehmens. Das Unternehmen unterstützt jeden einzelnen Mitarbeiter bei der individuellen Karriereplanung und stimmt diese mit den Unternehmenszielen ab. Die Förderung der Mitarbeiter ist ein wesentlicher Bestandteil der Unternehmenskultur.

Reifegrad 4:
quantitative Steue-
rung der Personalbe-
schaffung und
-entwicklung

- Ab Reifegrad 4 (managed) führt eine Organisation Messungen durch, um zu überprüfen, wie effektiv die Mitarbeiter geför- dert werden. Mit Hilfe der Messungen kann der Einfluß der Personalentwicklung auf die Leistungsfähigkeit der Organisa- tion quantitativ bestimmt werden. Auf der Grundlage der Messungen können gezielte Maßnahmen zur Förderung ein- zelner Mitarbeiter, zur Entwicklung schlagkräftiger Teams und zur Optimierung größerer Organisationseinheiten ergriffen werden. Mentoren beraten Mitarbeiter und Teams. Die Zu- sammenstellung von Projektgruppen erfolgt auf der Basis ei- ner quantitativen Beschreibung der Fähigkeiten und des Lei- stungsvermögen der Mitarbeiter. Die zukünftige Leistungsfä- higkeit des Unternehmens kann mit Hilfe der aktuell durch- geführten Maßnahmen zu Mitarbeiterförderung vorhergesagt werden.

Reifegrad 5:
kontinuierliche Ver-
besserung der Per-
sonalbeschaffung
und -entwicklung

- Reifegrad 5 (optimizing) beschreibt eine Organisation, die Personalentwicklung und -beschaffung kontinuierlich verbes- sert. Eine solche Organisation sucht permanent nach neuen Wegen, die Leistungsfähigkeit der Belegschaft zu erhöhen. Neue Maßnahmen zur Personalakquisition und zur Förderung der Mitarbeiter werden in Form von Experimenten und Feld- studien erprobt. Erfolgreiche Innovationen werden unter- nehmensweit eingeführt. Eine Organisation, die den Reife- grad 5 erreicht hat, unterstützt die Mitarbeiter in ihrem konti- nuierlichen Streben nach herausragenden beruflichen Lei- stungen.

Abb. 4-8 zeigt die Reifegrade und die key process areas des P-CMM im Überblick.

Key Process Areas des P-CMM

Jeder Reifegrad des P-CMM besteht aus verschiedenen key process areas. Jede key process area beschreibt thematisch zu- sammengehörende Maßnahmen zur Personalbeschaffung und -entwicklung. In den folgenden Abschnitten werden die key process areas der einzelnen Reifegrade kurz dargestellt. Die in Klammern gesetzten Begriffe sind die englischen Originalbe- zeichnungen.

Reifegrad 2

Reifegrad 2 umfaßt sechs verschiedene key process areas: Die Arbeitsbedingungen werden so gestaltet, daß sich die Mitarbeiter auf die Erledigung ihrer Aufgaben konzentrieren können und nicht unnötig gestört werden (work environment). Alle Mitarbei- ter werden so ausgebildet, daß sie mit Kollegen und mit Mitar-

Abb. 4-8:
Reifegrade und key
process areas des
P-CMM[95]

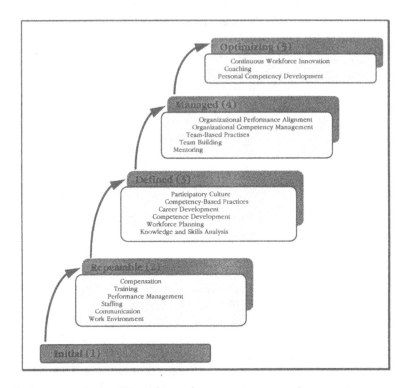

beitern anderer Hierachiestufen angemessen kommunizieren
können (communication). Akquisition, Auswahl und Beförderung von Mitarbeitern folgen einem klar beschriebenen Prozeß
(staffing). Die Leistung einzelner Mitarbeiter und größerer Organisationseinheiten wird mit Hilfe standardisierter Kriterien beurteilt, um herausragende Leistungen belohnen und Schwächen
gezielt bekämpfen zu können (performance management). Ein
Trainingsprogramm sorgt dafür, daß die Mitarbeiter die Kenntnisse und Fähigkeiten vermittelt bekommen, die sie für ihre Arbeit benötigen (training). Das Lohn- und Anreizsystem wird so
gestaltet, daß die Leistung der Mitarbeiter angemessen honoriert
werden kann (compensation).

Reifegrad 3

Eine Organisation, die Reifegrad 3 erreichen will, muß folgende
key process areas verwirklichen: Die Kenntnisse und Fähigkeiten
der Mitarbeiter, die man für eine Verbesserung der wichtigsten
Geschäftsprozesse des Unternehmens benötigt, werden durch
gezielte Analysen ermittelt (knowledge and skills analysis). Mit
Hilfe der dabei gewonnenen Anforderungsprofile werden Unter-

---

95   Curtis, Hefley, Miller /Overview/ 21

nehmensplanung und Arbeitskräfteeinsatz aufeinander abgestimmt (workforce planning). Wissensdefizite und mangelnde
Fähigkeiten der Belegschaft, die die Erreichung der Unternehmensziele behindern könnten, werden durch spezifische Maßnahmen bekämpft (competency development). Im Rahmen einer
individuellen Karriereplanung werden den Mitarbeitern Perspektiven für ihre berufliche Entwicklung im Unternehmen aufgezeigt
(career development). Das Lohn- und Anreizsystem wird so gestaltet, daß es sich für die Mitarbeiter lohnt, ihr Wissen und ihre
Fähigkeiten in den Bereichen zu vertiefen, die für das Unternehmen hilfreich sind. Falls einige der vom Unternehmen benötigten Fähigkeiten weder von den Mitarbeitern beherrscht werden noch von diesen erworben werden können, werden entsprechend qualifizierte neue Mitarbeiter akquiriert (competency
based practices). Durch einen partizipativen Führungsstil wird
der Informationsfluß innerhalb des Unternehmens verbessert,
und die Mitarbeiter werden stärker in Entscheidungsprozesse
eingebunden (participatory culture).

Reifegrad 4

Die key process areas des Reifegrads 4 sind darauf ausgelegt,
schlagkräftige Teams zusammenzustellen und ein Verständnis
der quantitativen Zusammenhänge zwischen der Leistungsfähigkeit des Unternehmens und den Fähigkeiten der Mitarbeiter zu
entwickeln. Erfahrene Mitarbeiter unterstützen und beraten Kollegen und Projektteams (mentoring). Die Arbeit dieser Mentoren
wird organisatorisch verankert und entsprechend koordiniert. Bei
der Zusammenstellung von Projektgruppen wird das Anforderungsprofil des Projekts berücksichtigt. Teammitglieder werden
so ausgewählt, daß alle für das Projekt benötigten Kenntnisse
und Fähigkeiten zur Verfügung stehen (team building). Darüber
hinaus werden besondere Anstrengungen unternommen, um die
Funktionsfähigkeit, die Weiterentwicklung und die Motivation
von Teams zu unterstützen. Dazu gehört die Definition spezifi-
scher Ziele für Teams, die Entwicklung angemessener Lohn- und
Anreizsysteme für Projektgruppen sowie die regelmäßige Überprüfung der Leistungsfähigkeit der Teams (team-based practices).
Um die Leistungsfähigkeit der Organisation kontinuierlich steigern zu können, werden Ziele für die Erweiterung und Vertiefung der Kernkompetenzen gesetzt. Ferner werden Messungen
durchgeführt, um feststellen zu können, ob die gesetzten Ziele
erreicht werden können. (organizational competency management). Die Ziele für die persönliche Entwicklung einzelner Mitarbeiter und für die Entwicklung größerer Organisationseinheiten
werden mit den Vorgaben für die Verbesserung der Kernkompe-

tenzen des Unternehmens abgestimmt. Mit Hilfe von Messungen wird überprüft, ob die Personalentwicklung die Leistungssteigerung des Unternehmens optimal unterstützt (organizational performance alignment).

Reifegrad 5

Die key process areas des Reifegrads 5 behandeln verschiedene Themen, die die kontinuierliche Verbesserung der Leistungsfähigkeit einzelner Mitarbeiter und der gesamten Organisation ermöglichen sollen. Jeder einzelne Mitarbeiter wird dazu angeleitet, seine eigene Arbeitsweise permanent zu verbessern (personal competency development). Um die individuellen Verbesserungsprozesse noch effizienter gestalten zu können, werden Mitarbeiter und Teams durch spezielle Trainer unterstützt (coaching). Die in der Organisation verwendeten Hilfsmittel zur Personalentwicklung und zur Förderung der Leistungsfähigkeit der Mitarbeiter werden identifiziert und bewertet. Der Bedarf für neue Methoden wird ermittelt, entsprechende Verbesserungsvorschläge werden ausgewertet, und neue Ansätze werden in Pilotanwendungen evaluiert. Die vielversprechendsten Verfahren und Techniken werden unternehmensweit eingeführt (continuous workforce innovation).

Jede key process area wird durch dieselben fünf common features beschrieben wie die key process areas des CMM for software. Die common features sind bereits in Kap. 4.3.2 behandelt worden. Aus diesem Grund gehen wir hier nicht noch einmal darauf ein.

Assessments auf der Basis des P-CMM

P-CMM als Hilfsmittel zur Bewertung der Personalbeschaffung und -entwicklung

Das P-CMM kann als Hilfsmittel zur Bewertung oder als Anleitung zur Verbesserung der Personalbeschaffungs- und -entwicklungsfähigkeit einer Organisation verwendet werden.

Im Rahmen eines assessments der Personalbeschaffung und -entwicklung wird bewertet, ob geeignete Verfahren vorgesehen sind, ob diese tatsächlich angewendet werden und ob sie geeignet sind, die damit verfolgten Ziele zu erreichen. Ähnlich wie beim CMM for software werden jeweils nur die key process areas eines Reifegrades berücksichtigt und nicht die Verfahren, die zu höheren Reifegraden gehören. Die Resultate des assessments werden in einem Stärken-Schwächen-Profil dargestellt, aus dem hervorgeht, in welchen Bereichen Verbesserungsbedarf für Personalbeschaffung und -entwicklung besteht. Zur Unterstützung solcher assessments werden vom SEI Anleitungen entwickelt. Das SEI plant außerdem, eine Erfahrungsdatenbank aufzubauen, in die Ergebnisse der assessments aus verschiedenen Unternehmen einfließen sollen. Damit soll ermöglicht werden, daß ein Unternehmen seine Personalbeschaffungs- und -entwicklungsfähigkeit mit entsprechenden Fähigkeiten ähnlicher Organisationen bzw. mit dem Branchendurchschnitt vergleichen kann.

P-CMM als Hilfsmittel für Verbesserungen

P-CMM gibt keine konkrete Anleitung zur Verbesserung der Personalbeschaffung und -entwicklung

Ähnlich wie das CMM for software gibt das P-CMM keine expliziten Hinweise darauf, wie ein Unternehmen seine Methoden und Verfahren der Personalentwicklung konkret verbessern kann. Es beschreibt lediglich einen generellen Rahmen, mit Hilfe dessen eine Organisation Verfahren zur Personalakquisition und Förderung der Mitarbeiter auswählen und an die spezifischen Gegebenheiten anpassen kann. Um diesen Rahmen mit Inhalt zu füllen, muß sich jedes Unternehmen weiterer Quellen und Hilfsmittel bedienen, die z. B. Anleitung zur Auswahl von Mitarbeitern, zur Leistungsbeurteilung, zur Teamentwicklung oder zur Aus- und Weiterbildung geben. Das P-CMM gibt außerdem keine konkreten Hinweise darauf, wie ein Verbesserungsprogramm aufbau- und ablauforganisatorisch gestaltet werden kann.

Überspringen von Reifegraden beinhaltet Risiken

Das P-CMM erhebt den Anspruch, daß die verschiedenen, aufeinander aufbauenden Reifegrade einen stringenten Weg zur Verbesserung der Personalentwicklung einer Organisation aufzeigen. Deshalb wird dazu geraten, zunächst alle Vorschläge eines Reifegrades zu implementieren, bevor Verfahren eines höheren Reifegrades angewendet werden. Die Autoren räumen jedoch ein, daß es im Einzelfall durchaus sinnvoll sein kann, einzelne key process areas höherer Reifegrade vorzuziehen. Dabei sollte allerdings berücksichtigt werden, daß das Überspringen von Reifegraden Risiken beinhaltet. Wenn notwendige Voraussetzungen zur sinnvollen Anwendung eines Teilgebiets der Personalentwicklung nicht erfüllt sind, kann der Versuch, dieses Teilgebiet dennoch zu implementieren, vergeblich sein. Die Autoren des P-CMM betonen z. B., daß viele Ansätze zur Teamentwicklung gescheitert sind, weil in den entsprechenden Unternehmen die kommunikativen Fähigkeiten der Mitarbeiter nicht ausreichend ausgeprägt oder weil dort ein autoritärer Führungsstil vorherrschte. Es wäre deshalb sinnvoller gewesen, in der vom P-CMM vorgeschlagenen Reihenfolge vorzugehen. Das P-CMM empfiehlt nämlich, im Rahmen von Reifegrad 2 zunächst die Kommunikationsfähigkeit der Mitarbeiter zu verbessern und im Rahmen von Reifegrad 3 einen partizipativen Führungsstil durchzusetzen. Erst wenn diese Empfehlungen verwirklicht sind werden auf Reifegrad 4 Maßnahmen zur Teamentwicklung ergriffen.

Zusammenarbeit von Personal- und Softwareprozeßspezialisten

Die Autoren des P-CMM raten davon ab, die Verbesserung der Personalentwicklung allein der Personalabteilung zu überlassen. Vielmehr empfehlen sie eine Zusammenarbeit von Personalspezialisten und Mitarbeitern, die Erfahrungen mit Softwareprozeßverbesserung haben. Dies könnte z. B. dadurch erreicht werden, daß Spezialisten für Personalentwicklung in Arbeitsgruppen zur Softwareprozeßverbesserung mitarbeiten. Auf diese Weise soll gewährleistet werden, daß alle relevanten Aspekte der Softwareprozeßverbesserung berücksichtigt werden.

4.7.3   Bewertung

Kombination von P-CMM und CMM for software wird empfohlen

Das P-CMM beschränkt sich auf einen spezifischen Aspekt von Verbesserungsbemühungen, nämlich auf die Personalentwicklung. Umfassende Verbesserungen der Softwareentwicklung lassen sich nicht allein auf der Basis des P-CMM realisieren. Die Autoren des P-CMM empfehlen deshalb, Verbesserungen mit Hilfe eines kombinierten Ansatzes aus P-CMM und CMM for software anzustreben. Es erscheint daher nicht sinnvoll, das P-CMM im Rahmen dieses Buches als eigenständiges Modell zu bewerten. Vielmehr wollen wir uns auf die Frage konzentrieren, inwiefern eine Kombination des P-CMM und des CMM for software zu einer besseren Unterstützung der TQM-Prinzipien führt. Das CMM for software ist bereits in Kap. 4.3 bewertet worden. Wird Prozeßverbesserung nach dem CMM for software um die Vorschläge des P-CMM ergänzt, können die Prinzipien kontinuierliche Verbesserung, Bedeutung von Menschen und Totalität besser unterstützt werden:

Kontinuierliche Verbesserung

Die starke Betonung der Aus- und Weiterbildung im P-CMM dürfte dazu führen, daß kontinuierliche Verbesserungen, stärker als im CMM for software vorgesehen, durch Schulungen der Mitarbeiter unterstützt werden.

Bedeutung von Menschen

Die Bedeutung von Menschen ist der zentrale Gegenstand des P-CMM. Das Modell betont die Notwendigkeit der permanenten Verbesserung der Leistungsfähigkeit der Mitarbeiter. Dabei werden sowohl ihre Kenntnisse und Fähigkeiten als auch ihre Einstellungen, Interessen und Motive berücksichtigt. Insofern eröffnet eine kombinierte Anwendung des P-CMM und des CMM for software die Chance, daß das Prinzip der Bedeutung von Menschen ausreichend berücksichtigt wird. Einschränkend ist jedoch zu bemerken, daß die auf den Reifegraden 4 und 5 des P-CMM vorgeschlagenen Messungen der Leistungsfähigkeit der Mitarbeiter in vielen deutschen Organisationen bei Betriebs- und Personalräten wahrscheinlich auf erheblichen Widerstand stoßen würden.

Totalität

Durch die Betonung der Personalentwicklung wird bei einem kombinierten Einsatz der beiden Modelle zwar eine der wesentlichen Schwachstellen des CMM for software behoben. Trotzdem wird das Totalitätsprinzip nicht ausreichend berücksichtigt. Insbesondere die fehlenden Hinweise zur Kundenorientierung sowie die mangelhafte Unterstützung bei der Abstimmung der Softwareprozeßverbesserung mit den strategischen Zielen einer Organisation führen nicht dazu, daß eine Kombination der beiden CMMs das Totalitätsprinzip unterstützt.

Die anderen, in Kap. 3 dieses Buches beschriebenen Prinzipien des Total Quality Managements werden vom P-CMM nicht behandelt. Deshalb ergibt sich für einen kombinierten Ansatz der beiden CMMs im Hinblick auf diese Prinzipien keine andere Bewertung als die in Kap. 4.3 dargestellte, separate Beurteilung des CMM for software. Zusammenfassend kann festgestellt werden, daß eine kombinierte Anwendung des P-CMM und des CMM for software zwar Verbesserungen der Personalbeschaffung und -entwicklung verspricht, daß aber andererseits einige wesentliche Aspekte des Total Quality Managements unberücksichtigt bleiben.

4.8   Anwendungserfahrungen mit der ISO 9000 und dem CMM

Es scheint uns wichtig zu sein, neben der Darstellung der Inhalte der Konzepte auch auf Anwendungserfahrungen in der Praxis der Softwareentwicklung einzugehen. Die bisher vorgestellten Konzepte haben unterschiedliche Verbreitung gefunden. Die ISO 9000-Familie dürfte in Europa, das CMM in Nordamerika der jeweils populärste Ansatz zur Verbesserung der Entwicklungsprozesse sein. Entsprechend liegen über diese beiden Konzepte die meisten Fallstudien, Anwendungsberichte und empirischen Untersuchungen vor. In den folgenden Abschnitten wollen wir erörtern, welche Erfahrungen in softwareentwickelnden Organisationen mit der ISO 9000 und dem CMM gemacht worden sind. Wir stützen uns dabei auf verschiedene empirische Untersuchungen und Veröffentlichungen zur Anwendung der ISO 9000 und des CMM.[96]

4.8.1

Erfolgreiche Quali-
tätsinitiativen ...

Erfolgsfaktoren

Die folgenden Abschnitte beschreiben die Faktoren, die Anwender der ISO 9000 und des CMM für erfolgsrelevant halten. Wenn die Faktoren erfüllt sind, können die Qualitätsmanagementprogramme mit einer gewissen Wahrscheinlichkeit erfolgreich abgeschlossen werden. Wenn sie nicht erfüllt sind, ist der Erfolg der Verbesserungsbemühungen gefährdet.

Klare Ziele setzen

... haben klare Ziele

Erfolgreiche Qualitätsmanagementinitiativen haben klare, verständliche und realistische Ziele. Die Unternehmensleitung und alle betroffenen Mitarbeiter wissen, was mit den Verbesserungsbemühungen erreicht werden soll. Es gibt einen einleuchtenden Zusammenhang zwischen den Zielen der Initiative und der Verbesserung der Geschäftsergebnisse. Die zu erwartenden Kosten sind detailliert aufgeschlüsselt. Nach Abschluß der Bemühungen kann konkret überprüft werden, ob die gesetzten Ziele zu annehmbaren Kosten erreicht wurden oder nicht.

Aufrütteln

... rütteln die
Mitarbeiter auf

Verbesserungen gelingen nur selten „aus dem Stand". Mitarbeiter in Unternehmen, die erfolgreiche Qualitätsmanagementsysteme aufgebaut oder Softwareprozeßverbesserungsprojekte durchgeführt haben, waren bereits „in Fahrt geraten". Bei ihnen hatte sich ein gewisser Leidensdruck aufgebaut. Weil sie während des Alltagsgeschäfts bestimmte Mängel als störend erlebt hatten, waren diese Mitarbeiter Änderungen gegenüber aufgeschlossen. Die Aussicht, ein ISO 9001-Zertifikat zu erlangen oder eine höhere Stufe des CMM zu erreichen, war für viele Mitarbeiter ein zusätzlicher Anreiz, konstruktiv an den Verbesserungsbemühungen mitzuarbeiten. Unternehmen, in denen die Mitarbeiter nicht entsprechend „aufgerüttelt" wurden, haben weniger gute Erfahrungen mit der ISO 9000 und dem CMM gemacht.

---

[96] Vgl. zu einer ausführlichen Darstellung der Anwendungserfahrungen Stelzer /Erfolgsfaktoren/

Horizont erweitern

... helfen Software-entwicklern, geschäftliche Erfolgsfaktoren besser zu verstehen

Softwareentwickler, die sich - zumindest für kurze Zeit - vom Alltagsgeschäft lösen und die eigene Arbeit in den Kontext des gesamten Unternehmens einordnen können, bekommen ein besseres Verständnis der Faktoren, die für den Geschäftserfolg entscheidend sind. Das motiviert, über die eigene Arbeit nachzudenken und öffnet den Blick für Verbesserungspotentiale. Unternehmen, die ihren Mitarbeitern, z. B. im Rahmen von internen Audits oder Workshops, Gelegenheit gegeben haben, die eigene Arbeit aus einer solchen, erweiterten Perspektive zu betrachten, berichten über sehr positive Erfahrungen damit.

Transparenz schaffen

... helfen den Mitarbeitern, das eigene Unternehmen besser kennenzulernen

Die Vermittlung einer erweiterten Perspektive ist oft eine Vorstufe, das eigene Unternehmen besser kennenzulernen. Wenn im Rahmen des Aufbaus von ISO 9000-Qualitätsmanagementsystemen oder der Durchführung von Prozeßverbesserungen nach CMM wichtige Geschäftsprozesse identifiziert und Leistungserstellungsprozesse dokumentiert werden, fallen dabei in der Regel unnötige Doppelarbeiten, Reibungsverluste und Verständigungsschwierigkeiten unter den Mitarbeitern auf. Sobald diese Schwachstellen einem größeren Personenkreis bekannt sind, können diese besser bekämpft werden.

Wissen verbreiten

... vereinfachen Routinetätigkeiten

Unternehmen, die die ISO 9000 oder das CMM erfolgreich angewendet haben, konnten im Verlauf der entsprechenden Projekte Hilfsmittel oder Vorgehensweisen im Unternehmen verbreiten, die von einzelnen Mitarbeitern entwickelt wurden, bisher aber nur wenigen bekannt gewesen waren. Durch die Verbreitung der Werkzeuge und des Wissens wurde verhindert, daß Mitarbeiter immer wieder neu über Routinetätigkeiten und Standardabläufe nachdenken mußten. Die allgemeine Verfügbarkeit von Formularen, Checklisten, Verfahrensanweisungen und einfachen Softwarewerkzeugen führt zu Zeit- und Kosteneinsparungen.

An die Situation anpassen

... sind an Stärken und Schwächen im Unternehmen angepaßt

Praktiker, die Erfahrungen mit dem Aufbau von Softwarequalitätsmanagementsystemen gesammelt haben, halten es für sehr wichtig, die Verbesserungsprojekte an die Stärken und Schwächen einzelner Organisationseinheiten anzupassen.

Die Übernahme von Mustervorlagen aus anderen Unternehmen oder das Durchsetzen unternehmensweiter Vorschriften hilft in der Regel nicht. Qualitätsinitiativen müssen vielmehr darauf ausgerichtet sein, die Arbeit möglichst vieler Mitarbeiter zu erleichtern, zu beschleunigen und zu verbessern. Dazu gehört auch ein unbürokratisches Vorgehen und die Konzentration auf die wesentlichen Geschäftsprozesse des Unternehmens.

Mitarbeiter beteiligen

... beziehen Mitarbeiter in Verbesserungsbemühungen ein

Im Rahmen von erfolgreichen Qualitätsinitiativen werden viele Mitarbeiter in intensive Besprechungen eingebunden. Das hat verschiedene Vorteile: Erstens nutzt man die Detailkenntnisse der Mitarbeiter über Verbesserungsmöglichkeiten im Unternehmen. In der Regel kennen die Mitarbeiter die Schwachstellen in ihrem Umfeld nämlich selbst am besten und sie haben oft auch die besten Ideen, wie Verbesserungen effizient durchgeführt werden können. Zweitens können die Mitarbeiter in den Gesprächen motiviert werden, aktiv an den Verbesserungen mitzuarbeiten. Drittens eröffnen die Besprechungen die Möglichkeit, unbegründete Hoffnungen und Befürchtungen im Zusammenhang mit den Qualitätsprojekten zu korrigieren.

Teamarbeit

... lehren Teamarbeit

Die Erfahrung zeigt, daß in vielen Unternehmen besondere Anstrengungen unternommen werden müssen, um die Mitarbeiter zu einer sinnvollen Zusammenarbeit zu bewegen. Es müssen spezielle Anlässe geschaffen werden, bei denen die Mitarbeiter erkennen können, daß sie an ähnlichen Problemen arbeiten und von den Erfahrungen anderer profitieren können. Der Aufbau von Qualitätsmanagementsystemen und die Bemühungen um Verbesserungen der Softwareprozesse sind in vielen Unternehmen in Form von Teamarbeit gestaltet worden. Dabei haben die Mitarbeiter gelernt, auch mit Personal aus anderen Bereichen zusammenzuarbeiten und gemeinsam „an einem Strang zu ziehen". Im Anschluß fiel es den Mitarbeitern leichter, sich gegenseitig zu unterstützen.

Engagement der Unternehmensleitung

... werden von der Unternehmensführung aktiv unterstützt

In allen Unternehmen, die die ISO 9000 oder das CMM erfolgreich angewendet haben, war mindestens ein Mitglied der Unternehmensleitung aktiv und für alle Mitarbeiter sichtbar an den Verbesserungsbemühungen beteiligt. Die Unternehmensführung hatte realistische Vorstellungen über Kosten und Nutzen der Qualitätsinitiative. Noch wichtiger ist aber, daß alle Mitarbeiter den unbedingten Willen der Unternehmensleitung erkennen, nachhaltige Verbesserungen zu erzielen. Wenn die Organisationsmitglieder erleben, daß auch das Topmanagement bereit ist, eigene Haltungen und Arbeitsweisen zu überdenken und gegebenenfalls zu verändern, so ist dies ein wichtiger Beitrag zum kulturellen Wandel im Unternehmen.

Leistungsträger

... werden von einem „Macher" vorange- trieben

Verbesserungsbemühungen müssen von allen Mitarbeitern unterstützt werden. Trotzdem hat es sich als hilfreich erwiesen, eine zentrale Instanz einzurichten, die den Verbesserungsprozeß in Gang bringt, notwendige Überzeugungsarbeit leistet, methodische und technische Hilfestellung bietet, Ressourcen beantragt, Erfolge bekanntmacht, für weitere Verbesserungsvorhaben wirbt usw. Um kritische Phasen während des Projekts zu überwinden, sind Leistungsträger notwendig, denen immer wieder die Motivation und Ermunterung der Mitarbeiter gelingt.

Veränderungen stabilisieren

... stabilisieren Veränderungen

Verantwortliche in den Unternehmen, die nachhaltige Verbesserungen erzielt haben, vertrauen nicht auf den „Selbstläufereffekt" von Veränderungen. Sie wissen, daß Veränderungen permanenter Erinnerung, Verstärkung, Auffrischung und Überarbeitung bedürfen, um wirksam zu bleiben. Wünschenswerte, aber noch ungewohnte Regelungen müssen immer wieder begründet und beworben werden. Mitarbeiter müssen ermutigt und motiviert werden, neue Vereinbarungen und Richtlinien auch anzuwenden und an dem kontinuierlichen Verbesserungsprozeß mitzuarbeiten.

4.8.2 Schlußfolgerungen für das Softwarequalitätsmanagement

Aus den Ergebnissen der Untersuchungen und den Fallstudien zur Anwendung der ISO 9000 und des CMM in der Softwareentwicklung lassen sich verschiedene Schlußfolgerungen für das Softwarequalitätsmanagement ziehen.

Konzentration auf Standards ist gefähr- lich

1. Von vielen Unternehmen werden Erfolgsfaktoren und Problembereiche genannt, die keine expliziten Bestandteile der ISO 9000 oder des CMM sind. Offensichtlich gibt es also eine Reihe wichtiger Faktoren für das Softwarequalitätsmanagement, die weder von der ISO 9000 noch vom CMM themati-

siert werden. Das bedeutet, daß Softwarehersteller, die sich eng an die Vorgaben, Empfehlungen und Forderungen der beiden Standards anlehnen, möglicherweise wichtige Erfolgsfaktoren außer acht lassen, vielversprechende Verbesserungspotentiale ungenutzt lassen und enormen Aufwand für die Bekämpfung vermeidbarer Probleme verschwenden.

Beschränkung auf technische Aspekte hilft nicht

2. Initiativen, die sich in erster Linie auf technische Aspekte konzentrieren, kulturelle Aspekte aber außer acht lassen oder nur mit untergeordneter Priorität behandeln, haben offenbar nur geringe Erfolgsaussichten.

Bewältigung des kulturellen Wandels ist das schwierigste Problem

3. Die Bewältigung des kulturellen Wandels bei der Einführung eines Qualitätsmanagementsystems oder eines verbesserten Softwareprozesses scheint den meisten Unternehmen schwerer zu fallen als die Durchführung softwaretechnischer Verbesserungen. Gewohnheiten, Einstellungen und Grundüberzeugungen der Mitarbeiter lassen sich nur mit viel höherem Aufwand verändern, als z. B. Methoden des Software Engineerings, Verfahren zum Testen von Software oder Anleitungen zum Konfigurationsmanagement. Dadurch tritt die Beschäftigung mit den eigentlichen Inhalten der Konzepte zurück hinter die Frage, wie der notwendige Wandel bewältigt werden kann.

Notwendiger Paradigmenwechsel: Vom Qualitätsmanagement zur Qualität des Managements

4. Die ISO 9000-Familie beinhaltet Normen zum Qualitätsmanagement. Das CMM erörtert Softwareprozeßverbesserung. Beide Konzepte werden von Softwareunternehmen in aller Welt zur Verbesserung des Softwarequalitätsmanagements eingesetzt. Allerdings erfordern sowohl die ISO 9000 als auch das CMM nicht nur eine Veränderung des Managements der Qualität, sondern vielmehr eine Verbesserung der Qualität des Managements. Was zunächst lediglich wie ein Wortspiel wirkt, hat für die Praxis der Softwareentwicklung gravierende Konsequenzen: Das Management der Qualität - vor allem wenn Qualität im engeren, traditionellen Sinne als Abwesenheit von Fehlern in Produkten verstanden wird - kann man als eine technische Aufgabe weniger Spezialisten verstehen und mit untergeordneter Priorität behandeln. Wenn es jedoch um die Qualität des Managements geht, ist damit ein viel weitergehender Anspruch verbunden. Nun sind plötzlich alle Mitarbeiter mit Leitungsaufgaben gefordert, ihre eigene Arbeitsweise zu überdenken. Es geht nicht mehr nur um das Finden und Beheben von Fehlern in Softwareprodukten,

sondern um die Bekämpfung von Schwachstellen in den Leitungsfunktionen.

Die Qualität des Managements der Softwareentwicklung läßt sich in erster Linie durch eine Verbesserung der Kundenorientierung, durch die Etablierung einer Qualitätskultur und durch die Bewältigung des dafür notwendigen Wandels erreichen. Deshalb werden wir in den nächsten Kapiteln die Themen Kundenorientierung, Qualitätskultur und Change Management behandeln.

5 Kundenorientierung durch Software Customer Value Management (SCVM)

Wir haben uns im vorangegangenen Kapitel mit verschiedenen Ansätzen zur Bewertung und Verbesserung von Prozessen beschäftigt. Letztlich entscheidet jedoch nicht die Konformität eines Prozesses mit einem bestimmten Modell, sondern einzig und alleine der Kunde über den Erfolg einer Software.[97] Prozeßmodelle tragen lediglich in unterschiedlicher Weise dazu bei, den Kunden zufriedenzustellen und somit die langfristige Existenz des Unternehmens zu sichern. Die hierzu erforderliche Ausrichtung der Unternehmensprozesse auf den Kunden wird in den bislang diskutierten Konzepten zu wenig berücksichtigt.

Produkt- und Prozeßqualität sichern

Bei aller Bedeutung der Prozeßqualität sollte allerdings auch nicht vergessen werden, daß dem Kunden am Ende ein Produkt geliefert wird, das seinen Erwartungen entsprechen soll. Demzufolge sind auch entsprechende Maßnahmen zur Sicherstellung der Produktqualität zu treffen. Denn für eine planbare und wiederholbare Produktqualität ist eine entsprechende Prozeßqualität zwar notwendige, aber nicht hinreichende Bedingung. Wir skizzieren in diesem Kapitel unseren Ansatz des Software Customer Value Managements (SCVM)[98], mit dessen Hilfe das Prinzip der Kundenorientierung bei der Softwareentwicklung aus beiden Sichten umgesetzt werden kann.

Beim SCVM sind zwei Arten zu unterscheiden: SCVM für Individualsoftware und SCVM für Standardsoftware. Der Unterschied zwischen diesen Arten resultiert im wesentlichen aus zwei Gründen: Bekanntheit des Kunden und die Art des Produkts.

bekannte versus anonyme Kunden

Im Falle der Individualsoftwareentwicklung ist der Kunde bekannt und kann befragt werden. Im Falle der Standardsoftwareentwicklung sind die potentiellen Kunden nicht bekannt oder ihre Zahl ist so groß, daß sie nur stichprobenartig befragt wer-

---

[97] Die nachfolgenden Aussagen gelten grundsätzlich sowohl für Standard- als auch für Individualsoftwareentwicklung. Zur Vereinfachung werden daher auch interne Benutzer/Anwender/Auftraggeber als Kunden bezeichnet.

[98] Das SCVM wurde erstmals vorgestellt in Herzwurm, Hierholzer /SCVM/

den können. Hierbei ist zu berücksichtigen, daß bei Individualsoftwareprojekten mit vielen Kunden (Endanwendern) die Probleme durchaus ähnlich gelagert sein können.

Tab. 5-1:
Unterschiede in der Anwendung des SCVM bei Individual- und Standardsoftware (Teil 1)

	Individualsoftware	**Standardsoftware**
Bekanntheit des Kunden	Kunde bekannt • Bestimmung der zu differenzierenden Rollen • Kunde kann befragt werden	Kunden nicht bekannt • Bestimmung des potentiellen Kunden und der zu differenzierenden Rollen • Marktforschung
Art des Produkts	Kunde kauft Dienstleistung ⇒ Kunde hat in der Regel hohe Anforderungen an den Herstellungsprozeß	Kunde kauft bekanntes Produkt ⇒ Kunde hat in der Regel geringe Anforderungen an den Herstellungsprozeß

Dienstleistung versus Produkt

Im Falle der Individualsoftwareentwicklung kauft der Kunde eine Dienstleistung, die Herstellung der Software, und hat demzufolge auch hohe Anforderungen an den Softwareherstellungsprozeß (z. B. Transparenz, Sicherheit). Im Falle der Entwicklung von Standardsoftware kauft der Kunde bereits fertiggestellte Software. Daher kann er sich schon vor dem Kauf über die Qualität der Software informieren (z. B. durch Testinstallation, Testberichte).

Die Grundprinzipien der Kundenorientierung gelten unabhängig davon, ob für einen anonymen Markt oder für bekannte Kunden entwickelt wird. Sofern sich bei der Anwendung des SCVM-Instrumentariums Unterschiede ergeben, werden diese gesondert für Individual- bzw. Standardsoftware dargestellt, ansonsten gelten die gemachten Aussagen für beide Arten von Software.

Die Aktivitäten des SCVM werden nicht im Rahmen einer speziellen Phase in einem Wasserfallmodell eingesetzt, sondern greifen an vielen Stellen in den Herstellungsprozeß ein:

Abb. 5-1:
Unterschiede in der
Anwendung des
SCVM bei Individual-
und Standardsoft-
ware (Teil 2)

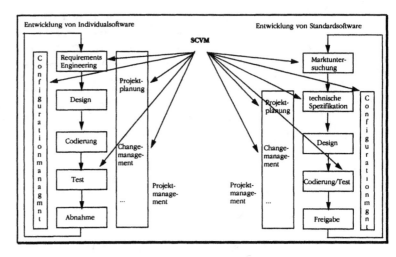

SCVM im Software-
lebenszyklus

Bei der Individualsoftwareentwicklung ist z. B. die Customer Value Analysis als eine Komponente des SCVM ein Teil des Requirements Engineering (Bestimmung der Qualitätsmerkmale des Produktes) und ein Teil der Projektplanung. Bei der Entwicklung von Standardsoftware ist die Customer Value Analysis dagegen teilweise Bestandteil des Marketing (Marktuntersuchung und -bestimmung), teilweise auch Bestandteil der Erstellung der technischen Spezifikation und der Projektplanung.

Wir werden in den nachfolgenden Abschnitten die einzelnen Komponenten des SCVM noch näher erläutern.

5.1 Kundenzufriedenheit als Zielgröße für den Softwareprozeß

Kunden entscheiden
über den Erfolg

Die Existenz eines softwareproduzierenden Unternehmens wird letztlich nur durch den Kunden garantiert. Bei Unternehmen, die ihre Software am freien Markt anbieten (z. B. Standardsoftware), ist dies offensichtlich: Fehlende Kunden sind gleichbedeutend mit fehlendem Umsatz. Aber auch softwareproduzierende DV-Abteilungen, die z. B. lediglich im Auftrag der Fachabteilungen Software entwickeln, haben nur dann eine Existenzberechtigung, wenn sie die Bedürfnisse ihrer Kunden befriedigen. Dies gilt um so mehr angesichts der Tendenz, interne Softwareentwicklungs-abteilungen auszulagern und dem freien Wettbewerb zu unterwerfen. Aber nicht nur fehlende, auch unzufriedene Kunden stellen für jedes Unternehmen ein ernst zu nehmendes Problem dar: Untersuchungen haben gezeigt, daß jeder sechste unzufriedene Kunde beim nächsten Mal lieber bei einem anderen Hersteller kauft und unzufriedene Kunden ihre negativen

Erfahrungen an durchschnittlich 16 andere potentielle Kunden weitergeben. Mit unzufriedenen Kunden wird sich kein Softwarehersteller am Markt langfristig halten und keine softwareproduzierende DV-Abteilung dem Outsourcing auf Dauer widersetzen können.

Kundenzufriedenheit ist das Ziel

Kundenzufriedenheit ist aber keine objektive Meßgröße, sondern das subjektive Ergebnis eines komplexen Informationsverarbeitungsprozesses beim Kunden. Der Kunde hat bewußte und unbewußte Erwartungen an das Produkt, die als Maßstab zur Beurteilung der wahrgenommenen Leistung des Softwareherstellers dienen. Dabei können zum einen verschiedene Kunden unterschiedliche Erwartungen haben, aber auch ein und dasselbe Produkt von verschiedenen Kunden unterschiedlich wahrgenommen werden. So empfindet z. B. ein Kunde ein Antwortzeitverhalten einer Software von 2 Sekunden zufriedenstellend, ein anderer Kunde wiederum findet dies inakzeptabel. Man kann Kundenzufriedenheit daher wie folgt definieren:

> Die *Kundenzufriedenheit* drückt aus, ob und wie gut die Erwartungen des Kunden mit der von ihm wahrgenommenen Leistung eines Softwareherstellers übereinstimmen

Kundenzufriedenheit ist meßbar

Kundenzufriedenheit kann demzufolge nicht mit objektiven Maßen (z. B. Qualitätsmerkmale nach ISO 9126), sondern lediglich mittels Beobachtung bzw. Befragung des Kunden gemessen werden.

> Ein Softwarehersteller ist *kundenorientiert*, wenn seine Softwareprozesse systematisch zur Kundenzufriedenheit führen.

Entstehung von Kundenunzufriedenheit

Wie ist der Softwareprozeß nun zu gestalten, damit dieses Ziel erreicht werden kann? Bevor man hierzu Maßnahmen festlegen kann, muß zunächst analysiert werden, was die Ursachen für mögliche Kundenunzufriedenheit sind. Ursachen für die Entstehung von Kundenunzufriedenheit durch mangelhafte Qualitätssteuerung können zum einen nachfragerorientiert und zum anderen anbieterorientiert mit Hilfe des sogenannten Lückenmodells (Gap-Modell[99]) analysiert werden:

Abb. 5-2:
Das Lückenmodell der Softwareherstellung

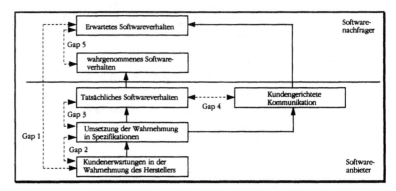

fehlerhafte Kundenanforderungswahrnehmung

Gap 1: Abweichung der vom Hersteller wahrgenommenen Kundenanforderungen von den tatsächlichen Kundenanforderungen

Eine falsche Wahrnehmung der Kundenerwartungen durch den Hersteller kann verschiedene Ursachen haben. Zum größten Teil dürfte es sich um Fehler bei der Marktforschung (Standardsoftware) bzw. beim Requirements Engineering (Individualsoftware) handeln, z. B.: Der Kunde wurde nicht richtig befragt (z. B. schlechter Fragebogen oder mangelhaftes Interview), die falschen Personen (z. B. nicht repräsentativ oder nicht kompetent) wurden befragt oder die Kundenaussagen wurden nicht korrekt interpretiert bzw. unvollständig dokumentiert (z. B. vage Anforderungen des Kunden und willkürliche Auslegung durch Hersteller).

fehlerhafte Spezifikationen

Gap 2: Abweichung der spezifizierten Qualitätsmerkmale/des spezifizierten Softwareverhaltens von den wahrgenommenen Kundenanforderungen

Wenn die Spezifikation von den wahrgenommenen Kundenanforderungen abweicht, dann liegt die Ursache möglicherweise in einer unzureichenden Spezifikationsmethode, anhand derer es eventuell nicht möglich ist, alle wichtigen Kundeninformationen zu verarbeiten. Vielfach gehen bei der Formalisierung der Kundenanforderungen, z. B. in Daten-, Ablauf- oder Funktionsmo-

---

[99] Vgl. Zeithaml, Parasuraman, Berry /Qualitätsservice/. Die nachfolgende Abb. 5-2 zeigt eine von uns an Softwareprodukte angepaßte Variante

dellen, durch die Abstraktion auch Informationen verloren oder werden zwecks „Technikkonformität" vom Entwickler abgewandelt. Möglicherweise berücksichtigt der verwendete Spezifikationsprozeß auch nicht die Tatsache, daß sich Kundenanforderungen im Zeitablauf ändern können.

fehlerhafte Realisierung

Gap 3: Abweichung des tatsächlichen Softwareverhaltens von den spezifizierten Qualitätsmerkmalen/dem spezifizierten Softwareverhalten.

Selbst korrekt spezifizierte Software kann zu Kundenunzufriedenheit führen, wenn das tatsächliche Softwareverhalten von der Spezifikation abweicht. Das kann zum einen in der mangelhaften Umsetzung der Spezifikation liegen (z. B. unvollständige Codierung), aber zum anderen auch Ursachen in der technischen Machbarkeit bzw. Wirtschaftlichkeit (z. B. ein bestimmtes Antwortzeitverhalten) haben. Eventuell enthält die Software jedoch auch Features, die überhaupt nicht spezifiziert, sondern spontane Ideen der Programmierer waren.

fehlerhafte Kommunikation

Gap 4: Abweichung der dem Kunden kommunizierten Qualitätsmerkmale/des kommunizierten Softwareverhaltens von den tatsächlichen Qualitätsmerkmalen/dem tatsächlichen Softwareverhalten

Die Tatsache, daß die dem Kunden versprochene Leistung oft nicht mit der tatsächlich erbrachten Leistung übereinstimmt, ist ein klassisches Problem von Standardsoftware: Das Marketing verspricht - aus Unkenntnis oder aufgrund von kurzfristigem Provisionsdenken (das sind unterschiedliche Ursachen, die unterschiedlich zu behandeln sind) - mehr als die Software hält. Dieses Phänomen ist aber auch bei Individualsoftware zu beobachten, wenn z. B. vor Vertragsabschluß mehr versprochen als geliefert wurde oder wenn die Entwickler während der Entwicklung gemachte Zusagen nicht mehr einhalten. Möglicherweise treten die Kommunikationsmängel aber auch nicht beim eigentlichen Softwareherstellungsprozeß, sondern bei der anschließenden Schulung (z. B. nicht/schlecht/falsch erklärte Produktfeatures) oder der Produktdokumentation (z. B. unvollständige/unübersichtliche Handbücher) auf.

nicht getroffene Kundenerwartungen

Gap 5: Abweichung der wahrgenommenen Qualitätsmerkmale/des wahrgenommenen Softwareverhaltens von den Kundenerwartungen

Die gravierendste Abweichung ist sicherlich die Abweichung des wahrgenommenen Softwareverhaltens von den Kundenerwartungen. Diese Erwartungen werden v. a. durch die persönlichen Bedürfnisse, aber auch durch bisherige Erfahrungen oder Aussagen Dritter (z. B. Kollegen oder Presse) bzw. des Herstellers (z. B. Werbung) geprägt. Wenn das Gap 5 eintritt, kann das zum einen daran liegen, daß die gelieferte Software nicht den Bedürfnissen des Kunden entspricht. Zum anderen kann es seine Ursache darin haben, daß der Kunde die von ihm gewünschten Merkmale nicht entdeckt (z. B. versteckte Features) oder entdecken will (z. B. aufgrund negativer Vorerfahrungen oder infolge von Voreingenommenheit wegen eines aus der Sicht des Kunden schlecht gelaufenen Entwicklungsprozesses bei Individualsoftware). Schließlich können beim Kunden die „falschen" (d. h. bezüglich der gelieferten Software unzutreffenden) Erwartungen durch den Anbieter geweckt worden sein.

Schließung der Lücken

Während der Softwarehersteller die Lücken eins bis vier während des Entwicklungsprozesses möglicherweise erkennen und beheben kann, läßt sich Lücke 5 erst nach bzw. während des Produkteinsatzes durch den Kunden bestimmen. Das Schließen der Lücke 5 ist nur über die Schließung der Lücken eins bis vier zu erreichen.

lückenübergreifende Ursachen

Selbstverständlich handelt es sich bei den dargestellten Ursachen um keine vollständige Ursache-Wirkungs-Analyse, sondern um Beispiele. Darüber hinaus existieren noch „lückenübergreifende" Ursachen, wie z. B. die falsche Einstellung der Mitarbeiter gegenüber internen oder/und externen Kunden, die sich auf den gesamten Prozeß auswirken können. Gleichwohl bietet das Modell eine solide Grundlage für die Definition von Maßnahmen, die dazu beitragen können, das Entstehen von Lücken zu verhindern.

Abb. 5-3:
Die Schere der Kundenunzufriedenheit in der Softwareherstellung[100]

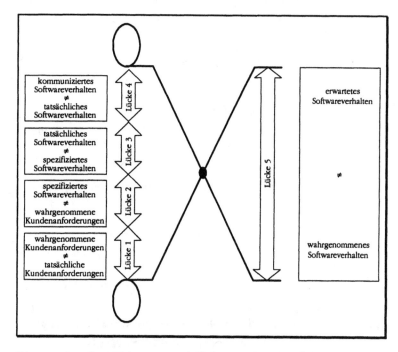

Dieses Ursache-Wirkungs-Modell läßt sich überblicksartig auch anhand eines Ishikawa-Diagramms darstellen:

Abb. 5-4:
Ursache-Wirkungs-Modell für Kundenunzufriedenheit

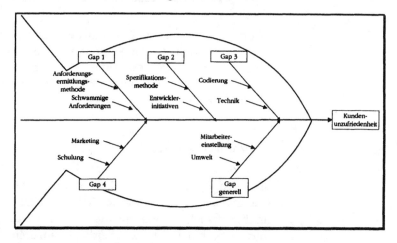

SCVM-Bausteine

Mit diesem Modell ist also der Rahmen abgesteckt, in dem sich eine Methode zur Umsetzung der Kundenorientierung bewegen muß. Wir möchten nachfolgend Ansätze für eine solche Methode skizzieren, das sogenannte Software Customer Value Manage-

---

[100]   In Anlehnung an Hierholzer /Benchmarking/

ment (SCVM). SCVM bietet Methoden und Konzepte an, mit denen man

- Kundenanforderungen ermitteln, verstehen und bewerten kann
(*Customer Value Analysis*),

- Kundenzufriedenheit mit den eigenen Produkten/Dienstleistungen (ggf. im Vergleich zu konkurrierenden Produkten/Dienstleistungen) zielgerichtet ermitteln kann
(*Customer Satisfaction Survey*),

- einen institutionalisierten, strukturierten Dialog zwischen allen Beteiligten zur Umsetzung von Kundenanforderungen in Produkt- und Prozeßanforderungen durchführen kann
(*Quality Function Deployment*)

- und zielgerichtet seine Kundenorientierung kontinuierlich verbessern kann
(*Softwareprozeßbenchmarking*)

5.2 SCVM-Instrumente zur kundenorientierten Produktentwicklung und -verbesserung

5.2.1 Ermittlung der Kundenbedürfnisse durch Customer Value Analysis (CVA)

In der Praxis wird das Problem der Kundenbedürfnisermittlung in der Regel mit der Frage „Was will der Kunde" angegangen. Aber bei genauerer Betrachtung muß man zu dem Ergebnis kommen, daß es „den Kunden" gar nicht gibt. Die erste Aufgabe im Rahmen der CVA ist somit zunächst die Identifizierung der Kunden.

5.2.1.1 Wer sind unsere Kunden?

Kunde ist nicht gleich Kunde

Nach der naheliegendsten Definition des Kunden ist der Kunde diejenige Person, die für die Software zahlt. Bei Standardsoftwaremassenprodukten für den privaten Haushalt kann diese Definition brauchbar sein, für die meisten großen Softwaresysteme in Unternehmen ist sie allerdings unzureichend. Zum einen „zahlt" in der Regel nicht eine Person, sondern eine Organisation nach Ablauf eines bestimmten Entscheidungsverfahrens. Zum anderen wird Software nur extrem selten für eine einzige Person erstellt. Vielmehr sind Softwaresysteme in der Regel zur gemeinsamen Verwendung durch viele Benutzer vorgesehen und berühren darüber hinaus noch die Interessen von Personen, die keine Benutzer sind (z. B. Datenschutzbeauftragte oder Betriebs-räte). Die Anforderungen des „Kunden" (d. h. z. B. des Fachab-teilungsleiters als Käufer) können sich allerdings von den Anfor-derungen der Benutzer (Endanwender, die mit der gelieferten Software arbeiten) und der indirekt betroffenen Personen (z. B. im Rechenzentrum) unterscheiden. Wir müssen also demzufolge differenzieren zwischen:

Kundentypen

- Kunden als Personen und Kunden als Organisationen (als ganzes Unternehmen oder als ganzer Haushalt) bzw. Organi-sationseinheiten (z. B. zentraler Einkauf, Buying-Center)

  Hier ist es die primäre Aufgabe der CVA, die Organisation, welche als solche ja nicht direkt befragt werden kann, in Per-sonen aufzuspalten und deren eventuell divergierende An-forderungen zu analysieren und zu aggregieren.

- Kunden als Auftraggeber bzw. Käufer, Kunden als Benutzer und Kunden als indirekt Betroffene

  Hierbei gilt es, mit Hilfe der CVA die Anforderungen der Kunden zu verstehen, zu priorisieren und umzusetzen.

Die hierzu erforderlichen Schritte der CVA lassen sich wie folgt skizzieren:

Identifizierung der Kunden

- Individualsoftware:

  fachliche Projektleiter als Kunden

  Hier gilt in der Regel der Projektleiter auf der Fachseite als Ansprechpartner für die Ermittlung von Kundenbedürfnissen. Denn dieser Projektleiter erteilt den Auftrag und übernimmt am Ende des Projektes die Verantwortung für die Abnahme der Software. Man kann unterschiedliche Standpunkte dar-über einnehmen, ob die Abstimmung der vom Projektleiter gegenüber dem Auftragnehmer geäußerten Kundenbedürf-nisse mit den Benutzern (Endanwendern) und den anderen Betroffenen ausschließlich Sache dieses Projektleiters ist. In der Praxis ist dies häufig so, was dazu führt, daß Aufträge zwar im Sinne des fachlichen Projektleiters durchgeführt wurden, aber am Ende dennoch Kundenunzufriedenheit durch die Nichtberücksichtigung von Endanwenderanforde-rungen entsteht.

  Kunden als Partner

  Ein ähnlich gelagertes Problem bei Individualsoftware ergibt sich, wenn ein ausführliches Pflichtenheft die vom Auftrag-nehmer kaum zu beeinflussende Ausgangsbasis für die Soft-wareentwicklung darstellt. In diesem Fall hängt der Erfolg eines Projektes häufig davon ab, ob sich der Auftragnehmer lediglich als unmündiger Verrichtungsgehilfe („der Kunde hat den Unsinn bestellt, also soll er ihn bekommen") oder aber als Partner verhält, der bei der Ermittlung von Kundenbedürfnissen berät bzw. unterstützt und auf die Probleme hinweist. Dies erfordert allerdings auch ein Umdenken beim Auftraggeber. Kundenorientierung im Sinne des SCVM ist keine Einbahnstraße, sondern soll den Weg für eine intensive Kommunikation zwischen gleichberechtigten Partnern aufzeigen, die letztlich das gleiche Ziel haben: Erfolgreiche Software für zufriedene Kunden zu entwickeln.

Käufer als Kunden

- Standardsoftware:
Bei Standardsoftware ist die Identifizierung potentieller Käufer, also die anvisierten Kunden, im wesentlichen eine vom Markt abhängige Managemententscheidung. Hilfestellungen können Ergebnisse von Kundenanforderungs- und -zufriedenheitsanalysen vergleichbarer eigener oder konkurrierender Software liefern. Bei dieser Problematik handelt es sich um die klassischen Problemfelder der Marktforschung, für die in der Betriebswirtschaftslehre eine ganze Reihe von Methoden entwickelt wurden, die auch für Softwareprodukte angewendet werden können.[101]

Auswahl der Kunden

Die Erfüllung sämtlicher Bedürfnisse *aller* Kunden ist aus wirtschaftlichen und technischen Gründen nur in Ausnahmefällen zu realisieren.

- Standardsoftware
Bei Standardsoftware gilt es, sich auf ein bestimmtes Markt- bzw. Kundensegment zu konzentrieren, da man nicht gleichzeitig alle Kunden zufriedenstellen kann. Hierzu stehen eine Reihe von Auswahlkriterien zur Verfügung:

umsatzstarke Kunden

Das *Umsatzpotential*, z. B. gemessen am DV-Budget eines Unternehmens, spiegelt die Kaufkraft potentieller Kunden wider. In anderen Branchen hat sich nach dem Pareto-Prinzip gezeigt, daß oft 20 % der Kunden bis zu 80 % des Umsatzes ausmachen.

führende Kunden

Ein anderes Auswahlkriterium könnte die *Führerschaft* von Unternehmen in bestimmten - z. B. softwaretechnischen - Be-

---

[101]   Siehe hierzu Meffert /Marketing/

reichen sein. Schafft man es beispielsweise als Hersteller eines CASE-Tools, daß ein als besonders innovativ und wegweisend geltendes Unternehmen dieses Tool einsetzt, so zeigt dies, daß das Produkt dem „State of the Art" entspricht.

meinungserzeugende Kunden

Dies führt zu einem dritten möglichen Kriterium zur Auswahl von Schlüsselkunden: Man orientiert sich an den Anforderungen von Unternehmen, die einen hohen *Multiplikatoreffekt* haben. Dies können im Bereich der Software z. B. Marktforschungsunternehmen wie die Gartner Group oder Ovum (CASE-Studie) oder aber Institutionen wie das DIN (DIN 66272) sein.

exotische Kunden

Vor einer allzu naiven Anwendung dieser „objektiven" Kriterien sei allerdings an dieser Stelle gewarnt: So kann es beispielsweise auch eine erfolgversprechende Strategie sein, gerade die Unternehmen anzusprechen, die nach den üblichen Kriterien stets aus der Betrachtung herausfallen und demzufolge von nur wenigen Softwareproduzenten berücksichtigt werden (*Marktnischenstrategie*). Beispiele hierfür wären kleine und mittelständische Unternehmen oder bestimmte Branchen wie Krankenhäuser.

- Individualsoftware

Anonymität der Kunden bei Individualsoftware

Kommt man bei der Identifizierung der Kunden zu dem Ergebnis, daß nicht nur der Auftraggeber im Sinne des fachlichen Projektleiters oder des Budgetverantwortlichen, sondern mehrere Personen (z. B. Endanwender) Kunden sind, ergibt sich auch hier das Problem einer Priorisierung. Zwar hat man gegenüber der Standardsoftware den Vorteil, daß die Kunden bekannt sind und daher befragt werden können, allerdings steht man dafür in der Regel vor dem Problem, daß man nur sehr schwer bestimmte Kunden und somit deren Bedürfnisse ausgrenzen kann. Hier stellt sich dann die Aufgabe, mit den vorhandenen Ressourcen möglichst viele und v. a. die wichtigsten Bedürfnisse zu befriedigen. Hierbei kann die Quality Function Deployment Methode, mit der wir uns später noch beschäftigen werden, eine wertvolle Hilfestellung leisten. Zur Bildung von Kundentypen können statistische Methoden wie die Cluster-Analyse herangezogen werden.[102] Wir werden dieses Vorgehen und die weiteren Schritte des SCVM in den nachfolgenden Abschnitten an einem konkreten Beispiel - der Weiterentwicklung einer Adreßdatenbank - erläutern.

---

[102]   Siehe z. B. Meffert /Marketing/

5.2.1.2   Was wollen unsere Kunden?

Kunden wollen Mehrwert

Der Kunde kauft keine Software zum Selbstzweck, sondern setzt sie in der Regel ein, um bestimmte Bedürfnisse zu befriedigen, z. B. Entlastung von routinemäßigen Tätigkeiten. Deshalb bedeutet die Ermittlung der Anforderungen auch stets die Beschäftigung mit dem Verwendungszweck der Software (geschäftsprozeßorientierte Kundenanforderungsanalyse). Nur so ist es möglich, dem Kunden eine Software zu liefern, die tatsächlich einen Wert für ihn darstellt. Nicht zuletzt deshalb heißt dieser SCVM-Baustein auch Customer *Value* Analysis.

Basisanforderungen

Hält man sich das Ziel vor Augen, eine möglichst hohe Kundenzufriedenheit zu erzielen, so ist es sinnvoll, sich zunächst den Zusammenhang zwischen der Erfüllung von Kundenanforderungen und dem Erreichen von Kundenzufriedenheit klarzumachen. Hierzu ist von Kano ein Klassifikationsschema entwickelt worden. Danach hat der Kunde zunächst gewisse Grundbedürfnisse (z. B. das Suchen von Adressen, Zuverlässigkeit), bei deren Nichterfüllung die Kundenzufriedenheit sehr rasch absinkt. Auf der anderen Seite bedeutet die Erfüllung dieser Basisanforderungen nicht zwangsläufig Kundenzufriedenheit, da die Existenz der geforderten Merkmale als selbstverständlich angesehen wird.

Leistungsanforderungen

Daneben gibt es Qualitäts- und Leistungsanforderungen des Kunden (z. B. diverse Suchmöglichkeiten, Schnelligkeit). Je mehr diese Anforderungen erfüllt sind desto höher wird die Kundenzufriedenheit sein et vice versa.

Begeisterungsanforderungen

Sind Begeisterungsanforderungen des Kunden (sprachgesteuertes Telefonieren, Einscannen von Visitenkarten etc.) nicht erfüllt, so führt dies keineswegs zur Unzufriedenheit, da diese Merkmale gar nicht erwartet werden. Werden die Begeisterungsanforderungen dagegen erfüllt, nimmt die Kundenzufriedenheit stark zu, gewisse andere Mängel (hinsichtlich der Qualitäts- und Leistungsanforderungen) werden dafür in Kauf genommen. Hierbei spielt also der Innovationsgrad eine wesentliche Rolle.

Die Klassifikation ist aber nicht nur als Modell über die Beziehung von Anforderungserfüllung und Kundenzufriedenheit, sondern auch zur Beurteilung der verschiedenen Quellen und Verfahren zur Ermittlung von Kundenanforderungen relevant.

Abb. 5-5:
Das KANO-Modell
der Beziehung von
Anforderungserfül-
lung und Kundenzu-
friedenheit[103]

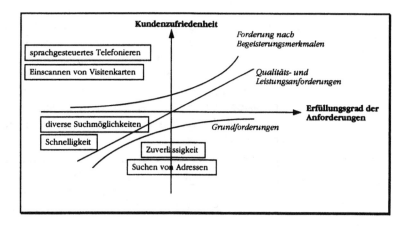

Methoden zur Erhebung und Spezifikation von Kundenanforderungen

Requirements
Engineering,
Organisationslehre
und Marktforschung

Zur Ermittlung von Kundenanforderungen wurden Methoden und Verfahren aus den unterschiedlichsten Bereichen entwickelt. Bei der Individualsoftwareerstellung handelt es sich im wesentlichen um Methoden des Requirements Engineering und der Organisationslehre, bei der Standardsoftware können darüber hinaus viele Erkenntnisse aus der betriebswirtschaftlichen Marktforschung Verwendung finden. In der Praxis wird man immer einen Methodenmix benötigen, um Kundenanforderungen zu erheben.

informale, semi-
formale und formale
Ansätze

Grundsätzlich kann man bei den Verfahren unterscheiden, ob es sich um informale, semi-formale oder formale Ansätze handelt. Formale Methoden (z. B. algebraische Spezifikation) haben den Vorteil, daß ihre Ergebnisse ohne großen Aufwand und mit geringer Fehlergefahr in Softwareprodukte transformiert werden können. Je länger man allerdings mit formalen Methoden arbeitet, desto eher steigt der Kunde aus, da er nicht in seiner gewohnten Sprache kommunizieren kann. Je länger man jedoch mit informalen Methoden (z. B. organisatorische Techniken, Metaplansitzungen) arbeitet, desto höher ist die Gefahr von Fehlern bzw. Lücken und Mißverständnissen. Die geeignete Methode ist also in Abhängigkeit vom Projektstadium und dem betroffenen Kundenkreis zu wählen. Während man als Hersteller eines CASE-Tools mit potentiellen Kunden (Systementwicklern) auch durch sehr formale Methoden (z. B. Entity-Relationship-Diagramme) Anforderungen erheben kann, ist dieses Vorgehen bei

---

[103] In Anlehnung an Kano, Seraku, Takahashi /Attractive quality and must-be quality/

einer Fakturierungssoftware für Handwerker weniger geeignet. Einen gangbaren Kompromiß stellen semi-formale Methoden wie etwa die Entscheidungstabellentechnik oder das Prototyping dar. Über ein Prototyping der Benutzeroberfläche (oder bei rechenintensiven Anwendungen ein Prototyping der Verarbeitungslogik) läßt sich bereits vor dem Start der Entwicklung testen, wie der Kunde bestimmte geplante Features der Software bewerten würde.

Abb. 5-6:
Systematik der
Methoden zur
Erhebung und
Spezifikation von
Kundenanfor-
derungen

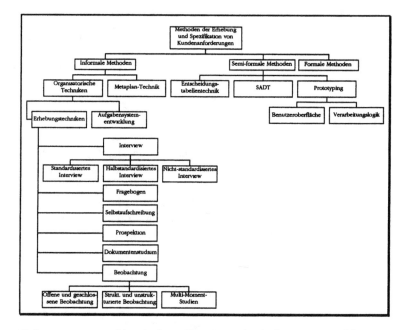

Geht man vom klassischen Kunden als Softwareentwicklungs-Laien aus, so werden die informalen Methoden eine herausragende Rolle spielen. Hierzu gehören moderierte Sitzungen mit Hilfe der Metaplantechnik oder organisatorische Erhebungs- und Aufgabensystementwicklungstechniken:

* Marktuntersuchung

Markt analysieren

Für Standardsoftware ist die sicherste, aber zugleich aufwendigste Form der Kundenbedarfsbestimmung eine Marktuntersuchung, die beispielsweise von einem professionellen Marktforschungsinstitut durchgeführt wird. Für eine Marktuntersuchung existieren verschiedene Befragungsformen (telefonische Befragung, schriftliche Befragung, persönliches Interview etc.), die nach unterschiedlichen Kriterien (Antwortrate, Kosten, Kontrolle der Erhebungssituation, Objektivität der Ergebnisse, Notwendigkeit externer Unterstützung bei der Durchführung etc.) beurteilt werden können.

Kunden befragen

- Befragung
Schriftliche, telefonische oder unsystematische Befragungen aller tatsächlichen und potentiellen Kunden mit Vertriebskontakt sind zwar leicht durchzuführen, sie beinhalten jedoch i. d. R. eher subjektive Vermutungen als systematisch erhobene Fakten. Außerdem erfolgt nur eine unvollständige Erfassung der potentiellen Kunden. Weiterhin ist zu beachten, daß im Rahmen von Befragungen in der Regel nur Qualitäts- und Leistungsanforderungen, aber keine Basis- oder Begeisterungsanforderungen genannt werden. Hierbei besteht die Gefahr, diese Anforderungen zu vergessen.

mit Kunden sprechen

- Interview und Fragebogen
Das direkte Gespräch mit dem (potentiellen) Kunden (Interview) kann sehr interessante Aufschlüsse über die Bedürfnisse des Interviewpartners geben. Der Formalisierungsgrad kann hierbei in Abhängigkeit vom Produkt und vom Kunden von einem vollkommen unstrukturierten Gespräch bis hin zu einem fest vorgegebenen Interviewleitfaden gewählt werden. Gegenüber einem Fragebogen hat das Interview den Vorteil, daß die Erhebungssituation kontrollierbar ist, d. h. man kann zum einen sicherstellen, daß die Antwort tatsächlich vom Befragten und von keinem anderen kommt und zum anderen kann man verhindern, daß bestimmte Fragen einfach ausgelassen werden. Sicherlich sich fühlt der Kunde durch ein persönliches Gespräch auch aufgewertet und der Partnerschaftsaspekt kommt eher zum Tragen. Auf der anderen Seite sind Interviews sehr zeitaufwendig und der Kunde kann sich durch den Interviewer vielleicht gedrängt, beobachtet (fehlende Anonymität) und beeinflußt fühlen.

Kunden beobachten

- Analyse der Verwendung des Produktes durch den Kunden (Beobachtung und Selbstaufschreibung)
Befragt man den Kunden während seiner täglichen Arbeit über seine Arbeitsweise, Wünsche und Anforderungen oder beobachtet ihn (Arbeitsstil, Fehler etc.), so erhält man objektive Information über den Kundennutzen, die nicht auf einer künstlichen (Gespräch außerhalb der eigenen Arbeit), sondern auf einer alltäglichen Situation basieren und somit reale

Anforderungen darstellen.[104] Man erhält zwar somit wiederum sehr detaillierte Information, das Verfahren ist allerdings sehr aufwendig und liefert lediglich über einzelne Kunden (und nicht unbedingt über denjenigen, der die Kaufentscheidung trifft) Informationen. Ferner ist zu berücksichtigen, daß letztlich die subjektive Sicht des Kunden seine Entscheidungen bestimmt, die sich nur schwerlich „extern beobachten" läßt.

- Dokumentenstudium

Dokumente studieren

Neben diesen Verfahren der Primärforschung, d. h. der eigenen Erhebung von Kundenanforderungen, kann man auch Verfahren der Sekundärforschung heranziehen, d. h. sich auf vorhandene - externe oder interne - Daten stützen. Zu den intern vorhandenen Daten zählen beispielsweise Verfahrensanweisungen oder Dienstvorschriften, Projektabschlußberichte, Besprechungsprotokolle u. ä., zu den extern vorhandenen Daten gehören Marktuntersuchungen (z. B. Produktevaluierungen), Berichte in der Literatur, Protokolle von User-Group Treffen, Ergebnisse früherer Untersuchungen.

- Reklamationsanalyse

Beschwerden untersuchen

Die Reklamationsanalyse als spezielle Form des Dokumentenstudiums soll hier hervorgehoben werden, da gerade in der Softwarebranche dies häufig die einzige Quelle ist, die zur Verfügung steht. Die Auswertung von Kundenreklamationen bzw. der Hotline ist mit verhältnismäßig geringem Aufwand zu erstellen. Allerdings erhält man auf diesem Wege keine Information über Kunden, die sich für ein Konkurrenzprodukt entschieden haben. Ferner ist zu berücksichtigen, daß nur ein geringer Prozentsatz unzufriedener Kunden reklamiert: lediglich 4 % der unzufriedenen Kunden reklamieren, während 90 % das Produkt in Zukunft meiden.

- Moderierte Gruppensitzung mit ausgewählten Kunden

im Team diskutieren

Eine recht selten benutzte, aber dennoch hilfreiche Methode zur Ermittlung von Kundenbedürfnissen ist die Abhaltung moderierter Sitzungen (z. B. unter Einsatz der Metaplantechnik) mit ausgewählten (z. B. besonders wichtigen oder besonders „typischen") Kunden. Man erhält auf diese Weise sehr detaillierte, hinterfragbare Informationen. Dieses Verfahren ist besonders geeignet bei der Weiterentwicklung von

---

[104] z. B. Contextual Inquiry nach Holtzblatt, Beyer /Making customer-centered design work/

Produkten, wenn der Kunde konkrete Erfahrungen mit dem Produkt gemacht hat. Man muß sich allerdings darüber im Klaren sein, daß man auf diese Weise lediglich Information über einzelne (potentielle) Kunden erhält. In Zusammenarbeit mit den Entwicklern lassen sich aber erfahrungsgemäß auch Begeisterungsanforderungen auf diese Weise ermitteln, wobei technische Spielereien der Entwickler durch das unmittelbare Kundenfeedback verhindert werden können.

Methodenmix zur Kundenanforderungs-erhebung

In der Praxis wird man einen Methodenmix benötigen, um die erforderlichen Informationen zu erhalten. In allen Fällen ist die Bildung interdisziplinärer Teams aus Entwicklung, ggf. Marketing Qualitätsmanagement etc. unter Einbeziehung wichtiger bzw. repräsentativer Kunden zu empfehlen.

Für den Fall, daß nicht ein neues Produkt erfunden, sondern ein existierendes Produkt weiterentwickelt wird, ist die wichtigste Information, die man heranziehen oder erheben sollte, die Zufriedenheit der Kunden mit dem existierenden Produkt. In diesem Fall wäre nicht CVA, sondern CSS (übernächster Abschnitt) der Startpunkt für das SCVM.

Bewertung der Kundenanforderungen

Die Kundenanforderungen sind aus zweierlei Perspektiven zu bewerten: Zum einen aus der Sicht des Kunden, indem er Prioritäten setzt; zum anderen aber auch aus der Sicht des Herstellers.

- Bewertung der Kundenanforderungen aus der Sicht des Kunden

paarweiser Vergleich

Die Priorisierung von Anforderungen kann nur der Kunde selbst treffen. Dabei stehen grundsätzlich die bereits beschriebenen Befragungsformen zur Verfügung. Im Rahmen einer moderierten Sitzung mit ausgewählten, repräsentativen Kunden könnte eine Priorisierung z. B. mit Hilfe eines paarweisen Vergleiches erfolgen. Beim paarweisen Vergleich wird jede Kundenanforderung mit der anderen bezüglich ihrer Wichtigkeit verglichen. Der paarweise Vergleich erfolgt mittels der Frage:„Wie wichtig ist Kundenanforderung A im Vergleich zur Kundenanforderung B?" Hierbei werden die Werte: 1 = Kundenanforderung gleich wichtig, 3 = Kundenanforderung A (Zeile) wichtiger als B (Spalte), 9 = Kundenanforderung A (Zeile) in höchstem Ausmaß wichtiger als B (Spalte) verwendet. In der Matrix unterhalb der Diagonalen werden die reziproken Werte für die entgegengesetzten Beziehungen eingetragen. Die (relative) Gewichtung der Kundenanforderungen (in Prozent) erfolgt nach der Normalisierung durch Summieren der Werte einer Zeile und Division durch die absolute Anzahl der Kundenanforderungen.

Tab. 5-2:
Beispiel für den paarweisen Vergleich von Kundenanforderungen

Gewichtungen	Briefe schreiben	Fax schicken	leichte Adreß-eingabe	schnelle Personen-auskunft	hohe Zuver-lässigkeit
Briefe schreiben	1	3	9	3	3
Fax schicken	0,33	1	3	3	1
leichte Adreßeingabe	0,11	0,33	1	3	3
schnelle Personenauskunft	0,33	0,33	0,33	1	9
hohe Zuverlässigkeit	0,33	1,00	0,33	0,11	1
SUMMEN	2,11	5,67	13,67	10,11	17,00

Normalisiert	Briefe schreiben	Fax schicken	leichte Adreß-eingabe	schnelle Personen-auskunft	hohe Zuver-lässigkeit	Gesamt-gewicht
Briefe schreiben	0,47	0,53	0,66	0,30	0,18	43%
Fax schicken	0,16	0,18	0,22	0,30	0,06	18%
leichte Adreßeingabe	0,05	0,06	0,07	0,30	0,18	13%
schnelle Personenauskunft	0,16	0,06	0,02	0,10	0,53	17%
hohe Zuverlässigkeit	0,16	0,18	0,02	0,01	0,06	9%
SUMMEN	0,68	0,76	0,95	0,89	0,41	100%

Diese Vorgehensweise fällt den Kunden i. d. R. leichter als die reine Vergabe eines Wichtigkeitsgrades z. B. von 1 bis 5 oder von 1 bis 100. Bei vielen Kundenanforderungen ist dieses Verfahren allerdings sehr aufwendig. Der paarweise Vergleich eignet sich übrigens auch zur Priorisierung von Kundengruppen, deren jeweilige Bedeutung für das Gesamtgewicht der Kundenanforderung selbstverständlich auch eine Rolle spielt.

Für den Standardsoftwarebereich haben sich in anderen Branchen Verfahren wie die Conjoint-Analyse bewährt, bei der Kunden unter verschiedenen Ausprägungen von Produkten, die in unterschiedlicher Form ihren Anforderungen entsprechen, wählen können.[105] Auf diese Weise kann z. B. der Preis als wichtiges Kriterium mitberücksichtigt werden: ist der Kunde bereit, für ein Produkt, das mehr Anforderungen erfüllt als ein anderes, auch mehr zu bezahlen?

- Bewertung der Kundenanforderungen aus der Sicht des Herstellers

---

[105] Zur Conjoint-Analyse siehe Theuerkauf /Kundennutzenmessung mit Conjoint/

Target Costing

Die Antwort auf diese Frage ist für den Hersteller von Software, der im Wettbewerb steht, letztlich entscheidend dafür, ob er die Anforderung umsetzt oder nicht. Auch im Rahmen eines Individualsoftwareauftrages mit einem fest vorgegebenem Budget muß der Auftragnehmer z. B. entscheiden, ob er alle Anforderungen erfüllen kann oder bestimmte (die unwichtigsten) wegfallen läßt.

Dazu müssen auch Informationen darüber vorliegen, ob man mit dem bestehenden oder einem verbesserten Softwareprozeß das Produkt zu dem Preis, den der Kunde zu zahlen bereit wäre, auch herstellen kann. Hierzu bieten sich die Methoden des Target Costing an.[106] Von dem Preis, den der Kunde zu zahlen bereit ist, wird im Falle eines im Wettbewerb stehenden Unternehmens eine Gewinnmarge abgezogen, wodurch man die sogenannten „Allowable Costs", d. h. die maximal erlaubten Kosten erhält. Den Allowable Costs werden im Rahmen dieses Konzeptes die sogenannten „Drifting Costs" oder auch „Standard Costs" gegenübergestellt. Hierunter werden die Kosten verstanden, die bei Beibehaltung des existierenden Prozesses mit den vorhandenen Ressourcen verursacht würden. Für jede Produktkomponente (zur Ableitung von Produktmerkmalen und Produktmodulen aus Kundenanforderungen mit Hilfe von QFD siehe auch den nächsten Abschnitt.) werden die voraussichtlichen Kosten geschätzt und ihr Anteil an den Produktgesamtkosten (Drifting Costs) ermittelt. Mit Hilfe einer Zielkostenmatrix werden die Produktfunktionen und -komponenten gegenübergestellt. Die Zielkostenmatrix liefert die Information, in welchem Umfang die jeweiligen Komponenten zur Realisierung der einzelnen Funktion beitragen. Im Idealfall sollte eine Produktkomponente genau in dem Maß Kosten verursachen, wie sie zur Erfüllung der Produktfunktion beiträgt. Dieser Sachverhalt wird durch den Zielkostenindex als Quotient aus der Komponentenbedeutung und den verursachten Kostenanteil dargestellt. In der Praxis wird dieser Index nicht immer den Wert eins erreichen. Liegt der Wert unter eins bedeutet dies, daß die Entwicklung der jeweiligen Produktkomponenten mit dem aktuellen Prozeß zu kostspielig ist. Demzufolge muß entweder der Prozeß verbessert oder von der Entwicklung abstand genommen werden. Die Anwendung des Target Costing erfordert also sowohl die Kenntnis über den

---

[106] Siehe z. B. Horváth /Target Costing/

(Markt-)Preis als auch Erfahrungen und zuverlässige Aufwandschätzungen für die Kosten der Softwareerstellung. Eine Voraussetzung, die in der Praxis oft nicht vorliegt.

Wirtschaftlichkeitsüberlegungen

Die Bewertung von Kundenanforderungen unter Kosten-Nutzen-Gesichtspunkten stellt ein betriebswirtschaftliches Managementproblem dar und ist sicherlich ein eigenes Buch wert. Wir müssen uns an dieser Stelle auf erste richtungsweisende Hinweise und entsprechende Literaturverweise beschränken. Abschließend seien die Schritte der CVA nochmals zusammengefaßt:

CVA-Schritte

- Bestimmung der unterschiedlichen Kundentypen,
- Bewertung der Kundentypen hinsichtlich ihrer Bedeutung,
- Ermittlung der Bedürfnisse und Anforderungen der Kunden,
- Priorisierung der Anforderungen aus der Sicht des Kunden und aus der Sicht des Herstellers.

5.2.2 Transformation der Kundenbedürfnisse in Produktanforderungen durch Quality Function Deployment (QFD)

5.2.2.1 Von der Stimme des Kunden zur technischen Spezifikation

Was sagt der Kunde?

In diesem Abschnitt geht es um die Frage, wie man Kundenanforderungen aus der Sicht und Sprache des Kunden in die Sprache des Softwareentwicklers übersetzt. Typischerweise ist die „Stimme des Kunden" zu unpräzise, um als technische Spezifikation für den Softwareentwickler zu fungieren. Bei unserem Beispiel Adreßdatenverwaltung wäre z. B. „hohe Performance" eine typische Benutzerforderung, die es weiter zu präzisieren gilt:

Was will der Kunde?

1. Übersetzung: geringe Antwortzeit

2. Übersetzung: geringe Antwortzeit bei einfacher Suche

3. Übersetzung: geringe Antwortzeit bei allen Funktionen

4. Übersetzung: geringe Antwortzeit bei den wichtigsten Funktionen

5. Übersetzung: geringe Reaktionszeit bei solchen Funktionen, bei denen der Benutzer eine große Antwortzeit nicht versteht oder erwartet

6. Übersetzung: geringe Gesamtzeit für wichtigste Anwendung

Prüfung von Kundenanforderungen

Aus Praktikabilitäts- und Wirtschaftlichkeitsüberlegungen heraus ist es erforderlich, bei der weiteren Entwicklung vom Kunden weitestgehend unabhängig zu werden. Es gilt daher z. B. vorab zu klären, was der Kunde als „schnell" erlebt (von der Stimme des Kunden zur Stimme des Softwareentwicklers kommen) und hierfür (sowie für alle anderen Forderungen) rechtzeitig Prüfkriterien festzulegen.

kundenorientierte Prozeßparameter

Wie das Gap-Modell gezeigt hat, besteht auch während der Herstellung die Gefahr, daß die korrekt erkannten Kundenbedürfnisse nicht korrekt in den Produkten enthalten sind; d. h. daß auch während des Herstellungsprozesses die Qualität gesichert werden muß. Beispiele für Prozeßparameter, die von Kundenwünschen abhängen, sind u. a.:

- Testmethode (verschiedene Testmethoden sind unterschiedlich leistungsfähig),

- Testart (z. B. Lasttest, usability test),

- Testumfang/Testqualität (Testüberdeckungsmaße),

- Arten der Prüfung von Dokumenten und Code (formale Inspektionen, Reviews etc.),

- Abbruchkriterien für Prüfungen (Absinken der Fehlerzahlen, Mindestfehlerdichten etc.),

- Aufwand für Spezifikation, Design und Test,

- Komplexitätsvorgaben (z. B. zur Verbesserung der Wartbarkeit),

- GUI-Standards,

- Entwicklungsmodelle (Clean room development, JAD etc.).

Wir haben ebenfalls gesehen, daß der Kunde bei Individualsoftwareprojekten auch direkte Anforderungen an den Prozeß erhebt, die zu berücksichtigen sind.

QFD zur Umsetzung von Kundenbedürfnissen in Produkt- und Prozeßanforderungen

Das in Japan zunächst für Schiffswerften entwickelte Quality Function Deployment (QFD) ist eine Methode zur Umsetzung von Kundenbedürfnissen in Produkt- und Prozeßanforderungen. Ziel ist ein Produkt, das nicht alle technisch möglichen, sondern die vom Kunden gewünschten Merkmale aufweist („fitness for use") und gleichzeitig den Wettbewerb berücksichtigt.

QFD-Phasen

Aus ausgesprochenen, vorausgesetzten oder latenten Anforderungen und Wünschen der Kunden an das neue bzw. zu verbessernde Produkt werden schrittweise die Produkteigenschaften entwickelt. In der ersten Phase „Qualitätsplanung" werden die Kundenanforderungen in technische Merkmale des Produktes übersetzt. Aus den Qualitätsmerkmalen des Produktes werden anschließend in der Phase „Teileplanung" in mehreren Stufen die entsprechenden Merkmale der Produktkomponenten (z. B. Module) entwickelt. Diese Merkmale bilden in der Phase „Prozeßplanung" wichtige Kriterien für die Festlegung kritischer Produkt- und Prozeßparameter (z. B. Prüfobjekte und -zeitpunkte), die in der letzten Phase „Fertigungsplanung" die Ausgangsbasis für die detaillierte Festlegung des Entwicklungsprozesses sind.

Abb. 5-7:
Ablauf des industriellen QFD[107]

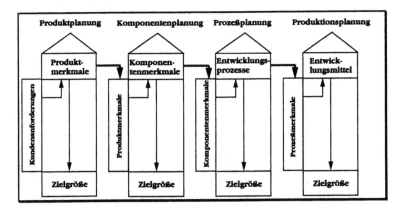

Interdisziplinäre
Teamarbeit

Die Festlegung aller wichtigen technischen, wirtschaftlichen und marktstrategischen Eckdaten erfolgt durch ein abteilungsübergreifendes Expertenteam aus den Bereichen Marketing, Produktplanung, Produktentwicklung, Forschung, Qualitätsmanagement und aus ausgewählten Kunden. Die genaue Zusammenstellung ist von der Produktart und der Zielsetzung abhängig. Ein Hauptproblem beim Produktplanungsprozeß stellt die effektive und effiziente Kommunikation zwischen den verschiedenen Abteilungen dar. Hierfür hat sich die QFD-Methode in der industriellen Praxis bewährt. In der QFD-Matrix werden alle Planungsschritte zusammengestellt, die somit eine Art Übersichtsplan (Bewertungsprofile mit Darstellung von Wechselbeziehungen der einzelnen Anforderungen bzw. Lösungen; Vergleiche mit der Konkurrenz bzw. mit alternativen Lösungen) des Projektes ergeben. Wichtige Voraussetzung für eine marktgerechte Planung ist die genaue Kenntnis der Kundenwünsche sowie der Situation der Wettbewerber.

---

[107] in Anlehnung an: Pfeifer /Qualitätsmanagement/ 40

QFD-Planungsmatri-
zen

Die Ergebnisse von QFD-Sitzungen sind sogenannte QFD-Pla-
nungsmatrizen. Sie werden in moderierten Gruppensitzungen
z. B. unter Einsatz der Metaplantechnik erarbeitet. Je nach Anwendung, QFD-Planungsstadium und Zusammensetzung der
Gruppe werden die einzelnen Elemente entweder über Kartenabfrage oder ähnliche Instrumente ermittelt oder ein kompeten-
ter Vertreter (z. B. das Marketing für Kundenanforderungen) liefert den Input bzw. Teile des Inputs für die Matrix.

Abb. 5-8 zeigt das „House of Quality" als Ergebnis der Phase
Qualitätsplanung. Je nach Produktart kommen noch weitere Fel-
der hinzu.

Abb. 5-8:
House of Quality

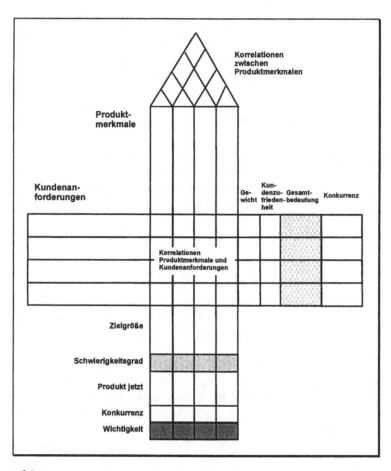

QFD für Software

Erfahrungen in den U.S.A. und Japan zeigen, daß sich QFD
grundsätzlich auch für Dienstleistungs- und Softwareprodukte
eignet. Allerdings sind die Besonderheiten des Softwareerstel-

lungsprozesses bei der QFD-Anwendung zu beachten und führen deshalb zu einem modifizierten Vorgehen gegenüber der o. a. klassischen Vorgehensweise. Ferner sind die Unterschiede zwischen der Standard- und Individualsoftwareentwicklung zu berücksichtigen.

5.2.2.2

Voraussetzungen für den QFD-Einsatz

Ablauf und Einführung von Software Quality Function Deployment

Wie viele neue Methoden in anderen Bereichen sind auch QFD-Projekte in der Vergangenheit oft an vermeidbaren Fehlern bei der Einführung gescheitert. So fehlten oftmals die erforderlichen Voraussetzungen für die Durchführung eines QFD-Projektes. Hierzu gehören:

- detaillierte Informationen über Kundenbedürfnisse und Kundenzufriedenheit,
- ausreichende Bereitschaft und Fähigkeit zur abteilungsübergreifenden Zusammenarbeit,
- vorhandene Akzeptanz bei Führungskräften und Mitarbeitern,
- qualifizierte Schulung bzw. Beratung in der Anwendung der QFD-Methode,
- richtige Wahl des QFD-Pilotprojektes (nicht zu groß und nicht zu klein; wichtig für das Unternehmen, aber nicht von strategischer Bedeutung etc.),
- exakte Information über die Möglichkeiten *und Grenzen* von QFD,
- explizite und meßbare Erfolgskriterien zur Beurteilung der QFD-Methode.

QFD-Teams

Die ideale Zusammenstellung eines Teams kann Tab. 5-3 entnommen werden, wobei die Mitglieder als Rollen zu verstehen sind (d. h. ein Mitglied kann mehrere Rollen in einem Team übernehmen bzw. ist in mehreren Teams vertreten).

Als QFD-Verantwortlicher kommt z. B. eine Person aus dem Qualitätsmanagement in Frage. In Abhängigkeit von der Produktart (z. B. Standardsoftware) ist die Liste der Mitarbeiter noch um weitere Rollen (z. B. Marketing, Forschung und Entwicklung etc.) zu erweitern.

Tab. 5-3: QFD-Team-
zusammensetzung
QFD-Projektorgani-
sation

Projekt-team	Mitglieder	Größe	Aufgabe
QFD-Team	4 Vertreter von Kunden, 2 Vertreter aus dem Entwicklungsteam, Produktverant-wortlicher, QFD-Verantwort-licher	8 Personen	Vorbereitung und Teilnahme QFD-Sitzungen Lieferung des Inputs für die kun-denorientierte Produktentwicklung
QFD-Kernteam	mindestens QFD-Verantwortlicher, evtl. auch Produkt-verantwortlicher	1 - 2 Per-sonen	Abwicklung der speziell durch QFD anfallenden Tätig-keiten und Koordi-nation mit den „normalen" Entwick-lungstätigkeiten

Den Ablauf eines QFD-Pilotprojektes unter Einbeziehung einer Erfolgskontrolle (War das Pilotprojekt erfolgreich oder nicht?)[108] mit den zu erwartenden Aufwendungen (Basis: 8 Personen) zeigt die nachfolgende Tab. 5-4:

Tab. 5-4:
Ablauf eines QFD-
Pilotprojektes bis
zum House of Quality

Aktivität	Betei-ligte	Sitzungs-dauer	Gesamt-aufwand
Projektorganisation und Abgrenzung (Produktabgrenzung, Zeitplan, Termine, Aufwand, Team, erwarteter Nutzen)	QFD-Team	1 Stunde	8 Stunden
Sammlung und Weitergabe vorhandener Informationen über Kundenanforderungen/ -zufriedenheit etc. sowie „Auf-räumen" dieser Informationen, Kundenabgrenzung, zu unterstützende Kernaufgaben; ggf. Planung weiterer Inform-ationsbeschaffungsmaßnah-men (z. B. Kundenbefragung)	QFD-Kern-team	2 Stunden	4 Stunden
QFD Kurzschulung	QFD-Team	3 Stunden	24 Stunden

---

[108]   Siehe hierzu Herzwurm, Schockert, Mellis /Success of QFD/

Festlegung von Zielen und *Erfolgskriterien* des QFD-Pilotprojektes (getrennte Interviews jeweils höchstens 30 Minuten)	QFD-Team	3 Stunden	24 Stunden
1. QFD-Sitzung: Stimme des Kunden Bestimmung, Analyse und Bewertung Anforderungen (Kunden- bzw. Geschäftsprozeßsicht) → Tabelle „Stimme des Kunden", 6W-Tabelle, Kundenanforderungsdiagramm, gewichtete Kundenanforderungen	QFD-Team	4 Stunden	32 Stunden
Reflexion der Ergebnisse, Vorbereitung der nächsten Sitzung	QFD-Kernteam	2 Stunden	4 Stunden
2. QFD-Sitzung: Stimme des Entwicklers Bestimmung von Qualitätselementen/Produktanforderungen (Entwicklersicht) → Qualitätselemente-/Produktanforderungs-Diagramm	QFD-Team ohne Kunden	3 Stunden	12 Stunden
Reflexion der Ergebnisse, Vorbereitung der nächsten Sitzung	QFD-Kernteam	1 Stunde	2 Stunden
3. QFD-Sitzung: Korrelationen: Entwicklung der Korrelationsmatrix Kundensicht und Entwicklersicht → Kundenanforderungen und Qualitätselemente/Produktanforderungsmatrix	QFD-Team	3 Stunden	24 Stunden

Reflexion der Ergebnisse, Vorbereitung der nächsten Sitzung	QFD-Kern-team	1 Stunde	2 Stunden
4. QFD-Sitzung: Konsolidierung Vervollständigung und Konsolidierung des „House of Quality" → Vollständiges House of Quality	QFD-Team	3 Stunden	24 Stunden
Reflexion der Ergebnisse, Vorbereitung der nächsten Sitzung	QFD-Kern-team	1 Stunde	2 Stunden
Beurteilung des QFD-Pilotprojektes (getrennte Interviews jeweils höchstens 30 Minuten)	QFD-Team	3 Stunden	4 Stunden
Moderierte Sitzung: *Ergebnispräsentation* Vorstellung und Reflexion der Ergebnisse, Entscheidung über weiteres Vorgehen	QFD-Team, QFD-Interes-senten	4 Stunden	32 Stunden
Ergebnisse: bezüglich Projekt: House of Quality bezüglich Softwareentwicklungsstrategie: QFD-Eignung		*34 Stunden an 6 Tagen*	*198 Stunden 26,4 Personentage*

QFD bis zum House of Quality

Die vollständige Darstellung einer so komplexen Methode wie QFD erfordert ein eigenes Buch. Funktionsweise, Probleme und Nutzen von Software-QFD werden nachfolgend anhand eines realen Praxisbeispiels erläutert. Auch hier beschränken wir uns auf die Darstellung der Vorgehensweise bis zum House of Quality, wobei wesentliche QFD-Nutzeneffekte jedoch erst eintreten, wenn man die QFD-Methode bis zur Ableitung von Softwareprozeßmerkmalen fortsetzt.

5.2.2.3   **Praxisbeispiel: Adreßdatenbank**

Ausgangspunkt ist eine Adreßdatenbank. Diese dient außer zur schnellen Auskunft über Telefon- und Faxadressen auch zum Versenden von Briefen oder Massenschreiben wie z. B. Seminarankündigungen oder Fragebogenuntersuchungen.[109]

Abb. 5-9:
Vorgehensweise
Software-QFD bis
zum House of Quality

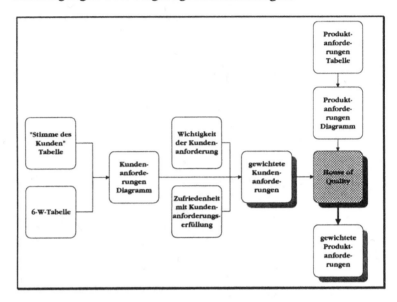

Ermittlung von Kundenbedürfnissen und Kundenzufriedenheit

Kundenumfrage als
Ausgangspunkt

Ausgangspunkt für die erste QFD-Sitzung waren die Ergebnisse einer Fragebogenaktion zur Ermittlung der Kundenbedürfnisse und der Kundenzufriedenheit. Dabei stellte sich heraus, daß die Adreßdatenbank bei den Kriterien gut beurteilt wurde, die von den Kunden als eher unwichtig eingestuft wurden. Dagegen führten die als besonders wichtig eingeschätzten Kriterien wie Performance zu einer sehr schlechten Bewertung und gaben letztlich auch den Ausschlag für die Entscheidung, ein neues Release zu entwickeln. Außerdem kristallisierten sich durch die Anwendung statistischer Methoden (v. a. Korrelationskoeffizientenanalyse) verschiedene Kundentypen heraus: Bei den

---

[109]   Siehe hierzu auch Herzwurm, Mellis, Schockert /Quality Function Deployment/. Bei der Betrachtung des Beispiels ist zu beachten, daß jeweils nur Ausschnitte aus der QFD-Matrix betrachtet werden. Tatsächlich war die Anzahl der Kunden- bzw. Produktanforderungen etwa um den Faktor zehn höher.

„Phlegmatikern" war eine relativ gleichmäßige Verteilung von Wichtigkeit und Zufriedenheit auf die verschiedenen Kriterien (z. B. Zuverlässigkeit/Fehlverhalten) zu beobachten. Eine nähere Betrachtung führte zu dem Ergebnis, daß es sich hierbei eher um die Gelegenheitsbenutzer handelte. Die „Hektiker" waren durch eine deutliche Priorisierung des Merkmals Antwortzeitverhalten charakterisiert, während die „Bequemen" eher Wert auf Zuverlässigkeit/Fehlverhalten und Benutzerfreundlichkeit legten.

QFD-Team Adreßda-tenbank

Da die Adreßdatenbank letztlich für alle Kundentypen geeignet sein muß (bei einem Standardsoftwareprodukt würde man sich wahrscheinlich eher auf einen bestimmten Kundentyp speziali- sieren), wurden für die QFD-Sitzungen jeweils zwei Repräsen- tanten aus den Gruppen ausgewählt. Der Lehrstuhlinhaber, der QM-Beauftragte (der auch die Kundenzufriedenheitsanalyse durchgeführt hatte) sowie der Entwickler der Adreßdatenbank waren ebenfalls Teilnehmer dieser Sitzungen. Der Kundenzufrie- denheitsanalyse kam im Rahmen dieses Projektes also zum einen eine Auswahlfunktion für repräsentative Kunden und zum ande- ren (aus Forschungssicht) eine Kontrollfunktion bezüglich der Qualität der moderierten QFD-Sitzung zu.

Ermittlung der Kun-denbedürfnisse

Alle QFD-Sitzungen wurden nach der Metaplantechnik als mo- derierte Diskussionen durchgeführt. Per Kartenabfrage wurde zunächst die „Stimme des Kunden" ermittelt. Ausgangspunkt wa- ren hierbei die „Geschäftsprozesse" der Kunden, d. h. es standen die Aufgaben, die der Benutzer erledigen will und die das Pro- gramm erfüllen sollte, im Mittelpunkt: „Brief schreiben" oder „Adreßliste erstellen" waren solche typischen Aufgaben. Eine wichtige Regel bei der Diskussion lautete, daß der Entwickler zwar mit den Kunden sprechen konnte, aber keine (wertenden) Kommentare bezüglich der Kundenanforderungen tätigen durfte. Die Kunden waren dazu angehalten, offen ihre Meinung über das Produkt zu äußern. Die Karten wurden mit Hilfe von Affini- täts- bzw. Baumdiagrammen strukturiert. Die „Stimme des Kun- den" wurde dabei zunächst unverändert übernommen. Die Transformation dieser meist ungenauen Kundenstimme in detail- liertere Kundenanforderungen geschah mit Hilfe der sogenann- ten 6W-Methode, bei der sich der Moderator die Stimme des Kunden mit Hilfe von Leitfragen konkretisieren läßt (siehe Abb. 5-10)

Zur Gewichtung der Kundenanforderungen wurde der paarweise Vergleich eingesetzt, bei dem der Kunde (für alle Kombinatio- nen) immer eine Kundenanforderung mit der anderen bezüglich ihrer Wichtigkeit vergleicht (analog zur Ermittlung der Wichtigkeit von Kundengruppen im CVA-Kapitel). Die Gewichte aller Kundenanforderungen in Prozent werden für alle Kundengruppen in die QFD-Planungsmatrix eingetragen.

Abb. 5-10:
Beispiele zur 6W-Methode

Beispiele für die Anwendung der 6 W-Methode							
Kunden-stimme:	Wer:	Wie(viel):	Wo:	Wann:	Warum:	Was:	Kundenan-forderung:
schnelles Antwortzeit-verhalten	ständiger Benutzer	<2sec	Bildschirm	Abfrage von Adressen	schnelle Antwort	Ausgabe	schnelle Auskunft über Person
einfache Bedienung	gelegent-licher Benutzer	selbster-klärend	Bildschirm	Eingabe von Adressen	zügiges Arbeiten, Fehlerver-meidung	Eingabe	leichte Eingabe von Adressen

Ermittlung der Kundenzufriedenheit

Bei der Ermittlung der Kundenzufriedenheit wurde mit Hilfe einer Punktbewertung zunächst die aktuelle Adreßdatenbank in bezug auf alle Kundenanforderungen auf einer Skala von eins bis fünf bewertet. Außerdem wurde die Adreßdatenbank bezüglich der einzelnen Kundenanforderungen mit konkurrierenden Lösungen (das waren in diesem Fall einfache Excel-Tabellen, wie sie beispielsweise von der Sekretärin immer noch benutzt wurden) hinsichtlich der Zufriedenheit verglichen. Es wurden (wie im Kapitel CSS geschildert) Zufriedenheitswerte von 1 bis 5 vergeben. Bei Standardsoftware spielt natürlich auch die Frage nach dem „Marktwert" (im Beispiel Verkaufspunkte genannt) eine Rolle. Mit Hilfe der Gewichte und der Zufriedenheit läßt sich dann auch die gewichtete Zufriedenheit (Gewicht * Kundenzufriedenheit) oder andere Kenngrößen berechnen.

Ermittlung von Begeisterungsanforderungen

Wie bereits erwähnt, werden die Kunden i. d. R. bei solchen Sitzungen (oder auch bei den klassischen Interviews im Rahmen des Requirements Engineering) Qualitäts- und Leistungsanforderungen stellen (z. B. „diverse Suchmöglichkeiten", „schnelles Antwortzeitverhalten"). Basis- und v. a. Begeisterungsanforderungen werden aber oftmals vom Kunden nicht geäußert, da dem Kunden möglicherweise nicht alle Anforderungen bewußt sind oder er auch oftmals keine Kenntnis über die technischen Möglichkeiten hat. Um dies im Rahmen von QFD zu berücksichtigen, wurde in einer separaten Sitzung aus Entwickler- und aus Qualitätsmanagementsicht über mögliche Produktmerkmale ein Brainstorming durchgeführt („Stimme des Entwicklers") und diese dann zu den geäußerten Kundenanforderungen in Beziehung gesetzt.[110]

Auswertung nach Kundentypen

Die gesamte Analyse ist unter Berücksichtigung der verschiedenen Kundentypen und deren Bedeutung vorzunehmen (im Beispiel ist die Bedeutung durch Multiplikatoren repräsentiert, mit denen die jeweiligen Wichtigkeits- und Zufriedenheitswerte multipliziert werden). Die Priorisierung der Kundenanforderungen kann entweder rein auf der Basis der Gewichte oder aber auf der Grundlage der gewichteten Zufriedenheit bzw. anderer Kenngrößen erfolgen. (Speziell bei Weiterentwicklungen kann es z. B. sinnvoll sein, den Quotienten aus Gewicht und Zufriedenheit zu nehmen. In diesem Fall wird vermieden, daß durch die Multiplikation der Wichtigkeit mit der Kundenzufriedenheit die Bedeutung einer Kundenanforderung steigt, wenn der Kunde besonders zufrieden ist.) Die nachfolgende Abb. 5-11: Beispiel zu den für QFD aufbereiteten Ergebnissen der CVA und CSS

faßt die Ergebnisse dieses Schrittes zusammen. Man sieht deutlich, daß hier eigentlich die Ergebnisse von CVA und CSS zusammenfließen.

Abb. 5-11:
Beispiel zu den für QFD aufbereiteten Ergebnissen der CVA und CSS

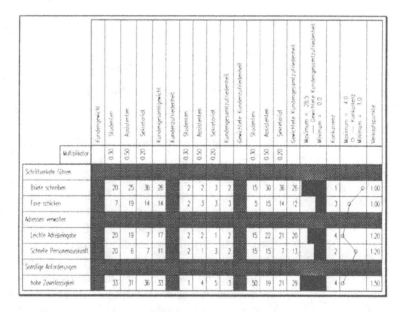

---

[110] Auf eine detaillierte Schilderung dieser Sitzung und die Zusammenführung mit der Kundensitzung muß an dieser Stelle aus Platzgründen verzichtet werden.

Ermittlung von Qualitätselementen bzw. Produktanforderungen

Erfüllung der Kundenanforderungen

Während die Kundenanalyse eher die Frage, *warum* etwas zu entwickeln ist, beantwortet, mußte im nächsten Schritt der Frage nachgegangen werden, *was* zu entwickeln ist. Bei dieser Fragestellung nach den Produktanforderungen treten die Entwickler in den Vordergrund. Zunächst wurde wieder per Kartenabfrage „Wie erfüllen wir die Kundenanforderungen?" nach implementierungsunabhängigen Aussagen über die Fähigkeiten des Produktes gesucht. Diese Produktanforderungen sollten noch keine detaillierten Lösungen enthalten, aber möglichst überprüfbar, d. h. quantifizierbar, sein (z. B. Antwortzeitverhalten; das Vorhandensein bzw. die Qualität dieser Produktanforderung kann später in Sekunden gemessen werden). Auch hier ist eine Hierarchisierung z. B. mit Hilfe von Baumdiagrammen sinnvoll.

Abb. 5-12:
Beispiele für hierarchisierte Produktanforderungen an die Adreßdatenbank

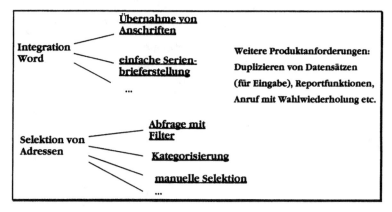

Bestimmung der Korrelationen von Kunden- und Produktanforderungen

Zusammenhang zwischen Kunden- und Produktanforderungen

Der nächste Schritt versuchte den Zusammenhang zwischen den vornehmlich durch die Kunden formulierten Kundenanforderungen und den überwiegend durch die Entwickler beschriebenen Produktanforderungen zu analysieren. Der Moderator stellte die Frage „Wie stark unterstützt die Erreichung der Produktanforderung x die Erfüllung der Kundenanforderung y?" Die Unterstützungsstärke konnte in mehreren Bewertungsstufen (z. B. 0, 1, 3, 9) angegeben werden. Bei der Diskussion bzw. Argumentation der Teilnehmer sollten Zahlen, Daten und Fakten vor Vermutungen rangieren. Nachdem die Matrix mit Zahlen gefüllt war, konnte eine Konsistenzanalyse erfolgen: Leere Zeilen (bzw. Kundenanforderung ohne Korrelation) deuten darauf hin, daß Produktanforderungen übersehen wurden, leere Spalten (bzw. Produktanforderung ohne Korrelation) sind ein Indiz dafür, daß möglicherweise ein überflüssiges Produktmerkmal definiert wurde.

Technische Beurteilung der Produktanforderungen

Analyse der Produktmerkmale

In diesem Schritt wurde v. a. aus der Sicht des Entwicklers zum einen der technische Schwierigkeitsgrad der Erfüllung der Produktanforderungen, zum anderen der technische Vergleich mit der Konkurrenz bewertet (die Bewertungsstufen erfolgten analog zu der Bewertung der Kundenanforderungen). Um die Nachprüfbarkeit der Wirkung von Verbesserungsmaßnahmen zu verifizieren, sollten an dieser Stelle auch konkrete, meßbare Zielgrößen angegeben werden. Die Produktmerkmale sind außerdem daraufhin zu untersuchen, ob sie sich in ihrer Wirkung verstärken oder aber negativ beeinflussen. Die positiven und negativen Korrelationen zwischen den Produktmerkmalen werden im „Dach" des House of Quality eingetragen.

Auswertung und Interpretation des House of Quality

Priorisierung der Produktmerkmale

Für jedes Produktmerkmal wurde die Bedeutung als Σ Gewichte * Korrelationsstärke (absolut und relativ) ermittelt. Hieraus ergab sich dann eine Rangfolge bezüglich der wichtigsten nachfolgend zu realisierenden Produktmerkmale. Die Auswahl der wichtigsten Produktmerkmale erfolgte jedoch nicht alleine auf der Basis dieser einfachen Berechnung. Vielmehr mußten auch die Daten über den Konkurrenzvergleich bzw. den Schwierigkeitsgrad berücksichtigt werden. So landete z. B. das Produktmerkmal „Datensätze duplizieren" rein rechnerisch nur auf Platz 5, da aber dieses Merkmal sehr leicht zu realisieren war und die „Konkurrenz" hier gleichzeitig besser abschnitt, wurde dieses Produktmerkmal dennoch in die nächste QFD-Stufe übernommen.

Weitere Vorgehensweise

Was kommt nach dem House of Quality?

Die nächsten Schritte bei der Anwendung der QFD-Methode sind das Herunterbrechen der Produktanforderungen auf Subsysteme und Module. Diese können dann ähnlich wie beim QFD der industriellen Fertigung weiter auf Prozeßmerkmale, d. h. bestimmte „Arbeitsanweisungen" in Form von Programmiervorgaben etc. abgebildet werden.

Aber selbst wenn man sich auf das erste House of Quality beschränkt, bietet QFD eine hervorragende Möglichkeit der kundenorientierten Fokussierung der weiteren Softwareentwicklung auf die wichtigsten Aspekte.

Abb. 5-13:
Vereinfachtes House of Quality für die Adreßdatenbank

5.2.2.4 Erfahrungen mit Software Quality Function Deployment

Nutzen von QFD

Erste Erfahrungen in den U.S.A. und Japan mit der Anwendung von QFD für die Softwareentwicklung zeigen, daß der Nutzen von QFD v. a. in folgenden Bereichen liegt:

- bereichsübergreifende Teamarbeit und Kommunikation,

- gegenseitiges Verständnis von Kunden, Entwicklern und anderen Bereichen (Marketing etc.) über deren jeweiligen Anforderungen und Probleme

- klare Analyse und Dokumentation von Kunden-/ Benutzeranforderungen mit nachvollziehbaren Entscheidungswegen,
- Schaffung einer gemeinsamen Sicht auf das Produkt
- über den Softwarelebenszyklus gesehen geringerer Aufwand wegen geringerer Verschwendung für die Produktion nicht geforderter Funktionalität und infolge weniger Nacharbeit
- im Endeffekt zufriedene, oft begeisterte Kunden.

Nachteile von QFD

Als Nachteile von QFD sind die erhebliche Komplexität, verbunden mit einem hohen Zeitaufwand für Vorbereitung, Durchführung und Nachbereitung der Sitzungen zu nennen. Außerdem muß das Unternehmen „reif" für die QFD-Einführung sein. Das bedeutet eine kundenorientierte Haltung der Mitarbeiter mit entsprechender Teamfähigkeit und die Existenz von Informationen über Kundenanforderungen sowie Kundenzufriedenheit etc.

5.2.2.5   Weitere Forschung zu Software Quality Function Deployment

QFD und Geschäftsprozesse

Um die Kundenstimme wirklich durch den gesamten Entwicklungsprozeß zu tragen, ist eine komplexe Matrixkette erforderlich, die sich für Software erheblich von der traditionellen Fertigungs-QFD Kette unterscheidet. Ausgehend von Geschäftsprozeßanforderungen, die nicht immer alle durch Software abgedeckt werden können oder sollten, muß der Softwareentwicklungs*prozeß* insgesamt „requirements-driven" gestaltet werden.

Abb. 5-14: Prozeßanalyse beim Software-QFD[111]

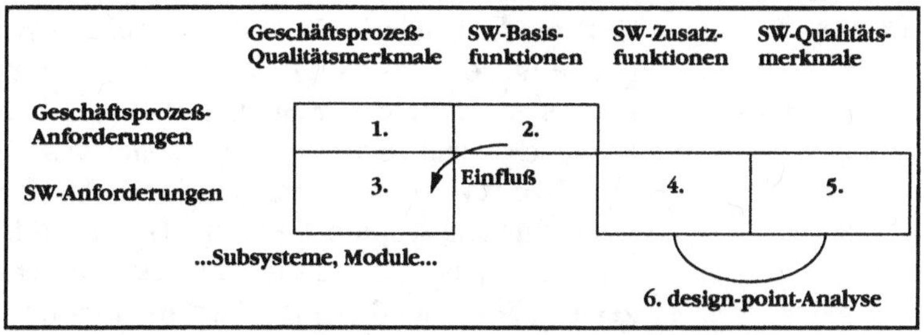

QFD und Deployment

Es liegen noch recht wenig Erfahrungen mit der Anwendung von QFD beim „Deployment", also bei den späteren Phasen im QFD-Prozeß vor. Hier ergeben sich die größten Unterschiede zum QFD der Fertigungsindustrie, während die Unterschiede z. B. bei der Qualitätsplanungsphase wesentlich geringer ausfallen.

---

[111]   In Anlehnung an Ohmori /Software quality deployment/ 209-240

5.2.3   Ermittlung der Kundenzufriedenheit durch Customer Satisfaction Survey (CSS)

Kundenzufriedenheit als Meßgröße

Standardsoftware wird häufig vermarktet mit dem Hinweis, sie sei benutzerfreundlich, zuverlässig, wartbar, portierbar usw. Es ist aber in aller Regel nicht klar, wie diese Merkmale (genauer die Ausprägungen der Merkmale) gemessen werden sollen. Die Aussage ist daher für den Kunden auch nicht überprüfbar. Sie ist auch nicht ohne weiteres vergleichbar. Und wenn Benutzerfreundlichkeit als Vorgabe der Marketingabteilung für die Entwicklung formuliert wird, dann ist sie für die Entwicklung auch als Ziel nicht klar und spätestens bei der ersten Kundenreklamation wird zwischen Marketing und Entwicklung deutlich werden, daß man sich nicht darüber einigen kann, ob und in welchem Ausmaß das Ziel erreicht wurde. Daher formuliert Gilb das „principle of fuzzy targets": Projects without clear goals will not achieve their goals clearly.

Verbessern erfordert Messen

Somit wird aber auch deutlich, daß Softwarehersteller ohne genaue Kenntnis ihrer Produkte, Prozesse und ihres Ansehens nur zufällig am Markt überleben. Denn wenn ein Softwarehersteller die entscheidenden Merkmale seines Produktes (z. B. Benutzerfreundlichkeit, Zuverlässigkeit etc.), seiner Prozesse (z. B. Kosten, Termintreue etc.) und seines Ansehens (z. B. Kundenzufriedenheit, Image etc.) nicht messen kann, dann kann er sie auch nicht zielgerichtet verbessern.

Nutzen der Kundenzufriedenheitsmessung

Durch systematisches Messen läßt sich die Zufriedenheit bzw. Unzufriedenheit der Kunden als eine wichtige Informationsquelle nutzen, um die Effektivität der ergriffenen Maßnahmen zu beurteilen. Die eigenen Stärken und Schwächen (absolut und im Vergleich zur Konkurrenz) und somit das Potential für Produkt- und Prozeßverbesserungen werden sichtbar. Bei kontinuierlicher Durchführung werden weiterhin Trends in der Kundenerwartung und in der eigenen Leistungsfähigkeit erkennbar. Die Erfahrung zeigt außerdem, daß die Kunden honorieren, wenn ihre Meinung vom Hersteller gefragt ist und sie als Partner behandelt werden (CSS als Kundenbefragung). Der Kunde erkennt Sorgfalt und Engagement des Lieferanten und sieht gleichzeitig, welchen Beitrag zur Verbesserung seines Nutzens er selbst leisten kann.

Customer Satisfaction Survey

Das Kapitel Customer Satisfaction Survey (CSS) soll einige Anhaltspunkte liefern, was bei der Untersuchung der Kundenzufriedenheit zu beachten ist, damit die geschilderten Vorteile tatsächlich zum Tragen kommen.

Ähnlich wie bei der Ermittlung der Kundenanforderungen stehen auch zur Untersuchung der Kundenzufriedenheit verschiedene Methoden zur Verfügung.

Ermittlung der Kundenzufriedenheit durch Kundenbefragungen[112]

Die Kundenzufriedenheit wird in fünf Schritten ermittelt, die bis auf den 1. Schritt kontinuierlich zyklisch durchlaufen werden.

Abb. 5-15:
Phasen im Ablauf einer kontinuierlichen Messung der Kundenzufriedenheit mit dem Ziel ihrer Verbesserung

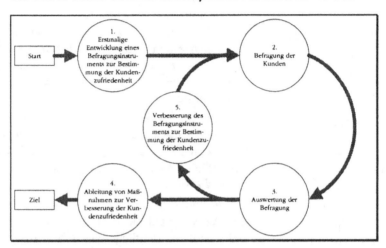

Kundenzufriedenheitsmessung als Zyklus

Der Zyklus beginnt mit der Entwicklung eines Befragungsinstruments zur Bestimmung der Kundenzufriedenheit (Schritt 1) mit dem anschließend die Befragung durchgeführt wird (Schritt 2). Danach werden die Befragungsergebnisse ausgewertet (Schritt 3) und Maßnahmen zur Verbesserung der Kundenzufriedenheit abgeleitet (Schritt 4). Der Zyklus beginnt erneut, wobei das Befragungsinstrument zuvor gegebenenfalls durch die gewonnenen Erkenntnisse im vorherigen Zyklus weiterentwickelt wurde (Schritt 5).

5.2.3.1 Aufstellung eines Kundenzufriedenheitsuntersuchungsplans

Kundenzufriedenheit messen - aber richtig

Ein hoher Anteil der Meßprogramme in Unternehmen scheitern. Die Gründe dafür liegen in der Regel in der Vorbereitung der Meßprogramme, d. h. insbesondere in einer unzureichenden Konzeption und Planung sowie in einer unzureichenden Motivation der Beteiligten. Häufig stellt man nach längerer Sammlung

---

112 Die nachfolgenden Ausführungen zur Messung der Kundenzufriedenheit basieren im wesentlichen auf Hierholzer /Benchmarking/

von Daten, also nachdem ein erheblicher Aufwand entstanden ist, fest, daß die Daten einige wichtige Informationen nicht enthalten oder daß die Daten ungültig sind, weil die Definition der Maße unzureichend war oder die Daten unter variierenden Bedingungen erhoben wurden.

Diese Schwierigkeiten ergeben sich auch für Kundenzufriedenheitsmessungen. In der Praxis werden dabei häufig folgende Fehler gemacht:

Methoden anwenden

- Es erfolgt kein methodisches Vorgehen bei der Messung. Fragebögen werden intuitiv erstellt oder aus der Literatur abgeschrieben. Statistische Erfordernisse bezüglich der Ermittlung von Kennzahlen, Repräsentativität von Stichproben etc. werden nicht beachtet.

Ziele setzen

- Die Messungen werden nicht zielorientiert geplant, sondern es werden mehr oder weniger willkürliche Kennzahlen gebildet („mal sehen, was herauskommt"). Die Folge sind Datenfriedhöfe, verschwendete Ressourcen, frustrierte Mitarbeiter *und Kunden.*

Statistikregeln beachten

- Neben den Zahlenfriedhöfen ist auch vielfach das Phänomen der "Vodoo"-Statistik zu beobachten. Um Unsicherheit und Unkenntnis hinsichtlich statistischer Auswertungsverfahren zu verbergen, werden komplizierte Maße definiert und komplexe Korrelationsanalysen betrieben, ohne daß diese auf ihre Notwendigkeit und Sinnhaftigkeit überprüft werden. Für eine effektive und effiziente Kundenzufriedenheitsmessung reichen einfache unkomplizierte Maße und Verfahren aus, solange man einige statistische Grundprinzipien beachtet. Wir werden hierauf später näher eingehen.

Kontinuität bewahren

- Die Messungen erfolgen oft spontan und einmalig, weil z. B. gerade finanzielle Mittel frei sind oder ein größeres Projekt abgeschlossen wurde. Aber erst eine kontinuierliche Messungen führt dazu, daß z. B. Trends (Verbesserungen bzw. Verschlechterungen oder Veränderungen der Kundenanforderungen) erkennbar werden und nicht nur einzelne Produkte bzw. Unternehmensbereiche von den Messungen profitieren.

Kunden- statt Herstellermerkmale messen

- Einer der gravierendsten Fehler ist, daß die gemessenen Merkmale auf Hersteller- statt auf Kundenanforderungen basieren; d. h. es wird die Zufriedenheit mit Merkmalen (z. B. DIN-Qualitätsmerkmale) gemessen, die für den Kunden nicht transparent (z. B. „Kompatibilität") oder unwichtig sind.

Produkt- und Prozeßmerkmale berücksichtigen

- Die Beschränkung auf Produktmerkmale führt dazu, daß eher Symptome für Unzufriedenheit, nicht aber deren Ursachen behoben werden. Die Ursachen für Unzufriedenheit liegen aber, wie das Gap-Modell zeigt, oft im Prozeß. Außerdem gründet sich die Unzufriedenheit weniger auf das Endprodukt als vielmehr auf mangelnde Kommunikation während der Entwicklung oder auf schlechten Support.

Meßergebnisse zur Verbesserung statt zur Kontrolle verwenden

- Ein leider sehr häufig anzutreffendes Phänomen ist der Mißbrauch der Meßergebnisse für die Mitarbeiter-, Abteilungs- oder Kundenkontrolle. Dies führt in letzter Konsequenz dazu, daß die Meßergebnisse von den betroffenen kontrollierten Personen manipuliert werden und somit noch nicht einmal für den Zweck der Kontrolle, geschweige denn für Produkt- und Prozeßverbesserungen, tauglich sind.

Kunden Feedback geben

- Wenn den Kunden kein Feedback über Ergebnisse und geplante Maßnahmen (als Konsequenz aus den Meßergebnissen) mitgeteilt werden, kann der positive Effekt „Kunde erkennt Sorgfalt und Engagement des Lieferanten" rasch in das Gegenteil umschlagen „Da ändert sich ohnehin nichts".

Es ist daher wichtig, methodisch und zielorientiert einen Untersuchungsplan aufzustellen, in dem explizit festgelegt wird, warum, was, wie und wann gemessen wird.

5.2.3.1.1   Warum wird untersucht? - Ziele der Kundenzufriedenheitsmessung

Ziele determinieren Meßverfahren

Die Ziele einer Kundenzufriedenheitsmessung sollten explizit festgelegt werden, da sie einen erheblichen Einfluß auf das gewählte Verfahren zur Kundenzufriedenheitsmessung ausüben. Dienen die Messergebnisse dem Produktverantwortlichen eines Standardsoftwarepaketes, so sind sicherlich andere Auswertungen erforderlich als wenn das Management etwas über die Entwicklung der Kundenzufriedenheit im Zeitablauf oder im Vergleich zur Konkurrenz wissen möchte. Beabsichtigt man einen Vergleich der Kundenzufriedenheitsmessungen zwischen verschiedenen Projekten oder Unternehmen, benötigt man eine Kennzahl, die unabhängig von der Anzahl und Ausprägung der jeweiligen Projektmerkmale ist - wir werden hierfür einen sogenannten Kundenzufriedenheitsindex wählen.

5.2.3.1.2

Was wird untersucht? - Komponenten, Merkmale und Maße zur Kunden-zufriedenheitsmessung

kundenorientierte
Qualität versus inge-
nieurmäßige Güte

Informationen über Kundenmeinungen können sowohl aus eigenen Daten als auch aus Daten anderer über sogenannte
„objektive" Kriterien gewonnen werden. Wie wir jedoch bereits
gesehen haben, ist für die Kundenzufriedenheit nicht entscheidend, wie zufrieden der Kunde sein *sollte* (z. B. weil das Stan-
dardtextverarbeitungsprogramm von der Stiftung Warentest das
Testurteil „sehr gut" erhalten hat oder weil die Individualsoftware gemäß zertifiziertem ISO 9000 Prozeß mit den modernsten
Mitteln objektorientierter Technologie entwickelt wurde), sondern wie zufrieden der Kunde tatsächlich ist. Diese Informationen erhält man z. B. über die Auswertung der Hotline oder des
Benutzerservice, Ergebnisse von Kunden-/Benutzerworkshops
oder -vereinigungen, externe Marktstudien etc. Eine weitere
Möglichkeit ist auch der Einbau von Zählern, Protokollfunktio-
nen oder Beschwerdemöglichkeiten in der Software selbst. Diese
Verfahren haben gegenüber der Kundenbefragung den Vorteil,
daß die Zufriedenheit nicht retrospektiv, sondern unmittelbar
während ihrer Entstehung gemessen werden kann. Dafür fehlt
den Ergebnissen z. B. aufgrund der teilweise sehr unterschiedlichen Qualität und Quantität der Daten oft die erforderliche Repräsentativität, um wirklich zuverlässige Aussagen treffen zu
können. Die „erlebte Qualität", d. h. die Messung der zufrieden-
heitsorientierten Qualität, läßt sich daher am besten mit Hilfe einer Kundenbefragung ermitteln, auf die wir im Anschluß näher
eingehen.

Bewertungsmerk-
male der Kunden
sind vielfältig

Das Gesamturteil eines Kunden über eine Software setzt sich aus
verschiedenen Komponenten (z. B. Zufriedenheit mit dem Produkt, Zufriedenheit mit dem Prozeß) zusammen. Werden solche
Merkmale ohne Mitwirkung des Kunden ermittelt, so besteht die
Gefahr, daß die Zufriedenheit mit Merkmalen gemessen wird,
die für den Kunden ohne Relevanz sind. Deshalb ist der Kunde
z. B. durch die *Methode der kritischen Ereignisse* bereits vor der
Durchführung der Befragung miteinzubeziehen. Die Methode
der kritischen Ereignisse geht davon aus, daß sich der Kunde
sein Qualitätsurteil v. a. über positive und negative Erfahrungen
mit dem Produkt bzw. im Kontakt mit dem Hersteller bildet. Solche positiven (z. B. „die gewünschte Tarifauskunft konnte dank
der Software unmittelbar am Telefon gegeben werden" oder „der
Benutzerservice wußte auf Anhieb, wie der Fehler zu beseitigen
war") oder negativen (z. B. „das Antwortzeitverhalten war so mi-
serabel, daß wir den Kunden immer zurückrufen mußten" oder

„der Benutzerservice konnte auch nach zwei Stunden den Fehler nicht finden") Ereignisse können z. B. durch Interviews oder Metaplansitzungen mit repräsentativen Kunden ermittelt werden. Die Ereignisse werden anschließend gruppiert und zu Bewertungsmerkmalen zusammengefaßt. Diese Bewertungsmerkmale, die mit einer aussagefähigen Kurzbeschreibung versehen sein sollten, bilden dann die Basis für die spätere Untersuchung, z. B. für eine Fragebogenaktion.

Bewertungsmerkmale gewichten

Bei der Befragung werden die Bewertungsmerkmale bezüglich ihrer *Bedeutung* von den Kunden gewichtet. Die Bedeutung kann dabei durch eine direkte Befragung des Kunden (z. B. mit einer Skala von „völlig unwichtig" bis „völlig wichtig"), durch einen paarweisen Vergleich der Bewertungsmerkmale oder durch eine Gewichtung mit der Konstantsummenmethode ermittelt werden. Im weiteren wird angenommen, daß die ermittelten Gewichte relativ sind, d. h. daß sie aufsummiert eins ergeben.

Bewertungsmerkmale beurteilen

Die *Beurteilung* der Bewertungsmerkmale durch den Kunden kann z. B. durch Stellungnahmen zu Aussagen, die im Zusammenhang zu den Merkmalen stehen, erfolgen. (Zum Bewertungsmerkmal „Benutzbarkeit" wären z. B. „Die Software ist einfach zu bedienen" und „Die Software ist schnell erlernbar" geeignete Aussagen. Der Kunde kann dann z. B. auf einer Skala von eins (= „völlige Zustimmung") bis fünf (= völlige Ablehnung") Stellung nehmen.

Die Abbildungen auf den folgenden Seiten zeigen ein Beispiel für den Fragebogen eines Herstellers einer CASE-Standardsoftware.

5.2.3.1.3   Wie wird untersucht? - Erhebungsmethoden der Kundenzufriedenheitsmessung

Fragebogen als Meßinstrument

Die Vor- und Nachteile der verschiedenen Erhebungsmethoden wurden bereits im Kapitel zum CVA besprochen. Für die Kundenzufriedenheitsmessung scheinen die Vorteile des Fragebogens (Möglichkeit der Anonymität, vertretbarer Aufwand, Vergleichbarkeit der Befragungsergebnisse etc.) zu überwiegen, weswegen wir den Fragebogen hier als Beispiel gewählt haben.

zu befragende Kunden auswählen

Bei der Anwendung eines solchen Instrumentes ist es wichtig, die befragten Personen mit inhaltlichen und statistischen Kriterien (v. a. Repräsentativität) auszuwählen.[113]

---

[113]   Siehe hierzu z. B. Bortz /Statistik/

Abb. 5-16:
Beispiel für einen
Fragebogen zur
Kundenzufriedenheit
Teil 1 (Auszug)

KUNDENZUFRIEDENHEIT

Wichtigkeit einzelner Merkmale für Sie

Wichtigkeit

Bitte verteilen Sie insgesamt 28 Punkte auf die 14 genannten Merkmale. Je mehr Punkte Sie einem Merkmal geben, desto wichtiger ist es für Sie. Wenn für Sie eine Eigenschaft völlig unwichtig ist, dann geben Sie ihr 0 Punkte. Verteilen Sie bitte alle 28 Punkte, aber nicht mehr.

Merkmal

Wie wichtig sind Ihnen die folgenden Merkmale bei der Anschaffung und Nutzung eines CASE-Produkts?

	Platz zum Ausrechnen	Endgültige Punkteverteilung
Produkteigenschaften:		
1. Funktionalität in Ihrem Sinne Funktionsumfang, den Ihnen das CASE-Produkt für Ihre Zwecke bietet und damit zu einer Verbesserung Ihrer Arbeitsprozesse beitragen kann.		
2. Technische Leistungsfähigkeit Hohe Geschwindigkeit bei der Verarbeitung der benötigten Datenmengen.		
3. Ergonomie Einfache Bedienbarkeit und schnelle Erlernbarkeit des CASE-Produkts bzw. der zugrundeliegenden Methoden.		
4. Zuverlässigkeit des CASE-Produkts in Ihrer Arbeitsumgebung.		
5. Anpassungsfähigkeit an Ihre Arbeitsabläufe Hohe Flexibilität des CASE-Produkts in bezug auf Ihren Arbeitsprozeß.		
6. Innovation Modernität des CASE-Produkts bzw. der zugrundeliegenden Methoden.		
Produktbegleitende Leistungen		
7. Beratung vor dem Kauf Hohe Kompetenz des Herstellers auf seinem und auf Ihrem Arbeitsgebiet. Korrekte und umfassende Information über das CASE-Produkt und die Auswirkungen des Einsatzes auf Arbeitsweise und Organisation.		
8. Produktschulung Gute Vermittlung der Methoden- und Werkzeugbeherrschung durch Produktschulungen.		
9. Pilotprojekte Gute Vermittlung der Methoden- und Werkzeugbeherrschung durch Pilotprojekte unter Begleitung des CASE-Herstellers.		
10. Umfang und Art der After Sales Services Dienstleistungen (Hotline, Update-Service), die dazu beitragen, auftretende Probleme im Zusammenhang mit der Anwendung schnell und effektiv zu beseitigen bzw. langfristig Werkzeugverbesserungen umzusetzen.		
Sonstiges		
11. Mitwirkungsmöglichkeit bei der Produktgestaltung Prompte Umsetzung Ihrer individuellen Anforderungen, die Sie, bedingt durch Ihre Arbeitsweise und Organisation, an das CASE-Produkt stellen, durch den Hersteller.		
12. Gutes Klima zwischen Ihnen und dem CASE-Hersteller bei Beratung, Installation, Schulung, Reklamationen etc.		
13. Verbesserung der Zufriedenheit Ihrer Kunden durch die Anwendung des CASE-Produkts. Diese könnte z.B. durch eine bessere Berücksichtigung der Wünsche Ihrer internen oder externen Kunden verursacht sein.		
14. Kosten-Nutzen-Verhältnis Ein möglichst niedriger Aufwand, der Ihrem Unternehmen durch die Einführung des CASE-Produkts entsteht, steht einem möglichst hohem Nutzen für Sie gegenüber.		
Summe:		28 Punkte

Abb. 5-17:
Beispiel für einen
Fragebogen zur
Kundenzufriedenheit
Teil 2 (Auszug)

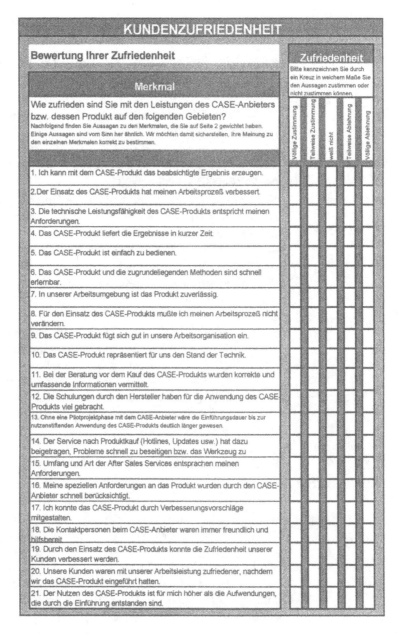

organisatorische
Details klären

Entschließt man sich zu einer Befragung, müssen auch organisatorische Details geklärt werden, v. a.:

*   Wer befragt die Kunden? (z. B. Qualitätsbeauftragter, Projektleiter oder DV-Vorstand)

- Welche Kunden werden befragt? (fachliche Projektleiter oder Endanwender, Stichprobe der Kunden oder alle Kunden)
- Welche Projekte bzw. Produkte werden einbezogen? (alle Projekte/Produkte oder nur bestimmte, ausgewählt nach Kriterien wie Kunden, Größe etc.)

Diese Fragen können allerdings nicht unabhängig vom Kontext beantwortet werden.

5.2.3.1.4

Befragungszeit-
punkte und Wieder-
holungshäufigkeit
festlegen

Wann wird untersucht? - Zeitpunkte und Wiederholungsfrequenz der Kundenzufriedenheitsmessung

Nur kontinuierliche Zufriedenheitsmessungen lassen einen Trend in der eigenen Leistungsfähigkeit und in den Kundenerwartungen erkennen. Die genaue Wahl des Befragungszeitpunktes und der Wiederholungsfrequenz ist vom Produkt (z. B. Entwicklungs- und Lebensdauer) abhängig. So kann es z. B. bei großen Individualsoftwareprojekten durchaus sinnvoll sein, die Befragung aufzuteilen. Unmittelbar nach Abschluß des Projektes können die Kunden beispielsweise noch sehr genaue Aussagen zum Softwareprozeß (z. B. Kommunikation Fachabteilung und Entwicklung) machen, aber es sind noch keine fundierten Aussagen zur Zufriedenheit mit dem Produkt möglich. Diese Abfrage kann dann z. B. ein halbes Jahr nach Übergabe erfolgen. Bei einer Entwicklungsdauer von mehreren Jahren ist es zur Kontrolle auch angebracht, im laufenden Projekt Kundenzufriedenheitsbefragungen vorzunehmen.

5.2.3.2

Kunden unterstützen

Durchführung der Kundenzufriedenheitsbefragung

Die Kundenzufriedenheitsbefragung erfordert - v. a. bei einer erstmaligen Befragung - einen entsprechenden Support der betroffenen Kunden (Probanden). So kann es z. B. sinnvoll sein, den Probanden Hilfestellung zu geben und ggf. mit ihm den Fragebogen durchzusprechen. Auf diese Weise können Mißverständnisse vorab geklärt werden. Der Fragebogen sollte aber in jedem Fall selbständig vom Probanden ausgefüllt werden und ihm dabei ausreichend Zeit gelassen werden (z. B. drei bis vier Wochen).

Eigen- und Fremdbild
ermitteln

Bevor der Fragebogen an die Kunden verschickt wird (Fremdbildermittlung), sollte er vom Produktverantwortlichen bzw. DV-Projektleiter selbst beantwortet werden. Die Aufgabenstellung für den Verantwortlichen lautet dabei, den Fragebogen so zu beantworten, wie er glaubt, daß die Kunden ihn ausfüllen werden (Eigenbildermittlung).

5.2.3.3

Meßergebnisse aufbereiten und analysieren

Auswertung der Kundenzufriedenheitsuntersuchung

Die Auswertung kann je nach Zielsetzung sowohl projekt- bzw. produktbezogen als auch projekt- bzw. produktübergreifend erfolgen. In jedem Falle sind die Daten vorher aufzubereiten, d. h. z. B. daß der Zustimmungsgrad zu den Aussagen auf eine Zufriedenheitsskala von eins bis fünf transformiert werden muß und daß zur Ermittlung des Zufriedenheitswertes für die einzelnen Bewertungsmerkmale aus den Aussagen der Mittelwert gebildet wird.

Projekt- bzw. produktbezogene Auswertung der Kundenzufriedenheitsuntersuchung

- Kennzahlenbildung

gewichtete Kundenzufriedenheit

Die gewichtete Kundenzufriedenheit dient zur Beurteilung der Kundenzufriedenheit (Z) mit den Bewertungsmerkmalen unter Berücksichtigung der jeweiligen Wichtigkeit (W) dieser Merkmale.

Gewichtete Kundenzufriedenheit	=	Merkmalswichtigkeit (W)	x	Zufriedenheitswert (Z)

Kundenzufriedenheitsindex

Der Kundenzufriedenheitsindex ergibt sich aus der Summe der gewichteten Zufriedenheitswerte der Bewertungsmerkmale.

$$\text{Kundenzufriedenheitsindex (KZI)} = \sum_{i=1}^{n} (W_i * Z_i)$$

Der Kundenzufriedenheitsindex kann als Maßstab zum Vergleich der aktuellen mit vergangenen Untersuchungsergebnissen desselben Produktes/Projektes oder zum Vergleich des untersuchten Produktes/Projektes mit anderen dienen. Hierbei können die Bewertungsmerkmale durchaus unterschiedlich sein, die Resultate sind aber dennoch vergleichbar. Der Kundenzufriedenheitsindex funktioniert ähnlich wie der Preissteigerungsindex für die Lebenshaltung des statistischen Bundesamtes, der einen Warenkorb basiert. Die Zusammensetzung des Warenkorbes ändert sich im Zeitablauf, inflationäre Preisentwicklungen sind allerdings dennoch erkennbar.

Wichtigkeiten-Zufriedenheits-Portfolio

- Portfolio-Analyse zur Qualitätsverbesserung
  Stärken und Schwächen in der Softwareentwicklung können gut durch eine zweidimensionale Betrachtung der Befragungsergebnisse erkannt werden. Dies geschieht, indem die einzelnen Merkmalswichtigkeiten auf der Abszisse und die ungewichteten Merkmalszufriedenheitswerte auf der Ordinate eines zweidimensionalen Koordinatensystems abgetragen werden. Das Koordinatensystem wird als Wichtigkeiten-Zufriedenheits-Portfolio bezeichnet. Jeder Quadrant schreibt eine bestimmte Verhaltensweisen vor, mit der effizient und effektiv die Kundenzufriedenheit verbessert werden kann. Diese sind in der nachfolgenden Abb. 5-18 wiedergegeben.

Selbstbild der Projekt-/Produktverantwortlichen

- Eigen-Fremdbild-Vergleich
  Der Vergleich der vermuteten Zufriedenheit mit der tatsächlichen Kundenzufriedenheit bewirkt einen Spiegeleffekt auf das Selbstbild der Projekt-/Produktverantwortlichen. Dadurch wird ein kritischerer Umgang mit der eigenen Leistung erreicht, der sich konstruktiv auf eine Verbesserung zukünftiger Softwareentwicklungsvorhaben auswirken kann.

Abb. 5-18:
Wichtigkeiten-Zufriedenheits-Portfolio

Abb. 5-19:
Beispiel für einen Vergleich von Eigen- und Fremdbild bezogen auf KZI und Wichtigkeiten-Zufriedenheits-Portfolio

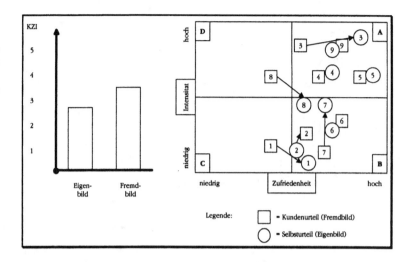

Projekt- bzw. produktübergreifende Auswertung der Kundenzufriedenheitsuntersuchung

Vergleich von Mittelwerten im Zeitablauf

Übergreifende Auswertungen erhält man in der einfachsten Form, indem man z. B. die Mittelwerte für einzelne Produkte bzw. Projekte bildet und untereinander bzw. im Zeitablauf vergleicht. Das kann auf der Ebene des Kundenzufriedenheitsindex, aber auch auf der Basis der Bewertungsmerkmale erfolgen.

Korrelationen Projekt-/Produktmerkmale und Kundenzufriedenheit

Interessant erscheint es, ausgewählte Projekt-/ Produktmerkmale, wie z. B. Projektgröße, Dauer, Fehlerzahl mit der ermittelten Kundenzufriedenheit, ausgedrückt in dem projektbezogenen Kundenzufriedenheitsindex, in Beziehung zusetzen. Diese Gegenüberstellung erfolgt in einem zweidimensionalen Koordinatensystem. Sie zielt auf eine Korrelationsanalyse ab, also eine Untersuchung darüber, ob bestimmte Kundenzufriedenheitsindizes von bestimmten Projektmerkmale (zumindest statistisch) abhängig sind. Die Analyse zeigt dabei nur einen möglichen Zusammenhang auf. Ob ein faktischer Zusammenhang vorliegt, muß durch eine detaillierte Untersuchung der Ursachen festgestellt werden.

Ein Beispiel einer solchen Auswertung zeigt die Abb. 5-20 auf der folgenden Seite.

projekt-/produktbezogener Vergleich der Kundenzufriedenheit

Besonders ergiebig erscheint ein detaillierter projekt-/produktbezogener Vergleich der Kundenzufriedenheit, z. B. innerhalb einer Entwicklungsabteilung. Hierzu werden die *ungewichteten* Zufriedenheitswerte der Bewertungsmerkmale eines Projektes in

Abb. 5-20:
Korrelationstest von
Kundenzufriedenheit
und Projektgröße

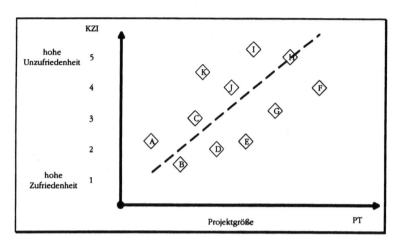

einem Kundenzufriedenheitsprofil gegenübergestellt. Durch diese Gegenüberstellung sind die Stärken und Schwächen der Projekte deutlich erkennbar. Eventuell führten bestimmte Methoden und Techniken zu den Leistungsunterschieden. Hieraus kann für zukünftige Projekte gelernt werden. Selbstverständlich ist dieser Leistungsvergleich auch unternehmensübergreifend durchführbar und empfehlenswert (siehe Abschnitt 5.3 zum Thema Benchmarking).

5.2.3.4   Verbesserung der Kundenzufriedenheitsuntersuchung

Tauglichkeit des Befragungsinstruments prüfen

Zusammen mit der regelmäßigen Bildung des allgemeinen Kundenzufriedenheitsindexes sollte auch eine Überprüfung der Tauglichkeit des Befragungsinstruments, insbesondere der ausgewählten Bewertungsmerkmale durchgeführt werden.

Untersuchung von absoluter Globalzufriedenheit und Kundenzufriedenheitsindex

Vollständigkeit der Bewertungsmerkmale

Ein Kontrolle wird möglich, indem der allgemeine Kundenzufriedenheitsindex dem arithmetischen Mittel der von den Kunden angegebenen „absoluten Zufriedenheit" gegenübergestellt wird. Sollte sich nach einer Rundung der Ergebnisse auf null Dezimalstellen eine Abweichung ergeben, liegt der Verdacht nahe, daß mit den verwendeten Bewertungsmerkmalen nicht alle relevanten, zu Artikulation der Kundenzufriedenheit benötigten Merkmale Verwendung gefunden haben.

Untersuchung der Merkmalswichtigkeiten

Eignung der Bewertungsmerkmale

Umgekehrt ist es möglich, daß untaugliche Bewertungsmerkmale in der Befragung verwendet wurden. Dies zeigt sich durch eine Auswertung der Merkmalswichtigkeiten. Sollten bestimmte Merkmale regelmäßig mit null gewichtet werden, so ist ihre Entfernung aus dem Fragebogen angebracht.

Abb. 5-21:
Beispiel für den Vergleich der Kundenzufriedenheitsprofile zweier Produkte

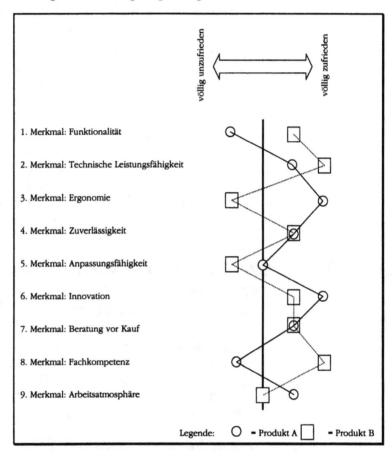

Sollte andererseits ein Bewertungsmerkmal besonders hoch gewichtet worden sein, ist zu überlegen, ob eine Aufteilung diese Merkmals in mehrere einzelne Merkmale sinnvoll ist. Es sollten aber insgesamt nicht mehr als 12 bis 14 Merkmale in einem Fragebogen verwendet werden, damit für den Kunden noch eine relativ einfach Beantwortung möglich ist.

Untersuchung der Schlüsselereignisse

neue Bewertungsmerkmale ermitteln

Zur Suche neuer Merkmale eignet sich besonders die Auswertung der Schlüsselereignisse, die in bei der Befragung eventuell genannt worden sind. Sie sollten analog zur Ersterstellung eines Fragebogens gruppiert und betitelt werden und somit die neuen Bewertungsmerkmale ergeben.

Pretest durchführen

Sofern der Fragebogen verändert wurde, ist vor seiner Anwendung ein Pretest mit fünf bis zehn Kunden durchzuführen. Wie die Erfahrung zeigt, deckt ein solcher Pretest regelmäßig Fehler und Schwächen auf, die leicht behoben werden können.

Auswertung anpassen

Durch einen neuen Fragebogen ergeben sich auch Änderungen in der Auswertung. Während der Kundenzufriedenheitsindex früherer Messungen vergleichbar bleibt, was im übrigen durch die Verbesserung des Fragebogens sichergestellt wurde, ist von einem Vergleich unterschiedlicher Bewertungsmerkmale abzuraten. Dadurch könnten sich Einschränkung in der Interpretation detaillierter projektbezogener Kundenzufriedenheitswerte im Zeitablauf (Trendanalyse) ergeben. Da Trendanalysen regelmäßig auf allgemeineren Niveaus durchgeführt werden - eine detaillierte Trendanalyse auf dem Niveau von Bewertungsmerkmalen wurde deshalb in dieser Schrift auch nicht vorgestellt - ergeben sich hierdurch keine Nachteile in der Auswertung.

5.3 SCVM-Instrumente zur kundenorientierten Prozeßentwicklung und -verbesserung: Customer Software Process Benchmarking (CSPB)[114]

Die in den vorangegangenen Kapiteln vorgeschlagenen Instrumente sind kontinuierlich zu verbessern. Hierbei kann man sowohl auf eigene Erfahrungen als auch auf Erfahrungen anderer zurückgreifen. Das Lernen von Vorbildern ist das Ziel des Software Process Benchmarking, das in diesem Abschnitt kurz angesprochen werden soll.

5.3.1 Historie und Bedeutung des Benchmarking[115]

Produktbenchmarking

Grundlage des Software Process Benchmarking (SWPB) ist das seit über 10 Jahren von führenden industriellen und dienstleistenden Unternehmen (z. B. Xerox, AT&T) praktizierte Prozeßbenchmarking. Anders als das ältere Produktbenchmarking, das sich mit dem Vergleich von Leistungsmerkmalen konkurrierender

---

[114] Das Benchmarking der Kundenorientierung von Softwareprozessen wird ausführlich behandelt in dem Werk von Hierholzer /Kundenorientierung/, das hier auszugsweise wiedergegeben ist.

[115] Vgl. Hierholzer /Benchmarking/.

Produkte oder Dienstleistungen beschäftigt, geht das Prozeß-benchmarking weiter und untersucht die Eigenschaften der diesen Leistungen vorausgehenden Prozesse.

Prozeßbench-marking

Unter Prozeßbenchmarking wird heute die systematische, kontinuierliche Suche und Identifikation vorbildlicher Methoden und Prozesse (sogenannter Best Practices) in einer explizit gebildeten Klasse von zu vergleichenden Organisationen verstanden.

Benchmarking und Quality Awards

Benchmarking wurde wesentlich in den U.S.A. geprägt und hat seine herausragende Bedeutung in den Bewertungskriterien des angesehenen Malcolm Baldrige National Quality Awards gefunden, der auf dem Konzept des Total Quality Managements aufsetzt. Inzwischen wird Benchmarking auch in Europa, nicht zuletzt im Zusammenhang mit dem European Quality Award (siehe hierzu auch Abschnitt 4.6), zunehmend diskutiert.

5.3.1.1   Benchmarkingformen

Internal versus External Benchmarking

Die Benchmarkingformen ergeben sich aus der Art der gebildeten Klasse der zu vergleichenden Organisationen. So können eigene Abteilungen (Internal Benchmarking) oder fremde Unternehmen (External Benchmarking) in einen Vergleich einbezogen werden. Das External Benchmarking läßt sich weiter differenzieren nach konkurrierenden (Competitive Benchmarking) und branchenfremden Unternehmen (Noncompetitive Benchmarking). Die Auswahl einer dieser Benchmarkingformen richtet sich nach den im Einzelfall zu bewertenden Vor- und Nachteilen ihrer Anwendung.

Ein auf die Softwareherstellung gerichtetes Prozeßbenchmarking kann sich, analog angewendet, auf den gesamten Herstellungsprozeß einer softwareentwickelnden Organisation (z. B. Softwarehaus, DV-Abteilung einer Versicherung) oder auf einzelne Teilprozesse (z. B. Testprozeß, Softwaremarketing) und somit auf bestimmte Organisationseinheiten beziehen (z. B. Qualitätssicherung, Vertrieb/Marketing eines Softwarehauses). Die Zielgröße des Benchmarking, der sogenannte Benchmark, muß entsprechend ausgewählt werden (z. B. Fehlerdichte, Leistung in der Kompetenzkommunikation).

5.3.1.2   Software Process Benchmarking im Plan-Do-Check-Act Zyklus

Benchmarking und Deming-Zyklus

Benchmarking kann als ein fortwährender Verbesserungszyklus verstanden werden. Sein Ablauf lehnt sich in seiner Grundstruktur an den allgemein anerkannten Deming-Zyklus Plan-Do-

Check-Act an.[116] Die in einem Benchmarkingprojekt vorzunehmenden Schritte lassen sich dabei leicht nach diesen Phasen strukturieren.

Abb. 5-22:
Der Zyklus des Software Prozeß Benchmarking

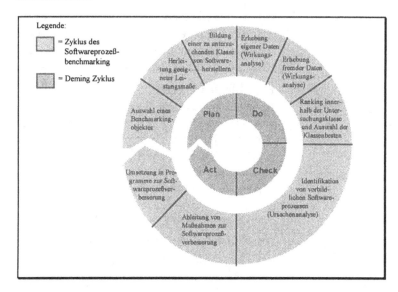

5.3.2   Auf Kundenorientierung gerichtetes Software Process Benchmarking

Benchmarking der Kundenorientierung

Das auf die oder den Kunden gerichtete SWPB stellt eine Ausprägungsform des allgemeinen SWPB dar. Ziel dieser Form des SWPB ist es, die Kundenorientierung sämtlicher Softwareteilprozesse zu messen, mit anderen softwareentwickelnden Organisationen zu vergleichen und schließlich durch Übernahme vorbildlicher Teilprozesse zu verbessern. Der Grad der Kundenorientierung eines Teilprozesses ergibt sich dabei aus seinem Beitrag zur Sicherstellung von Kundenzufriedenheit.

Ablauf des Benchmarking

Der wiedergegebene Ablauf orientiert sich daher an dem Zyklus des SWPB. Auch dieser ist in die vier Phasen „Plan", „Do", „Check" und „Act" untergliedert. In jeder Phase sind bestimmte Aktivitäten vorzunehmen, die in den nachfolgenden Abschnitten detailliert beschrieben werden.

5.3.2.1   Die Phase „Plan" - Vorbereitung

Die Phase „Plan" dient als Vorbereitung. Sie beinhaltet die Schritte Auswahl eines Benchmarkingobjektes, Entwicklung eines

---

116   Vgl. Deming /Out of the crisis/ 88.

Befragungsinstrumentes zur Erhebung der Kundenzufriedenheit und Partnersuche und -akquisition.

Abb. 5-23:
Vorgehensmodell für ein auf Kundenorientierung gerichtetes Software Process Benchmarking

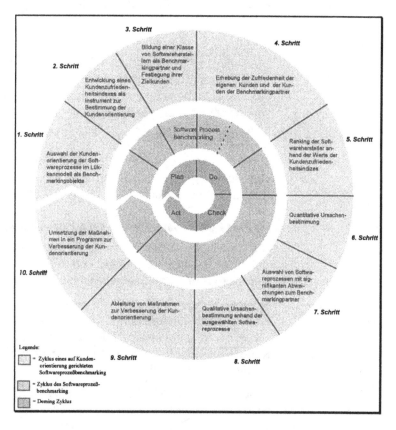

5.3.2.2   Die Phase „Do" - Analyse der Wirkungen der Kundenorientierung

In der Phase „Do" wird die Wirkung der Kundenorientierung, also die Kundenzufriedenheit der Softwarehersteller in der Untersuchungsklasse untersucht. Hierzu wird eine Erhebung der Zufriedenheit der jeweiligen Kunden eines Softwareherstellers vorgenommen. Anschließend erfolgt das Ranking anhand des aus den Erhebungsergebnissen berechneten Kundenzufriedenheitsindexes.

5.3.2.3   Die Phase „Check" - Analyse der Ursachen für Kundenorientierung

Blackbox-Betrachtung der Kundenorientierung

Durch die Aktivitäten der Phasen „Plan" und „Do" wurden die Softwareprozesse bzw. -teilprozesse identifiziert, die bei den Benchmarkingpartnern mehr Kundenzufriedenheit erzielen. Dabei wurden die Softwareprozesse jedoch stets als „Blackbox" betrachtet. Es wurde lediglich die Außenwirkung ihrer Kundenorientierung, d. h. ihre Wirkung auf die Zufriedenheit der Kunden gemessen.

Whitebox-Betrachtung der Kundenorientierung

In der Phase „Check" soll nun bei den durch das Ranking ausgewählten Softwareherstellern untersucht werden, warum sie mehr Kundenzufriedenheit erreichen als das eigene Unternehmen. Die Softwareherstellungsprozesse der ausgewählten Softwarehersteller werden dazu einer „Whitebox"-Betrachtung unterzogen. Ziel ist es, die Ursachen für die Unterschiede quantitativ festzustellen und hierauf aufbauend die Teilprozesse der Softwarehersteller auszuwählen und einer näheren qualitativen Untersuchung zu unterziehen, die die höchste Kundenzufriedenheit verursacht haben.

5.3.2.4 Die Phase „Act" - Verbesserung der Kundenorientierung

Die Aktivitäten dieser Phase haben die Ableitung gezielter Prozeßverbesserungsmaßnahmen und ihre Umsetzung in Prozeßverbesserungsprogramme zum Inhalt.

Benchmarkingmethode verbessern

Darüber hinaus dient diese Phase auch zur Reflexion über den Prozeß des durchgeführten SWPB. Auch dieser Prozeß ist zunächst zu verbessern (z. B. Korrektur des Fragebogens zur Kundenzufriedenheitsmessung), bevor er erneut beginnend mit Schritt 1 wieder durchgeführt wird.

Fazit

Unsere Ausführungen haben gezeigt, daß man erfolgreiche Unternehmen weder an einem ISO 9000 Zertifikat oder einem bestimmten CMM Reifegrad noch an technisch innovativen Produkten oder Prozessen, sondern einzig und alleine an zufriedenen, zahlenden Kunden erkennt. Die Voraussetzung für zufriedene Kunden sind entsprechend auf die Kundenbedürfnisse ausgerichtete Prozesse, die in der Lage sind, die geforderten Produkte bzw. Dienstleistungen effizient und gewinnbringend zu erstellen. Hierzu benötigt man wiederum ein entsprechendes Management der Prozesse. Kundenorientierung ist somit sowohl Aufgabe eines jeden Mitarbeiters als auch oberste Maxime für das Management, wenn das Unternehmen langfristig am Markt Erfolg haben will. Um diese Aufgabe zu erledigen, dürfte in den meisten Unternehmen noch ein erheblicher Wandlungsbedarf bestehen, der selbst auch wiederum zu managen ist. Mit solchen Aspekten des modernen Softwarequalitätsmanagements beschäftigen wir uns in den nachfolgenden Abschnitten.

6 Change Management - Auf dem Weg zu einer Qualitätskultur

Wie wir in Kap. 4 gesehen haben, gibt es eine Vielzahl interessanter und beachtenswerter Vorschläge zur Verwirklichung des Qualitätsmanagements. Die Erfahrung zeigt jedoch, daß die Anwendung der Vorschläge nur unter bestimmten Bedingungen zum Erfolg führt. Die Liste der fehlgeschlagenen Veränderungsprojekte in der Softwareentwicklung ist zu lang, als daß man darauf hoffen könnte, sich nur mit den Inhalten der Konzepte beschäftigen zu müssen, die Probleme ihrer Einführung und Anwendung aber „nebenbei" lösen zu können. Die Frage,

- *wie* erfolgreiche Veränderungen in Unternehmen gestaltet werden können, wird von erfahrenen Praktikern mittlerweile als ebenso wichtig angesehen wie die Frage,

- *was* verändert werden soll.

Der Weg ist so wichtig wie das Ziel

Zunächst soll verständlich gemacht werden, warum es so schwierig ist, das moderne Qualitätsmanagement einzuführen und warum die Frage, *wie* man die Veränderung gestaltet, ebenso wichtig ist wie die Frage, *was* verändert werden soll. Dies wird uns anhand eines Beispiels zu dem Phänomen der Organisationskultur führen. Wir werden dann die Bedeutung und Entstehung der Organisationskultur erläutern, damit verständlich wird, warum es so schwierig ist, sie zu verändern. Es wird dabei aber auch deutlich werden, wie man sie grundsätzlich verändern kann. Im letzten Schritt werden wir dann das Vorgehen bei der Veränderung darstellen.

6.1 Qualitätsmanagement und Organisationskultur

6.1.1 Die Schwierigkeit der Einführung des Qualitätsmanagements

Zunächst also zu der Frage, warum es so schwierig ist, das Qualitätsmanagement einzuführen. Der Grund dafür liegt in der Komplexität dessen, was verändert werden soll. Verändert werden soll das Qualitätsmanagementsystem. Es besteht aus einem

- technisch-organisatorischen Subsystem,
  den Werkzeugen, Methoden, Abläufen und Stellen, die der Herstellung von Qualität dienen, und einem

- sozialen Subsystem,
  den Menschen, ihren Beziehungen untereinander, ihren Kenntnissen, Interessen und Vorstellungen.

Das soziale Subsystem ist teilweise nicht direkt beobachtbar und manipulierbar

Das technisch-organisatorische Subsystem kann direkt beobachtet und manipuliert werden. Werkzeuge können unmittelbar durch andere ersetzt werden, die Aufbauorganisation kann durch Entscheidung des Managements verändert werden. Das soziale Subsystem dagegen entzieht sich teilweise einer direkten Beobachtung und Manipulation. Seine Veränderung verlangt die Änderung des Verhaltens von Menschen. Jeder weiß, daß dies ungleich schwieriger ist.

Warum ist es schwierig, das Verhalten von Menschen zu ändern? Wenn die Arbeit so schematisiert ist, wie in dem bekannten Beispiel aus dem Charles Chaplin-Film „Moderne Zeiten", in dem die Figur Charlie, gespielt von Charles Chaplin, am Fließband steht und mit einem Schraubenschlüssel immer wieder die gleiche Handbewegung ausführt, dann ist die Veränderung des Verhaltens relativ problemlos. Der Vorarbeiter teilt mit, daß ab sofort die Schraube nicht mit, sondern gegen den Uhrzeigersinn angezogen werden muß. Wenn die Monotonie der Tätigkeit dem Arbeiter nicht wie im Film den Verstand geraubt hat, so wird er ab sofort die Handbewegung in der anderen Richtung ausführen.

Die Änderung gelernten Verhaltens ist ein langwieriger Lernprozeß

Aber selbst an diesem extremen Beispiel läßt sich bereits erkennen, daß die Veränderung von menschlichem Verhalten nicht so problemlos ist wie die Umprogrammierung einer Maschine. Die ersten Handbewegungen des Arbeiters gegen den Uhrzeigersinn werden langsamer und unsicherer sein als seine bisherigen Handbewegungen mit dem Uhrzeigersinn. In der ersten Zeit wird er gelegentlich noch in die falsche Richtung drehen. Der Grund liegt in der Lernfähigkeit des Menschen. Die alte Handbewegung war über lange Zeit trainiert worden und hat dabei ihre Schnelligkeit und Sicherheit erlangt. Gleichzeitig ist sie automatisiert worden. Der Arbeiter muß bei ihrer Ausführung nicht mehr bewußt überlegen, in welche Richtung er zu drehen hat. Die neue Handbewegung, gegen den Uhrzeigersinn zu drehen, muß dagegen noch trainiert werden. Dabei muß er zunächst immer wieder bewußt überlegen, in welche Richtung zu drehen ist, bis der antrainierte Automatismus, mit dem Uhrzeigersinn zu drehen, durch einen neuen Automatismus ersetzt ist.

Erlerntes Verhalten spielt überall eine Rolle

Ist das zu ändernde Verhalten der Mitarbeiter nicht so schematisiert, so hat es dennoch mit dem Eintritt ins Unternehmen einen Anpassungsprozeß durchlaufen. Ein Softwareentwickler, der zu einem anderen Unternehmen wechselt, durchläuft einen Anpassungsprozeß an andere Entwicklungsstandards, andere Designgesichtspunkte, ein anderes Management, einen anderen Umgangston mit den Kollegen usw. Es gibt also auch im Falle einer weniger schematisierten Tätigkeit etwas, das die Menschen gelernt und automatisiert haben. Etwas, das es ihnen gestattet, schnell und sicher zu entscheiden und ihr Verhalten zu steuern.

Aufbau und Veränderung einer Organisation verlangt organisatorisches Lernen

Wie im Falle der schematisierten Tätigkeit ist das Gelernte nicht unmittelbar zu erkennen und nicht direkt veränderbar, sondern „im Kopf verborgen". Es ändert sich erst durch die kontrollierte Ausführung des neuen Verhaltens und entsteht dann in einem Trainingsprozeß. Allerdings darf man die Analogie nicht zu weit treiben. Für die wenig schematisierten Tätigkeiten, die uns interessieren, ist das Gelernte komplizierter, schwerer zu identifizieren und zu ändern. Wie bei der schematisierten Tätigkeit ist von allen Beteiligten etwas individuell gelernt worden. Aber das individuell Gelernte der Beteiligten ist aufeinander abgestimmt. Beim Aufbau und bei der Veränderung der Organisation muß also ein abgestimmtes Lernen aller Mitglieder der Organisation, d. h. ein organisatorisches Lernen, stattfinden.

Veränderung der Organisation verlangt die Änderung gelernten Verhaltens und erlernter Überzeugungen

Worin besteht das Gemeinsame, das die Mitglieder einer Organisation lernen? Wie und warum wird es gelernt und wie kann man es verändern? Wir werden uns zunächst auf die erste Frage konzentrieren. In den folgenden Abschnitten werden wir beispielhaft einige typische Verhaltensweisen aus dem Bereich der Softwareherstellung vorstellen. Dabei zeigt sich, worin das gemeinsam Gelernte, das Ergebnis des organisatorischen Lernens, besteht. Ein wesentlicher Teil des Gelernten, der für viele Schwierigkeiten bei der Veränderung des Verhaltens verantwortlich ist, besteht aus gemeinsamen Überzeugungen, Ansichten und Wertvorstellungen. Dieser Teil soll hier als Organisationskultur bezeichnet werden. Sie stabilisiert und regelt das Verhalten der Mitglieder der Organisation und erlaubt ihnen ein koordiniertes Handeln. Im Anschluß an die Beispiele werden wir genauer definieren, was wir unter Organisationskultur verstehen. Ferner werden wir beschreiben, wie und warum sie entsteht und wie sie verändert werden kann.

Die Einführung des Qualitätsmanagements verlangt die Änderung der Organisationskultur

Bevor wir nun an einem Beispiel die Organisationskultur erläutern, wollen wir noch einmal die grundsätzliche Schwierigkeit bei der Einführung des Qualitätsmanagements zusammenfassend auf der Basis der bisherigen Überlegungen beschreiben. Der Grund für die Schwierigkeiten liegt in der Komplexität dessen, was verändert werden soll. Verändert werden soll das technisch-organisatorische und das soziale Subsystem des Qualitätsmanagementsystems. Das technisch-organisatorische Subsystem kann direkt beobachtet und manipuliert werden. Ein wesentlicher Teil des sozialen Subsystems, die Organisationskultur, kann nicht direkt beobachtet und manipuliert werden.

Wir haben auch noch nicht erklärt, wie die Organisationskultur für das moderne Qualitätsmanagement (d. h. die Qualitätskultur) gestaltet sein muß. Für die Gestaltung der Qualitätskultur gibt es aber eine gute Orientierung. Sie ergibt sich aus den TQM-Prinzipien, die wir in Kap. 3 beschrieben haben. Die Prinzipien fordern nicht nur die Anwendung von Methoden und Vorgehensweisen, sondern beschreiben auch kulturelle Elemente, Einstellungen, Grundüberzeugungen und Werte. Insbesondere am Ende von Kap. 3 sind wir auf diese Elemente eingegangen. Wir betrachten also die Qualitätskultur als eine „Inkarnation" der TQM-Prinzipien.

Es bleibt daher noch zu klären,

1. wie man die aktuelle Organisationskultur identifizieren kann und

2. wie man die Veränderung der Organisationskultur unterstützen kann.

Qualitätsmanagement verlangt eine Qualitätskultur

Durch die bisherigen Überlegungen wird auch verständlich, warum die Einführung des modernen Qualitätsmanagements in vielen Fällen scheitert. In den meisten dieser Fälle besteht sie nämlich in der Implementation einer neuen Organisation und neuer Methoden. Dadurch werden zunächst aber nur die direkt manipulierbaren Teile des Qualitätsmanagementsystems verändert. Die Organisationskultur ist nicht direkt betroffen. Im günstigsten Fall könnte sie sich nach und nach durch einen Anpassungsprozeß verändern. D. h. das neu gestaltete Qualitätsmanagementsystem muß zunächst mit der alten Organisationskultur funktionieren. Das macht in der Regel Schwierigkeiten, wobei sich die Organisationskultur als sehr widerstandsfähig gegen Veränderungen erweist und oft die eingeführten Methoden außer Kraft setzt oder in ihrer Wirksamkeit erheblich einschränkt.

Die Änderung der Organisationskultur muß bei der Einführung des Qualitätsmanagements unterstützt werden.

Nach einiger Zeit des erfolglosen Ringens mit den Reibungen zwischen dem Qualitätsmanagement und der alten Organisationskultur sind sich alle Beteiligten darüber einig, daß kein wesentlicher Nutzen erreicht wurde und man gibt auch das Qualitätsmanagement wieder auf. Die Einführung des Qualitätsmanagements ist gescheitert. Die Einführung des Qualitätsmanagements darf daher nicht einfach in der Einführung neuer Methoden und einer neuen Organisation bestehen, also in der Beeinflussung des technisch-organisatorischen Subsystems. Man muß statt dessen eine Einführung wählen, die aktiv die Umgestaltung der Organisationkultur unterstützt, so daß die eingeführten neuen Methoden und organisatorischen Elemente während der Übergangsphase nicht behindert, sondern nach und nach von der sich ändernden Organisationskultur unterstützt und stabilisiert werden.

Bei der Einführung des Qualitätsmanagements ist also sowohl die Frage,

- *was* verändert werden soll, schwierig zu beantworten, weil die Organisationskultur nicht direkt sichtbar und auch nicht leicht beschreibbar ist, als auch die Frage,

- *wie* eine erfolgreiche Veränderungen in Unternehmen gestaltet werden kann, weil die Organisationskultur nicht direkt manipulierbar ist.

Im folgenden beschäftigen wir uns mit der Organisationskultur. Zunächst soll die Wirksamkeit dieses „nicht direkt manipulierbaren" Teils des Managementsystems nachvollziehbar gemacht werden. Das geschieht anhand eines Beispiels, damit auch dem primär technisch ausgebildeten und orientierten Leser das Wirken dieses sozialen Phänomens plausibel wird. Danach werden wir systematisch beschreiben, was eine Organisationskultur ist, wie sie entsteht, warum sie entsteht und wie man sie identifizieren kann, falls sie die Einführung des Qualitätsmanagements behindert. Dann wenden wir uns dem Change Management zu und beschreiben, unterstützt durch ein konkretes Beispiel, wie der Übergang zu bewältigen ist und welche Bedeutung dabei den einzelnen Maßnahmen zukommt.

6.1.2   Kulturelle Widerstände gegen das Qualitätsmanagement

soziales Fundament des Qualitätsmanagements oft nicht erkannt

Wenn es zutrifft, daß nicht direkt beobachtbare und nicht direkt manipulierbare Komponenten der Organisation einen stabilisierenden Einfluß auf die Arbeitsweise der Organisation haben, dann ist verständlich, daß erstens viele Einführungsprojekte scheitern und daß zweitens die Gründe für das Scheitern oft im Verborgenen bleiben. Wenn es ferner zutrifft, daß ein soziales Phänomen, die Organisationskultur, der verborgene, nicht direkt manipulierbare Teil ist, dann überrascht es nicht, daß in Softwareunternehmen dieses soziale Fundament des Qualitätsmanagements nicht erkannt wird. Denn der Erfolg dieser Unternehmen wurde bisher wesentlich von technischen Innovationen getragen, weshalb sie von technisch orientiertem Personal dominiert sind, das auf sein technisches Know-how vertraut und daher den sozialen und organisatorischen Phänomenen nur wenig Aufmerksamkeit widmet.

Aus diesem Grund werden wir zunächst an einem Beispiel deutlich machen, daß die Zusammenarbeit in einer Organisation ein soziales Fundament hat, welches äußerst wirksam ist. Einer der Autoren hat es selbst erlebt. Es ist so allgemein beschrieben, daß der Leser zweifellos Beispiele aus seiner eigenen Erfahrung wiedererkennt. Das Beispiel liefert Plausibilität für die obige Behauptung, daß die Mitglieder einer Organisation nicht leicht erkennbare, gemeinsame Einstellungen und Grundannahmen vertreten, die einen so starken Einfluß auf ihr Verhalten haben, daß sie z. B. explizite Vorgaben ihrer Vorgesetzten verletzen können und dennoch überzeugt sind, das Richtige zu tun.

Die Kultur der Software-Gurus

Das Phänomen

Software-Gurus arbeiten am Code

Einige Softwareunternehmen setzen auf Software-Gurus. Das sind Entwickler, die schnell und ohne viele Zwischenschritte und Vorbereitungen umfangreiche, leistungsfähige Software realisieren können. Da sie ohne viele Zwischenschritte und Vorbereitungen arbeiten, arbeiten sie vornehmlich auf der Codierungsebene. Designdokumente gibt es kaum und wenn sie existieren, beschreiben sie zumeist nur ein sehr grobes Design. Die Qualität des Designs läßt zu wünschen übrig. Dies wird insbesondere in der Wartungsphase bei Erweiterungen und Änderungen deutlich und wenn sich neue Mitarbeiter in den unzureichend kommentierten und dokumentierten alten Code einarbeiten müssen.

Fehler werden im Code behoben. Dabei werden gelegentlich erhebliche Teile des Codes geändert, weil Designfehler dies notwendig machen. Durch diese Arbeitsweise verschlechtert sich die Struktur des Codes sehr schnell. Auch die auf der Codeebene ablaufenden Wartungsarbeiten führen bei nachfolgenden Releases zu einer schnellen Degenerierung der Softwarestruktur.

Fehler werden nicht auf ihre Ursachen und Häufigkeiten hin untersucht. Daß die Behebung von Designfehlern auf der Codierungsebene zu einer rapiden Verschlechterung der Softwarestruktur führt, wird nicht erkannt und führt natürlich auch nicht zu Änderungen in der Arbeitsweise, z. B. zu erhöhtem Aufwand in der Designphase. Besondere Vorkehrungen zur Vermeidung von Fehlern werden nicht ergriffen.

Feuerwehrleute feiern strahlende Siege

Neuen Mitarbeitern werden häufig Legenden von strahlenden Siegen von Feuerwehrleuten erzählt, d. h. von Entwicklern, die bei einem schwerwiegenden oder sogar katastrophalen Fehler der Software beim Kunden kurzfristig eingesetzt werden, den Fehler beseitigen und die Katastrophe abwenden. Die Legenden können auch andere Inhalte haben, beschreiben aber immer extreme Leistungen von Softwareentwicklern, wie die Entwicklung großer Mengen Code unter extremen Zeitrestriktionen etc.

Erklärung des Phänomens

Die Legenden, mit denen neue Mitarbeiter konfrontiert werden, zeigen die gelebten Werte des Unternehmens: Extreme Einzelleistungen, die sich nicht durch Qualität, sondern durch Menge, Schnelligkeit oder gewaltigen Arbeitseinsatz auszeichnen.

Überraschend ist dabei die hohe Bewertung der Leistung des Gurus bei Feuerwehreinsätzen. Denn häufig wird der Entwickler als Feuerwehrmann eingesetzt, der den Fehler verursacht hat. Man sollte eher erwarten, daß sein Ansehen gering ist oder daß sich zumindest die positive Bewertung seiner Leistung als Feuerwehrmann und die negative Bewertung seiner Leistung als Entwickler der Software ausgleichen. Tatsächlich wird aber nur die Leistung des Feuerwehrmannes als Rettung aus großer Not bewertet.

Magische Theorie der Fehlerentstehung

Daß der Feuerwehreinsatz durch einen Fehler des Entwicklers verursacht wurde, wird nicht berücksichtigt. Der Grund: Fehler werden als Naturgegebenheit hingenommen. Sie sind nicht vermeidbar. Ihr Entstehen liegt im Dunkeln des kreativen Prozesses, in dem der Guru die Software entwickelt. Dieser Prozeß läuft weitgehend unsichtbar im Kopf des Gurus ab. Er ist nicht strukturiert, von Methoden unterstützt, die schrittweise Zwischenergebnisse produzieren und kann daher nicht beobachtet werden.

In diesem unverstehbaren intellektuellen Prozeß entstehen auch die Fehler auf magische Weise.

Da die Fehler auf magische Weise entstehen, ist es nicht sinnvoll, nach ihren Ursachen zu forschen. Fehler werden daher nicht untersucht und es wird auch nicht der Versuch gemacht, die Entstehung von Fehlern zu verhindern.

Wie kommt es, daß die Mängel in der Designqualität, die als Problem durch Schwierigkeiten bei der Wartung sichtbar werden, nicht zu einer klaren Abgrenzung der Designphase und zur Verschiebung von Aufwänden in diese Phase führen? Einer der Gründe liegt darin, daß der Wert eines sorgfältigen Designs zur Verhinderung von Fehlern und zur Reduzierung der Schwierigkeiten in der Wartung nicht erkannt wird. Dies läßt sich dann wiederum zurückführen auf die Vorstellung, daß Software in einem intellektuellen, kreativen Prozeß entsteht, den man erstens nicht verstehen und zweitens nicht durch methodische Unterstützung verbessern kann. Man kann ihn nur verbessern, indem man bessere Softwareentwickler einstellt. Die besten dieser Entwickler sind die Gurus, die daher höchstes Ansehen genießen, weil sie im höchsten Maße zum Erfolg des Unternehmens beitragen.

Die Kultur der Software-Gurus als Hindernis für das Qualitätsmanagement

Prozeßverbesserungen schränken die Handlungsfreiheit der Gurus ein

Die Einführung des modernen Qualitätsmanagements wird in der Kultur der Software-Gurus auf erhebliche Widerstände stoßen. Insbesondere die Umsetzung des Prinzips der Prozeßorientierung wird Schwierigkeiten bereiten. Assessments des Softwareprozesses werden gravierende Mängel in der Prozeßgestaltung aufzeigen, nach CMM wird sich das Unternehmen vermutlich auf der Stufe 1 („initial") befinden. Die Verbesserungsvorschläge werden daher auf die Einführung eines rigorosen Projektmanagements und eines klar strukturierten und definierten, von Engineeringmethoden unterstützten Softwareprozesses zielen. Sie dienen der Reduzierung von Entwicklungsrisiken und führen deshalb zu wesentlichen Einschränkungen der Handlungsfreiheit des Software-Gurus.

Selbst wenn diese Reglementierung wegen besonderer Umstände vorübergehend akzeptiert wird, z. B. weil große Kunden ein ISO 9000-Zertifikat oder den Nachweis von Reifestufe 2 oder 3 nach CMM verlangen, wird sie nicht dauerhaft akzeptiert werden, solange der Glaube an den Software-Guru besteht. Sobald ein

Projekt in die Krise gerät, weil das Budget oder der Zeitplan nicht eingehalten wird, stellt sich für den Projektleiter die Überlebensfrage. Bei der Rettung seiner Karriere wird er nur seinen tiefsten Überzeugungen vertrauen. Diese werden ihm sagen, daß die neuen Methoden und der reglementierte Prozeß zu schwerfällig seien und seine Software-Gurus behinderten. Er müsse ihnen nicht Mißtrauen entgegenbringen und sie reglementieren, sondern ihnen die alten freien Arbeitsbedingungen zurückgeben. Die Wahrscheinlichkeit, daß in einem solchen Unternehmen bereits nach kurzer Zeit die Regelungen des Prozeßmanagements nur auf dem Papier existieren und de facto umgangen werden, ist groß.

Alte Grundüberzeugungen und Werte bedrohen das Qualitätsmanagement

Wenn die Grundüberzeugung erhalten bleibt, daß Fehler eine Naturgegebenheit sind, wird weiterhin der Feuerwehrmann großes Ansehen genießen. Wenn das Belohnungs- und Anerkennungssystem aber weiterhin den Feuerwehrmann begünstigt, so werden Entwickler, die im Unternehmen Erfolg haben wollen, ihre Anstrengungen nicht auf Fehlervermeidung konzentrieren, sondern auf Feuerwehreinsätze.

Auch die Umsetzung des Prinzips der kontinuierlichen Verbesserung wird ohne die Änderung der Kultur nicht möglich sein. Mitarbeiter, die den Softwareprozeß als einen nicht analysierbaren, intellektuellen Prozeß verstehen, in dem Fehler auf magische Weise entstehen, werden unter Zeitdruck kaum geduldig Fehlerdaten erfassen und Fehlerursachen klassifizieren. Entsprechend wird der Validierungsaufwand für die Daten stark steigen und dies wird schließlich alle Beteiligten überzeugen, daß dieser Weg zur Verbesserung des Softwareprozesses nicht effizient gangbar ist.

Resümee: Die bestehende Organisationskultur kann dem Qualitätsmanagement nachhaltig Widerstand leisten

Das Beispiel zeigt, daß es nicht leicht ist, eine Organisationskultur, wie die Kultur der Software-Gurus, zu ändern. Aber sie muß auch nicht als „Schicksal" hingenommen werden. Natürlich ist eine Kultur änderbar und das um so leichter, je besser sie bekannt ist, aber in vielen Einführungen des Qualitätsmanagements wird die Organisationskultur nicht thematisiert und nicht aktiv verändert. Die neuen Regelungen des Qualitätsmanagements werden der bestehenden Kultur übergestülpt und diese wird sie früher oder später wieder außer Kraft setzen oder in ihrer Wirkung erheblich einschränken. Die bestehende Organisationskultur kann also der Einführung des Qualitätsmanagements nachhaltig Widerstand entgegensetzen, wenn nicht geeignete Maßnahmen zu ihrer Veränderung die Einführung des Qualitätsmanagements unterstützen.

6.1.3 Was ist eine Organisationskultur?

Der Begriff Organisationskultur bezeichnet die Instrumente, die eine Organisation bei der Verfolgung ihres Zweckes zur Steuerung des Verhaltens ihrer Mitglieder entwickelt hat. Einige dieser Instrumente sind leicht sichtbar und manipulierbar. Andere wie die gemeinsamen Wertvorstellungen und Grundüberzeugungen, die uns in dem Beispiel begegnet sind, werden häufig erst im Falle des Konflikts sichtbar und können nicht leicht verändert werden.

Abb. 6-1
Die Elemente der
Organisationskultur

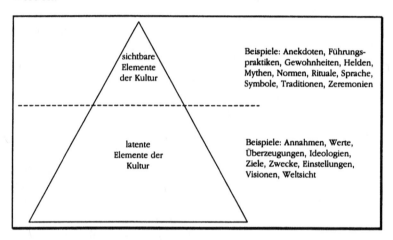

Zu den sichtbaren Elementen der Kultur gehören die Produkte des Verhaltens wie die Sprache, die Gestaltung der Büros, Kleidung, Technologien, aber auch Verhaltensmuster wie Gewohnheiten, Rituale oder Normen.

Beispiel: Sichtbare Elemente der Kultur

In den folgenden Abschnitten werden anhand eines Beispiels sichtbare Elemente der Kultur der Abteilung Künstliche Intelligenz eines großen Softwareherstellers dargestellt.

Produkte des Verhaltens

1984 war die Abteilung Künstliche Intelligenz in einem einzigen großen Büro untergebracht. Alle Mitarbeiter hatten Blickkontakt untereinander. Die Abteilung war in mehrere Arbeitsgruppen von drei oder vier Entwicklern aufgeteilt, deren Arbeitsplätze zu einer Gruppe zusammengestellt waren. Die für jeden am Arbeitsplatz verfügbare Rechnerleistung war üppig dimensioniert. Jeder Mitarbeiter hatte über ein alphanumerisches Terminal Zugriff auf einen vom Rechenzentrum betreuten leistungsfähigen Abteilungsrechner. Die Abteilung hatte durch eigene Bücher und Zeitschriften, die zwei Räume weiter untergebrachte Entwicklungsbibliothek, deren schnellen Zugriff auf die lokale Universitätsbibliothek und den Anschluß an das Fernleihsystem der Universitätsbibliotheken komfortablen Zugriff auf die gesamte internationale Literatur. Die Mitarbeiter waren von ihren Fertigkeiten und Kenntnissen gut gemischt. Computerlinguisten saßen neben Datenbank- oder Betriebssystemspezialisten und Logikern. Sie alle hatten Hochschulabschlüsse mit überdurchschnittlichen Noten, waren jung, hochmotiviert und ambitioniert. Für jeden Mitarbeiter waren neben dem Besuch von wissenschaftlichen Tagungen oder Messen pro Jahr 15 Tage für Schulungen eingeplant.

Verhaltensmuster

Die Abteilung ging gemeinsam in der Kantine essen. Man traf sich einige Male im Jahr außerhalb der Arbeitszeiten und -räume zu gemeinsamen Feiern. Ein regelmäßiger Anlaß für eine Feier war die Freigabe einer neuen Version des Hauptproduktes der Abteilung.

Die meisten Mitarbeiter schrieben wissenschaftliche Veröffentlichungen und hielten Vorträge auf wissenschaftlichen Tagungen und Messen. Der Austausch von fachlichen Ideen, die sich nicht unmittelbar aus der Tagesarbeit ergaben, war sehr intensiv, sowohl innerhalb als auch zwischen den Gruppen.

Weniger auffällig waren bestimmte wiederkehrende Diskussions- und Argumentationsmuster wie z. B. die häufigen Abgrenzungen: „... das ist interessant für einen Prototypen, aber nicht für ein Produkt", „... dieses Konzept ist theoretisch interessant, aber noch nicht tauglich für die Praxis" oder „... das sieht schön aus, schafft aber keine zusätzliche Funktionalität" usw.

Das Beispiel zeigt eine Reihe von sichtbaren Elementen, sowohl Produkten als auch Mustern des Verhaltens der Organisationskultur einer speziellen Abteilung. Beispiele für Produkte des Verhaltens sind die Organisation des Büros oder die Ausstattung mit Rechenleistung, Beispiele für Verhaltensmuster sind die gemeinsamen Feiern und die Argumentationsmuster. Sie können problemlos beobachtet werden, ihr Sinn erschließt sich allerdings nicht unmittelbar. Fragt man nach Erklärungen oder Rechtfertigungen der sichtbaren Elemente, so werden sie zurückgeführt auf Werte und Überzeugungen, die den Mitgliedern der Organisation gemeinsam sind. Sie sind nicht direkt beobachtbar, können aber leicht aus den Erklärungen und Rechtfertigungen abgeleitet werden. Sie gehören zu den latenten Elementen der Kultur. Die Werte und Überzeugungen lassen sich ihrerseits auf grundlegendere Annahmen zurückführen, die den Mitgliedern der Organisation so selbstverständlich sind, daß sie ihnen nicht bewußt sind und daß ihnen ihre Überprüfung weder möglich noch notwendig scheint.

Beispiel: Latente Elemente der Kultur

In den folgenden Abschnitten werden wir an dem selben Beispiel latente Elemente der Kultur der Abteilung Künstliche Intelligenz darstellen.

Die Bedeutung der Innovation

Die Abteilung arbeitete in einem sehr innovativen High Tech-Gebiet, in dem amerikanische Unternehmen traditionell einen klaren Vorsprung besaßen. Er wurde darin gesehen, daß Unternehmen aus den U.S.A. originelle wissenschaftliche Ideen schneller in Produkte umsetzten als deutsche Unternehmen. Um diesen Vorsprung aufzuholen, sollte vor allem die Kreativität der Mitarbeiter und die Originalität ihrer Ideen gefördert werden. Aus diesem Grund wurden Mitarbeiter aus unterschiedlichen Studienrichtungen eingestellt, der Kontakt zu den Universitäten gepflegt und die Entwicklung sowie der Austausch von Ideen innerhalb und außerhalb der Abteilung unterstützt. Der komfortable Zugang zur Literatur, die intensive, schnelle Kommunikation im Großraumbüro, die Teilnahme an wissenschaftlichen Tagungen und Messen sowie die Kooperation mit Universitäten in Forschungsprojekten sollten dies unterstützen.

Der Wert des Feierns

Ein oft genannter Grundsatz im Unternehmen war: „Wer gut zusammen arbeiten will, muß auch gut zusammen feiern können." Das einwöchige Auftaktprogramm für neue Mitarbeiter schloß mit einem eindrucksvollen Fest ab, zur CeBit wurde eine rauschende Ballnacht für Mitarbeiter und Kunden veranstaltet und die jährliche Karnevalssitzung in Bonn war ein besonderes Ereignis. Nach diesem Grundsatz feierten auch die Mitglieder der Abteilung Künstliche Intelligenz, um den emotionalen Zusammenhalt zu stärken und für neue Anstrengungen zu motivieren.

Das Selbstverständnis

Wurde die Nähe zur Wissenschaft gepflegt, um originelle Ideen zu entwickeln und schnell umzusetzen, so wurde auf der anderen Seite auch Abgrenzung gegenüber der wissenschaftlichen Welt betrieben. Das Ziel der Abteilung war die Entwicklung eines am Markt erfolgreichen Produktes. Dazu war es wichtig, den Mitarbeitern immer wieder die Unterschiede universitärer Prototypen und guter Produkte deutlich zu machen. Neue theoretische Ideen wurden offen und interessiert von allen diskutiert. Aber schließlich setzte die Diskussionen darüber ein, ob die Idee für die Praxis hinreichend ausgereift und nutzbar war. Wie in einem Ritual spitzte sich die Diskussion schließlich auf die Frage zu, ob die Idee eher theoretisch interessant oder praktisch nützlich und ausgereift sei. In diesem Zusammenhang wurde dann auch häufig der Gegensatz betont: Wir sind Entwickler und keine Wissenschaftler. Trotz oder gerade wegen der Nähe zur Wissenschaft und der Mitgliedschaft in wissenschaftlichen Arbeitsgruppen wurde es als wichtig empfunden, sich als Entwickler zu definieren.

Die Priorität der Funktionalität

Das Argumentationsmuster: „... das sieht schön aus, schafft aber keine zusätzliche Funktionalität" trat für eine lange Zeit auf, wenn es um die Diskussion der damals noch neuen graphischen Benutzerschnittstellen ging. Die Mitglieder der Abteilung kannten die modernen Workstations mit ihren graphischen Benutzeroberflächen nur von den universitären Kooperationspartnern, von Messen oder Kunden. Kam die Diskussion auf, ob man dem eigenen Produkt eine derartige moderne Benutzerschnittstelle geben sollte, so kam es regelmäßig zum gleichen Ablauf der Diskussion. Nach einiger Zeit wurde die Frage gestellt, welche konkreten Manipulationen der Benutzer mit dem Interface vornehmen können sollte. Dann wurde gezeigt, daß diese Manipulationen problemlos auch mit einer kommando- oder menue-orientierten Benutzerschnittstelle angeboten werden können. Abschließend wurde dann nochmals betont, daß die graphische Benutzerschnittstelle zwar schön aussähe, aber keine neue Funktionalität schaffen würde. Dieselben Diskussionen wiederholten sich etwas später hinsichtlich des Einsatzes von Farbe, als bereits viele Mitarbeiter an einem PC oder einer Workstation mit schwarzweißer graphischer Benutzerschnittstelle saßen.

Werkzeugrationalismus

Fragt man nach dem Grund für die hartnäckige Ablehnung der modernen Benutzerschnittstellen, so stößt man auf eine Vorstellung, die man Werkzeugrationalismus nennen könnte: Ein Werkzeug wie ein Expertensystem-Shell wird als ein Mittel zur Unterstützung menschlicher Arbeit verstanden. Die Arbeit besteht aus einer Menge von einzelnen Schritten, von denen möglichst viele von dem Werkzeug ausgeführt werden sollten. Der Mensch formuliert den einzelnen Schritt, leitet daraus die Anfrage an das Werkzeug ab und führt die Anfrage durch. Das Werkzeug gilt dabei als um so besser, je mehr Arbeitsschritte es unterstützt, d. h. je mehr Funktionalität es anbietet. Die Natürlichkeit, der

Komfort, die Sicherheit und die Schnelligkeit der Interaktion werden nicht thematisiert. Ästhetische Qualität oder Unterhaltungswert sind keine Merkmale, die bei einem Werkzeug relevant sind. Das Werkzeug wird eher wie etwas Künstliches, Fremdes gesehen. Eine enge Symbiose wie etwa beim Gebrauch einer Prothese wird nicht vorgesehen.

Im folgenden werden einige der in dem Beispiel genannten latenten Elemente der Organisationskultur interpretiert.

Das Beispiel gibt die Rechtfertigungen und Erklärungen der sichtbaren Elemente der Abteilungskultur durch eines der Mitglieder der Abteilung wieder. Dabei werden die latenten Elemente, d. h. die gemeinsamen Annahmen und Werte, deutlich, die das Verhalten der Mitglieder der Abteilung leiteten. Da wird z. B. der Wert eines guten Produktes sichtbar. Es wird z. B. die gemeinsame Überzeugung angesprochen, daß der Erfolg amerikanischer Produkte durch die schnelle Umsetzung origineller Ideen entsteht und daß man, um damit wettbewerbsfähig zu sein, selbst nach originellen Ideen suchen muß und sie ebenso schnell in marktfähige Produkte umsetzen muß. Da wird erkennbar, daß die Funktionalität des Produktes ein Wert war, nicht aber seine Ästhetik oder Ergonomie. Oder es wird erkennbar, daß die Mitglieder der Abteilung ein bestimmtes Selbstverständnis teilten, das des Entwicklers, das sie z. B. vom Selbstverständnis des Wissenschaftlers abgrenzten.

Kulturelle Elemente können unterschiedlich allgemein sein

Einige der latenten Elemente, z. B. der Wert des gemeinsamen Feierns, waren nicht spezifisch für die Kultur der Abteilung, sondern galten auch für die Kulturen anderer Abteilungen des Unternehmens. Bei der weiteren Suche nach Erklärungen für das Verhalten der Mitarbeiter wird man auch auf Elemente stoßen, die nicht spezifisch für das Unternehmen sind, sondern für alle Unternehmen einer Branche oder sogar für alle Unternehmen einer Nation oder eines Kulturkreises gelten. Jeder Mensch ist Angehöriger verschiedener Subkulturen, die alle auf sein Verhalten Einfluß nehmen. Dabei können die Elemente der verschiedenen Subkulturen im Widerspruch zueinander stehen und kulturelle Konflikte auslösen.

Kulturelle Elemente können äußerem Druck widerstehen

Die Sicht des Produktes, die wir als Werkzeugrationalismus bezeichnet haben, ist ein latentes Element der Kultur, das Designentscheidungen beeinflußt hat und das erhalten blieb, obwohl eine konkrete Entscheidung getroffen wurde, die mit dem Element in Konflikt stand. Diese Entscheidung, eine graphische

Benutzerschnittstelle zu entwickeln, kam durch den Druck des Marktes zustande. Aber der Druck des Marktes führte nicht zu einer Änderung der grundlegenden Sicht des Produktes. Einige Zeit später verzögerte sie die Entscheidung für die Unterstützung farbiger Benutzerschnittstellen. Dieses Beispiel zeigt, daß die latenten Elemente der Kultur ein erhebliches Beharrungsvermögen besitzen. Sie bleiben erhalten, auch wenn äußere Zwänge sie teilweise außer Kraft setzen oder einzelne Entscheidungen nicht mit ihnen im Einklang stehen.

Kulturelle Elemente können im Konflikt stehen

Das kann dazu führen, daß sich der sichtbare und der latente Teil der Organisationskultur nicht in Übereinstimmung befinden, weil die sichtbaren Elemente, insbesondere die Produkte des Verhaltens, relativ schnell geändert werden können, während die latenten Elemente Ergebnisse eines längeren gemeinsamen Lernprozesses sind. Dabei können sie durch wiederholte Bestätigung oder weil sie sich als äußerst nützlich und erfolgreich erwiesen haben, so selbstverständlich werden, daß sie nicht mehr in Frage gestellt werden oder den Status von logischen Wahrheiten annehmen. Und schließlich können sie aus dem Bewußtsein der Mitglieder der Organisation verschwinden.

Kernsubstanz besteht aus grundlegenden Annahmen zu existentiellen Fragen

Wie das Beispiel der Abteilung Künstliche Intelligenz zeigt, kann man einen Teil der Elemente der Kultur leicht erkennen. Verstehen kann man sie aber erst, wenn man durch die Analyse von Rechtfertigungen und Begründungen zur Kernsubstanz der Kultur vorgedrungen ist. Diese Kernsubstanz, die unterste Ebene der Kultur (Abb. 6-2), besteht aus grundlegenden Annahmen zu existentiellen Fragen der Organisation:

- Die Sicht der Umwelt
  Wird die Umwelt der Organisation eher als freundlich oder feindlich gesehen? Kann man sie bezwingen oder ist sie übermächtig? Bietet sie eher Chancen oder eher Risiken? Speziell für das Qualitätsmanagement: Ist der Kunde eher Gegner oder Partner?

- Der richtige Weg zur Erkenntnis
  Kann man auf Autoritäten oder die Tradition vertrauen oder muß man alles selbst überprüfen? Müssen alle Erkenntnisse wissenschaftlich abgesichert sein oder hat auch die praktische Erfahrung Bestand? Speziell für das Qualitätsmanagement: Müssen alle Entscheidungen auf Daten beruhen oder vertraut man auf den Spürsinn des Firmengründers?

Abb. 6-2:
Die drei Ebenen der
Organisationskultur
117

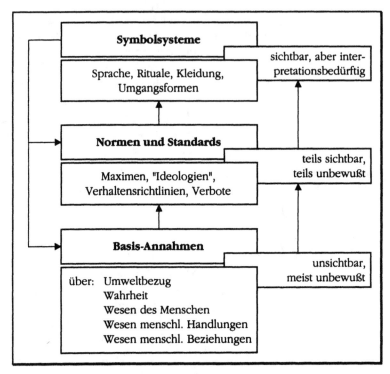

- Die Sicht des Menschen und menschlichen Handelns
  Wollen Menschen grundsätzlich gute Arbeit leisten und sind sie bereit, sich dafür anzustrengen oder zielen sie eher auf die Minimierung von Anstrengung? Ist Arbeit grundsätzlich entfremdet und muß durch Bezahlung kompensiert werden oder kann die Arbeit so organisiert werden, daß sie befriedigend ist? Speziell für das Qualitätsmanagement: Entstehen Fehler eher durch mangelnde Anstrengung der Menschen oder durch eine unangemessene Organisation der Arbeit?

- Das Wesen menschlicher Beziehungen.
  Ist Wettbewerb zwischen den Menschen wichtiger als Kooperation? Entsteht Höchstleistung eher im Team oder als Einzelleistung? Worauf ist gegenseitige Achtung begründet, auf Erfolg, formale Hierarchie oder Herkunft? Speziell für das Qualitätsmanagement: Kann die Beziehung zwischen Vorgesetztem und Untergebenen offen und ehrlich sein oder ist sie nur instrumentell?

---

117   Schein /Culture/

Wichtige Kulturele-
mente sind oft
unbewußt

Die grundlegenden Annahmen sind den Mitgliedern der Organisation häufig so selbstverständlich, daß sie nicht mehr in Frage
gestellt werden oder ihnen sogar unbewußt sind. Von ihnen leiten sich Verhaltensrichtlinien, Verbote und Maximen ab, die
Elemente der mittleren Ebene der Kultur. Das sind die Normen
und Standards, an denen das tatsächliche Verhalten der Mitglieder der Organisation weitgehend ausgerichtet ist. Sie stehen mit-
unter in schlagendem Kontrast zu den Maximen, die das Unternehmen sich selbst setzt oder die es für die Zukunft anstrebt.
Werden sie als Widerstand bei Veränderungsprozessen erlebt, so
spricht man gelegentlich von den „heimlichen Spielregeln" der
Organisation und versteht sie als negativ. Besser wäre es aber,
von den „tatsächlichen" bzw. den „angestrebten" Regeln zu sprechen, denn der Ausdruck „heimliche Regeln" betont lediglich die
Illusion, daß die offizielle Verkündung von Regeln einen wesentlichen Einfluß auf das Verhalten der Mitglieder der Organisation haben könnte.

Die Bedeutung der Organisationskultur

Die Organisationskul-
tur erleichtert ge-
meinsames Handeln

Die Organisationskultur ermöglicht den Mitgliedern einer Organisation durch die gemeinsamen Basisannahmen eine einheitliche Sicht der Welt („Weltanschauung"). Dadurch werden viele
Situationen gleichartig interpretiert, ohne daß dazu langwierige
Diskussionen notwendig wären. Treten z. B. neue, fremde Wettbewerber mit deutlich niedrigeren Preisen am Markt auf, so kann
man das als Herausforderung verstehen oder als unfaire Maßnahme übermächtiger Wettbewerber. Im ersten Fall wird man
versuchen, die Wirtschaftlichkeit der eigenen Produktion zu verbessern. Im zweiten Fall wird man vielleicht nach dem Gesetz-
geber rufen und verlangen, daß er den Markt vor den fremden
Wettbewerbern schützt. Durch die gemeinsame Weltanschauung
interpretieren aber die Mitglieder einer Organisation die Situation
ohne größere Diskussion in derselben Weise. Auch das Verhalten der Mitglieder der Organisation ist durch die gemeinsame
Weltanschauung und die gemeinsamen Verhaltensstandards
ohne großen Klärungs- und Koordinationsaufwand und ohne
große Konflikte in abgestimmter Weise auf ein gemeinsames Ziel
gerichtet.

Wie wird eine Organisationskultur aufrecht erhalten?

Die Fähigkeit, ohne größere interne Konflikte und aufwendige
Abstimmungen gemeinsam handeln zu können, stellt für das
Überleben der Organisation einen erheblichen Vorteil dar, der

erhalten, weiterentwickelt und an neue Mitglieder weitergegeben werden muß. Wie ist das bei einem so ungreifbaren Instrument wie der Unternehmenskultur möglich? Wie können sich die Mitglieder der Organisation darüber sicher sein, daß sie noch dieselben Basisannahmen vertreten? Wie können sie ein Wir-Gefühl entwickeln und die Weitergabe an neue Mitglieder unterstützen?

Sprache, Rituale und Legenden als Mittel der Erhaltung der Organisationskultur

Es werden Mittel der Darstellung und Vermittlung benötigt. Dazu entwickelt die Organisation Symbolsysteme, die dritte, sichtbare, oberste Ebene der Kultur. Zu diesen Symbolsystemen gehören die speziellen Begriffe und Sprechweisen, die Umgangsformen und die Rituale, die die Organisation ausgebildet hat. Häufig werden Anerkennung, Beförderung und Degradierung von Mitgliedern, die Aufnahme neuer Mitglieder oder die Trennung von Mitgliedern von Ritualen begleitet. Ein Hilfsmittel der Darstellung und Vermittlung ist auch das Erzählen von Legenden über die Firmengründung, über hervorragende Mitglieder der Organisation und ihre „heldenhaften" Taten, über schwierige Situationen und wie die Organisation sie gemeistert hat. Solche Legenden sind anschauliche und einprägsame Interpretationen der Basisannahmen und spielen daher bei der Weitergabe der Kultur eine große Rolle.

Wie entsteht eine Organisationskultur?

Die Entstehung der Organisationskultur ist ein Lernprozeß

Die Entstehung einer Organisationskultur darf man sich nicht als bewußte Entscheidung für eine gemeinsame Sicht vorstellen, wie etwa bei einem Vertragsabschluß. Sie entsteht vielmehr nach und nach durch eine Art Lern- und Anpassungsprozeß. Bei der Verfolgung des Zweckes der Organisation machen ihre Mitglieder Erfahrungen, welche Interpretationen von Situationen und welche Verhaltensmuster sich als erfolgreich oder nützlich erweisen und welche nicht. Positives und negatives Feedback, die Auslese der Mitglieder, Anpassung an formelle und informelle Führer etc. sind Mechanismen, die nach und nach zur Festigung der erfolgreichen und der Verdrängung der erfolglosen Basisannahmen und Verhaltensstandards führen. Zunehmend wird die Steuerung des Verhaltens automatisiert. Sie ergibt sich, ohne daß man über das Verhalten oder die Basisannahmen nachdenkt.

Basisannahmen können in Vergessenheit geraten

Die Basisannahmen müssen nicht bewußt sein. Die Gründer der Organisation können zufällig in unbewußten Basisannahmen übereinstimmen. Solange diese Basisannahmen sich als erfolgreich erweisen, wird es keinen Anlaß geben, sich ihrer bewußt zu werden. Auch bei der Aufnahme neuer Mitglieder ist es denkbar, daß unbewußt nur solche Personen ausgewählt werden, die diese Basisannahmen teilen. Es ist auch vorstellbar, daß Basisannahmen, die einmal bewußt waren und von denen sich Verhaltensstandards ableiten, in Vergessenheit geraten, weil sie niemals mehr in Frage gestellt werden mußten.

Die Beeinflussung der Organisationskultur durch Führungskräfte

Primäre Mechanismen der Beeinflussung

Die Organisationskultur entsteht in einem Lern- und Anpassungsprozeß und kann nicht bewußt konstruiert werden. Dennoch haben einzelne Menschen, die Führungskräfte der Organisation, einen dominanten Einfluß. Sie geben die Ziele der Organisation vor und können sie durch ihre Stellung in vielfältiger Weise beeinflussen. Ihr Autorität gestattet es ihnen, ihre Überzeugungen, Wertvorstellungen sowie Sicht- und Arbeitsweisen durchzusetzen. Sie definieren die Rollen ihrer Mitarbeiter und kontrollieren ihre Arbeit und Entwicklung. Sie belohnen und bestrafen, befördern und degradieren. Eine anerkannte Führungskraft ist aber auch einfach Vorbild. Ihr Verhalten in besonderen, z. B. kritischen Situationen dient als Orientierung.

Sekundäre Mechanismen der Beeinflussung

Neben diesen primären Mechanismen, mit denen Führungskräfte die Organisationskultur beeinflussen, gibt es sekundäre Mechanismen. Führungskräfte entscheiden über die Gestaltung der Aufbau- und der Ablauforganisation und die Gestaltung der Büros. Sie schreiben Visionen für die Organisation oder formulieren Verhaltensmaximen und Wertvorstellungen für offizielle Broschüren. Ihr privilegierter Zugang zu Informationen gestattet ihnen die Interpretation von besonderen Ereignissen oder Personen in Form von Legenden oder Mythen. Steht der Einsatz dieser sekundären Mechanismen im Einklang mit den primären Mechanismen, so unterstützen sie sich gegenseitig. Stehen sie im Widerspruch zueinander, so werden die sekundären Mechanismen früher oder später als irrelevant erkannt werden oder sie müssen angepaßt werden, z. B. wenn in den offiziellen Broschüren und Reden die Bedeutung der Produktqualität betont wird, gleichzeitig aber die „Feuerwehrleute" befördert werden. Das Interesse der Mitarbeiter an Belohnung und Beförderung wird sie - entgegen der offiziellen Organisationsphilosophie - den Feuerwehrleuten nacheifern lassen.

6.1.4 Identifizierung der Organisationskultur

Die Identifikation der Organisationskultur ist wünschenswert

Die in einer Organisation vor der Einführung des modernen Qualitätsmanagements vorhandene Organisationskultur unterstützt nicht ein Arbeiten gemäß den Prinzipien des Total Quality Managements. Tatsächlich werden in der Regel bei der Einführung des TQM offizielle Vorgaben und Regeln auf das Verhalten der Mitglieder der Organisation einwirken, die im Konflikt stehen zu den Einflüssen der Organisationskultur. Um solche Widerstände rechtzeitig erkennen und ausräumen zu können, ist die Identifizierung der Organisationskultur wünschenswert.

Die Identifikation der Organisationskultur ist aufwendig

Die Bestimmung der Organisationskultur ist schwierig, da sie zu einem erheblichen Teil auch den Mitgliedern der Organisation nicht bekannt oder bewußt ist. Ferner ist die Organisationskultur ein kompliziertes Gebilde, so daß der Aufwand und die Dauer einer vollständigen Analyse unangemessen scheinen. Allerdings interessiert uns die Organisationskultur nur in einem eingeschränkten Sinne, nämlich insofern sie das Qualitätsmanagement trägt oder behindert. Daher beginnen wir die Einführung des Qualitätsmanagements nicht mit einer Analyse der Organisationskultur, sondern warten bis konkrete kulturelle Widerstände auftreten. Erst dann und zwar gesteuert durch die erkennbaren Widerstände wird die Organisationskultur analysiert. Dabei beschränken wir uns auf die Aspekte der Kultur, die mit dem Qualitätsmanagement in Konflikt stehen. Dadurch kann der Aufwand und die Dauer der Analyse erheblich verkürzt werden.

Die in der Kulturanthropologie entwickelten Verfahren können nicht angewendet werden

Die klassische Vorgehensweise bei der Kulturanalyse ist von Anthropologen entwickelt worden. Für ihre ethnographischen Projekte haben sie spezialisierte Methoden entwickelt, um fremde Kulturen zu verstehen. Die wesentliche Idee ist dabei, in die fremde Kultur „einzutauchen". In dem dann einsetzenden Integrationsprozeß werden zunächst die Verhaltensstandards sichtbar. Später werden auch die Basisannahmen nach und nach erkennbar. Die Methode der Datensammlung ist also die teilnehmende Beobachtung. Sie muß sich mindestens über ein Jahr erstrecken.

Für die Analyse der Organisationskultur werden schnelle Verfahren benötigt

Eine Organisation, die vor einem größeren Transformationsprozeß steht, wird kaum bereit oder in der Lage sein, ein Jahr auf das Ergebnis der Kulturanalyse zu warten. Es werden Verfahren benötigt, die in wenigen Wochen die wesentlichen Elemente der Organisationskultur erkennen lassen. Diese Forderung hat Rückwirkungen auf die Entscheidung, wer die Analyse durchführen kann. Weder ein externer noch ein interner Beobachter ist dazu in der Lage. Ein Externer würde für lange Zeit nur die sichtbaren Elemente der Kultur wahrnehmen, ohne ihren Sinn zu verstehen. Die zeitlichen Restriktionen verhindern also die Analyse der Organisationskultur durch einen Externen. Die Analyse durch Mitglieder der Organisation würde vermutlich ebenfalls an den zeitlichen Restriktionen scheitern, weil nicht zu erwarten ist, daß man auf ein Mitglied mit der nötigen speziellen Ausbildung zurückgreifen kann. Ferner würden Interne Schwierigkeiten haben, ein objektives Bild der Organisationskultur zu zeichnen.

Das Vorgehen bei der Analyse der Organisationskultur

Analyse durch gemischte Teams

Wegen dieser Probleme wird die Analyse durch ein gemischtes Team durchgeführt. Das Team wird von einem Externen geleitet, der über spezifische Kenntnisse und Erfahrungen bei der Analyse sozialer Phänomene verfügt. Er ist verantwortlich für die Planung und Durchführung der Analyse und für die Schulung und Vorbereitung der internen Teammitglieder. Ein weiterer Externer mit entsprechender Ausbildung ist für die Protokollierung der Erkenntnisse zuständig. Alle Informationen über die Organisationskultur müssen Mitglieder der Organisation beisteuern.

Die langwierige teilnehmende Beobachtung der Ethnographen wird ersetzt durch Interviews, die vom externen Leiter des Teams geführt und vom zweiten Externen protokolliert und unterstützt werden. Nachdem den internen Mitgliedern des Teams die Ziele des Projektes und das Phänomen der Organisationskultur erklärt worden sind, werden sie durch den Teamleiter über die Methode und die Planung des Analyseprojektes unterrichtet.

Schrittweises Eindringen in die Kultur

In einer Serie von Interviews werden die internen Mitglieder des Teams durch offene Fragen dazu bewegt, zunächst die Verhaltensstandards und Normen zu beschreiben und zu rechtfertigen, wobei das Team Schritt für Schritt tiefer in die Kultur hineingeführt wird und Zugang zu den Basisannahmen der Organisationskultur erhält. Neben offenen Fragen können in den Interviews auch spezifischere Fragen verwendet werden, z. B. Fragen nach Motivationsauslösung, Machtausübung und Handlungsauslösung.

Zwischen den Interviews, die neue Elemente der Kultur aufzeigen sollen, werden Interviews und Workshops organisiert, die der Konsolidierung und Überprüfung der gefundenen Elemente und ihrer Zusammenhänge dienen. Die Workshops helfen auch, den Stand einem größeren Teil der Organisation zu präsentieren und gestatten somit, die Überprüfung der Hypothesen auf eine breitere Basis zu stellen.

Teilnehmende Beobachtung

Die Interviews können durch weitere Methoden unterstützt werden, z. B. Beobachtungen, Analysen kritischer Ereignisse und Umfragen. Bei der Beobachtung beginnt man zunächst relativ unfokussiert. Der Beobachter nimmt an Sitzungen teil und beobachtet die Mitglieder der Organisation bei ihrer Arbeit. Dabei soll verstanden werden, wie die Menschen zusammenarbeiten, wie die Arbeitsumgebung organisiert ist usw. Mit der Zeit werden die Beobachtungen fokussierter, weil der Sinn der beobachteten kulturellen Elemente erkennbar wird. Wichtig ist die genaue und detaillierte Protokollierung der Beobachtungen.

Die Analyse kritischer Ereignisse

Die Analyse kritischer Ereignisse beginnt mit der Aufforderung an die befragte(n) Person(en), ein Ereignis zu benennen, daß für sie von besonderer Bedeutung war. Welche Art von Ereignis von Interesse ist, erläutert der Untersuchungsleiter vorher. Von Interesse können Fälle sein, in denen sich die befragte(n) Person(en) besonders effektiv, effizient, ineffektiv oder ineffizient bei der Erreichung bestimmter Ziele fühlte oder in denen sie sich in einem Konflikt zwischen expliziten Anforderungen des Managements und den Erfordernissen der Ausführung der primären Aufgabe befanden etc. Neben einer sorgfältigen Beschreibung des Vorfalles sind die Reaktionen der befragten Person bei dem Vorfall und besonders die Rechtfertigungen dieser Reaktionen von Interesse. Die Rechtfertigungen geben häufig Hinweise auf Wertvorstellungen und Basisannahmen der Organisationskultur.

Umfrage

Mit einer Umfrage kann man zu statistisch auswertbaren Daten gelangen und damit die Organisationskultur nach verschiedenen Dimensionen messen. Dies ist besonders deshalb wichtig, weil man damit durch die wiederholte Anwendung der Umfrage, die Veränderungen der Organisationskultur z. B. während der Einführung des Qualitätsmanagements messen kann. Bei der Entwicklung einer Qualitätskultur sind die Dimensionen, die in den TQM-Prinzipien angesprochen sind, natürlich von besonderem Interesse. Beispiele solcher Dimensionen sind: das Ausmaß, in dem die für die Kundenorientierung notwendigen Wertvorstellungen von den Mitgliedern der Organisation vertreten werden oder das Ausmaß an Kohärenz im Handeln der Führungskräfte.

Kulturanalysen nur bei speziellen Anlässen durchführen

Die Analyse der Organisationskultur mit den beschriebenen Mitteln ist wesentlich schneller als die teilnehmende Beobachtung in der Ethnographie. Trotzdem kann man sie zur Unterstützung der Einführung des Qualitätsmanagements noch „schlanker" gestalten, wenn man sie erst beim Auftreten von kulturellen Widerständen einsetzt und dann gezielt versucht, die für diese Widerstände relevanten Aspekte aufzuklären. Dafür spricht auch die häufig vertretene Auffassung, daß man eine Kultur erst versteht, wenn man versucht, sie zu ändern.

Beschleunigung der Analyse durch Fokussierung

Um zu einer solchen „schlankeren" Analyse der Organisationskultur zu gelangen, müssen zwei Fragen geklärt werden. 1. Wie identifiziert man kulturelle Widerstände gegen das Qualitätsmanagement? 2. Wann kann man die Analyse abbrechen? Die zweite Frage stellt sich vor allem deshalb, weil die Elemente der Kultur nicht isoliert sind, sondern aufeinander abgestimmte Teile eines Ganzen sind. Daher ist keine einfache Antwort auf die Frage möglich. Streng genommen kann man die Analyse nicht auf Teile der Kultur beschränken, weil auf der Basis von Teilinformationen nicht sicher zu beurteilen ist, ob nicht noch weitere Elemente für die beobachteten Widerstände und ihre Behebung relevant sind. Ferner wird die Bestimmung weiterer Elemente der Kultur sich präzisierend und eingrenzend auf die bereits erkannten Teile auswirken. Hier ist die Erfahrung des Teamleiters gefordert, der dazu vor allem ein gutes Verständnis des Qualitätsmanagements und seiner kulturellen Voraussetzungen benötigt.

Wie identifiziert man kulturelle Widerstände?

Projektauswertungen dienen als Mittel der Identifikation von Widerständen

Die Beantwortung der ersten Frage kann etwas befriedigender gestaltet werden. Um kulturelle Widerstände zu bemerken und zu identifizieren, kann man Projektauswertungen an einigen oder allen von der Einführung des Qualitätsmanagements betroffenen Projekten durchführen. Projektauswertungen bestehen aus mehreren Interviews und Workshops, die mit offenen Fragen versuchen, positive und negative Erfahrungen zu identifizieren, die im Rahmen des Projektes gemacht worden sind. Solche Projektauswertungen sollten im Rahmen des Qualitätsmanagements ohnehin eingeführt werden, da sie ein wesentliches Element im Prozeß der kontinuierlichen Verbesserung darstellen.

Innerhalb der Projekte wird deutlich, ob die angestrebten Ziele des Qualitätsmanagements erreicht worden sind und ob und in welchem Umfang die eingeführten Maßnahmen des Qualitätsmanagements angewendet oder umgangen wurden. Wurden sie nicht oder nur eingeschränkt angewendet, so muß geklärt werden, ob dies auf mangelhafter Einführung und Unterstützung beruhte oder ob sie mit den bisherigen Verhaltensstandards der Organisation in Konflikt gerieten. Die Kulturanalyse muß dann die Basisannahmen und Wertvorstellungen der Organisationskultur aufzeigen, die diese Konflikte verursachen und die den Wertvorstellungen und Basisannahmen einer Qualitätskultur widersprechen.

6.2 Veränderung der Organisationskultur durch Change Management

Organisationskultur kann TQM behindern oder begünstigen

Wir haben gesehen, daß jede Organisation von vielfältigen kulturellen Faktoren geprägt wird. Die Organisationskultur hat unter anderem entscheidenden Einfluß auf die Leistungsfähigkeit eines Unternehmens. Eine günstige Organisationskultur kann den Auf- und Ausbau eines Qualitätsmanagementsystems erheblich erleichtern. Eine ungünstige Organisationskultur kann zu einem schwerwiegenden Hindernis auf dem Weg zum TQM werden. Obwohl eine Organisationskultur - vor allem für viele eher technisch orientierte Softwareentwickler - auf den ersten Blick schwer verständlich und nicht einfach faßbar zu sein scheint, kann eine Kultur glücklicherweise verändert werden. Das ist zwar schwerer und langwieriger, als eine Verfahrensanweisung zu schreiben oder eine Entscheidung über ein neues Entwicklungswerkzeug herbeizuführen, es ist aber nicht unmöglich. Wenn man nachhaltige Verbesserungen der Softwareentwicklung erreichen will, empfiehlt es sich daher, die Organisationskultur aktiv zu gestalten. Qualität darf nicht nur Gegenstand der sichtbaren Elemente der Unternehmenskultur bleiben. Auch die Annahmen, Werte und Überzeugungen sowie die Einstellungen, Visionen und die Weltanschauung der Unternehmensführung und der Mitarbeiter müssen von Qualität durchdrungen werden.

Die folgenden Abschnitte geben einige Hinweise darauf, wie die Organisationskultur eines Softwareunternehmens mit Hilfe des Change Managements zu einer Qualitätskultur umgestaltet werden kann. Um die einzelnen Hinweise verständlich darstellen zu können, haben wir ein praktisches Beispiel gewählt, das in ähnlicher Form in vielen Unternehmen vorgekommen ist, die ein Qualitätsmanagementsystem nach ISO 9000 aufgebaut haben.

6.2.1

Beispiel: Einführung
des Konfigurations-
managements

Probleme der Praxis: Hürden zwischen Vision und Wirklichkeit

Nach langen und intensiven Diskussionen einigen sich leitende Mitarbeiter eines Softwarehauses darauf, das Konfigurationsmanagement, dessen Ausgestaltung bisher jeder einzelnen Projektgruppe überlassen gewesen ist, zu vereinheitlichen. Eine Arbeitsgruppe wird beauftragt, eine Verfahrensanweisung zu entwickeln, in der die neue, einheitliche Vorgehensweise beschrieben ist. Die Gruppe ist hoch motiviert und gewillt, das unter den gegebenen Umständen beste denkbare Konfigurationsmanagement für das Unternehmen vorzuschlagen. Es werden Fachbücher konsultiert, Spezialisten befreundeter Unternehmen befragt und Gespräche mit vielen Mitarbeitern im eigenen Haus geführt. Ein erster Entwurf der Verfahrensanweisung entsteht, er wird jedoch als zu komplex verworfen. Der zweite Entwurf gelingt besser. Nach erneuten Gesprächen mit verschiedenen Projektleitern und Entwicklern werden nochmals verschiedene Änderungen vorgenommen. Schließlich wird das Schriftstück sprachlich und graphisch anspruchsvoll gestaltet und allen betroffenen Mitarbeitern präsentiert. Die Resonanz läßt sich wie folgt beschreiben: „vernünftig", „gut gemacht", „einleuchtend", „sinnvoll". Trotz des guten ersten Eindrucks wird eine zweiwöchige Frist vereinbart, während der alle Mitarbeiter die neue Verfahrensanweisung anwenden und prüfen sollen. Eventuelle weitere Änderungsvorschläge und Anregungen sollen noch eingearbeitet werden, bevor die neue Vorgehensweise als verbindlicher Standard verabschiedet und festgeschrieben wird. Zur freudigen Überraschung der Arbeitsgruppe wird während der nächsten 14 Tage kein einziger Änderungswunsch gemeldet. Das neue Konfigurationsmanagement tritt in Kraft. Aber schon nach wenigen Tagen kommen die ersten Zweifel auf, ob die optimistische Sichtweise angemessen war. Es wird bekannt, daß eine Projektgruppe weiterhin nach der bisher üblichen Vorgehensweise arbeitet. Das neue Konfigurationsmanagement wird dort überhaupt nicht angewendet. Zur Rede gestellt, fällt der Projektleiter „aus allen Wolken" und zeigt sich erstaunt darüber, „daß doch wohl niemand im Ernst geglaubt haben könne, daß in einem Projekt, mit dem Geld verdient werden soll, nach dieser völlig weltfremden Vorgehensweise gearbeitet werden kann." Während eilig anberaumter Gespräche mit weiteren Projektgruppen, zeigt sich, daß einige Teams zwar versucht haben, mit dem neuen Konfigurationsmanagement zu arbeiten. Nachdem aber verschiedene Schwierigkeiten auftraten, ist man schnell zur bisher gewohnten Vorgehensweise zurückgekehrt. Andere Projektgruppen haben den Vorschlag für sich überarbeitet und eine „abgespeckte Version" daraus gemacht. Mitarbeiter wieder anderer Teams wollten sich nicht einmal mehr daran erinnern, jemals einem neuen Konfigurationsmanagement zugestimmt zu haben.

Analyse des Beispiels: Gründe für den Mißerfolg

Was ist passiert? Haben nicht alle Mitarbeiter die Notwendigkeit für ein neues Konfigurationsmanagement eingesehen? Haben nicht alle den neuen Vorschlag geprüft und ihm zugestimmt? Alle haben es doch genau so und nicht anders gewollt! Und trotzdem ist aus dem neuen, unternehmensweiten Konfigurationsmanagement nichts geworden. Von der Vision eines einheitlichen Konfigurationsmanagements für alle Projektgruppen scheint man noch genauso weit entfernt zu sein wie Wochen zuvor.

Es ist offensichtlich, daß das angestrebte Ziel im Widerspruch zu verschiedenen Aspekten der Kultur dieses Unternehmens steht. So wird z. B. offenbar die Eigenständigkeit und Unabhängigkeit der Projektgruppen von vielen Mitarbeitern sehr geschätzt. Selbst wenn ein Vorschlag aus Sicht des Gesamtunternehmens sinnvoll erscheint, wird jeder Versuch, diese Eigenständigkeit einzuschränken, zunächst abgelehnt. Ein weiterer hindernder Aspekt der Unternehmenskultur besteht darin, daß einzelne Projektgruppen eine eher spontane Vorgehensweise bevorzugen, die kreativ immer wieder an die jeweiligen Gegebenheiten angepaßt wird. Ein bindende Richtlinie würde die Flexibilität und den Freiheitsdrang der Mitarbeiter einschränken. Ein dritter, störender Faktor könnte die Tatsache sein, daß die Arbeit von Stabsabteilungen oder unternehmensweit arbeitenden Arbeitsgruppen als abgehoben, irrelevant und theoretisch abgetan wird. „Wirkliche Arbeit", so die Grundeinstellung vieler Mitarbeiter, findet in den Softwareentwicklungsprojekten statt. Eine Beschäftigung mit den „Hirngespinsten der Eierköpfe" ist Zeitverschwendung.

Bei genauerer Analyse ließen sich weitere Aspekte der Organisationskultur finden, die die Einführung des Konfigurationsmanagements behindert haben.

Das Beispiel ist kein Einzelfall

Die oben geschilderte Episode aus dem mühevollen Weg zu einem praktikablen Qualitätsmanagementsystem ist kein Einzelfall. Viele Unternehmen haben ähnliche Erfahrungen gemacht; auch in anderen Bereichen, in denen Änderungen der gewohnten Arbeitsweise beabsichtigt waren. Offenbar reicht die Einsicht, etwas verbessern zu müssen, nicht aus, um Menschen zu einer Veränderung ihrer gewohnten Arbeitsweise zu veranlassen. Die

Berichte über gescheiterte CASE-, Business Process Re-engineering- oder auch TQM-Projekte sind dafür ein deutliches Indiz. Selbst ein detailliert ausgearbeiteter, vernünftiger und einleuchtender Weg zu einer besseren Lösung ist kein hinreichendes Kriterium für ein erfolgreiches Veränderungsprojekt.

Die Einführung eines wirksamen Qualitätsmanagementsystems, eines kontinuierlichen Verbesserungsprogramms, einer Softwareprozeßverbesserungsinitiative oder des Total Quality Managements erfordert in den meisten Softwarehäusern tiefgreifende Veränderungen. Wie die skizzierten Probleme überwunden, wie der notwendige Wandel erfolgreich bewältigt und wie aus Visionen Wirklichkeit werden kann, davon handeln die folgenden Abschnitte.[118]

6.2.2   Aufrütteln - die Bedeutung der kreativen Unruhe

Organisationen haben ein Beharrungsvermögen

Jedes Unternehmen, jede Abteilung und jede Projektgruppe hat ein gewisses Beharrungsvermögen, das es oft schwierig bis unmöglich macht, Veränderungen „aus dem Stand" gelingen zu lassen. Die erklärte Absicht, Veränderungen zu wollen, die nötige Fachkompetenz und angemessene Ressourcen reichen offenbar nicht aus, um eine Veränderung erfolgreich durchführen zu können. Zusätzlich wird eine ausreichend große Antriebskraft benötigt, um eine Organisation „in Bewegung zu bringen". Kurt Lewin hat diese Beobachtung bereits vor mehreren Jahrzehnten veröffentlicht und den idealtypischen Ablauf eines erfolgreichen Veränderungsprozesses wie folgt beschrieben:[119]

Um Verbesserungen erreichen zu können, müssen Organisationen in Bewegung gebracht werden

- Zunächst muß das Beharrungsvermögen einer Organisation überwunden werden. Lewin spricht in diesem Zusammenhang vom „Auftauen" („unfreezing"). Während der „Auftauphase" müssen die Mitarbeiter Gelegenheit erhalten, sich emotional auf die bevorstehenden Änderungen einzustellen. Idealerweise entsteht während des „Auftauens" eine

---

[118] Weitere Anregungen zum Change Management können z. B. folgenden Werken entnommen werden: Conner /Speed/; Doppler, Lauterburg /Change Management/ oder LaMarsh /Change/. Interessante Hinweise zu Veränderungsprozessen sind auch in Werken zum organisatorischen Lernen zu finden, z. B. in Senge /Learning Organization/ oder McGill, Slocum /Das intelligente Unternehmen/. Voraussetzungen und Vorgehensweisen für Veränderungsprozesse in Softwareunternehmen beschreiben Humphrey /Managing/ 17-34 und Weinberg /Congruent Action.

[119] Lewin /Social Change/

Einstellung, die Veränderung bejaht oder - noch besser - herbeisehnt. Folgt man den Gedanken Lewins, so werden die Veränderungsprojekte, die quasi aus dem Stand und ohne eine entsprechende „Auftauphase" Veränderungen anstreben, mit hoher Wahrscheinlichkeit scheitern.

- Die Einstellung, daß „man etwas ändern müsse", ist die Grundlage für eine „kreative Unruhe". Diese wiederum ist eine entscheidende Voraussetzung für erfolgreiche Veränderungsprozesse im Unternehmen. Mitarbeiter, die „in Fahrt" geraten, sind tendenziell eher bereit, gewohnte Verhaltensweisen in Frage zu stellen als Mitarbeiter, die die Notwendigkeit für Veränderungen nicht akzeptiert haben.

- Nachdem Veränderungen durchgeführt worden sind, müssen diese wieder stabilisiert oder - in den Worten Lewins - „eingefroren" werden. Niemand kann ständig „unter Strom stehen", permanent dem Wind der Veränderungen ausgesetzt sein. Die Mitarbeiter müssen Gelegenheit haben, sich auf den neuen Zustand einzustellen. Die neuen Arbeitsweisen, Organisationsstrukturen etc. müssen stabilisiert werden. Ein Veränderungsprozeß ist nach Lewin dann erfolgreich abgeschlossen, wenn die zuvor erzeugte Unruhe wieder in einen stabilen Zustand überführt werden kann.

Abb. 6-3:
Idealtypischer Ablauf erfolgreicher Veränderungsprozesse nach Lewin

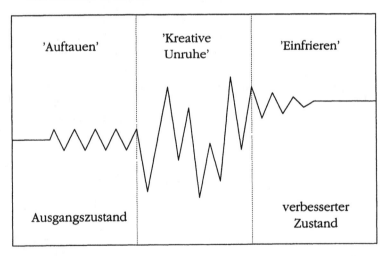

Mitarbeiter müssen Notwendigkeit geplanter Veränderungen einsehen

Wie hätte man sich die Erkenntnisse und Vorschläge Lewins in dem oben geschilderten Beispiel zunutze machen können? Zunächst scheint es unabdingbar, daß alle Mitarbeiter, die von der geplanten Veränderung betroffen werden, die Notwendigkeit der

Maßnahmen einsehen. Warum sollte sich jemand der Mühe unterziehen, Neues zu lernen und einzuüben, wenn der gegenwärtige Zustand akzeptabel ist? Warum sollte ein Mitarbeiter bekannte Pfade verlassen, erprobte Arbeitsweisen verändern und sich ohne Not den Risiken aussetzen, die jede Neuerung mit sich bringt?

Je größer die persönliche Betroffenheit, desto geringer das Risiko, daß Mitarbeiter Veränderungen ignorieren

In den Ausführungen zur Organisationskultur ist deutlich geworden, daß die latenten Elemente der Kultur, wie Wertvorstellungen und Grundüberzeugungen, einerseits ein erhebliches Beharrungsvermögen haben. Andererseits wird jeder Verbesserungsversuch scheitern, wenn nicht gleichzeitig auch diese Elemente entsprechend verändert werden. Je stärker die persönliche Betroffenheit einzelner Mitarbeiter, desto größer ist die Chance, daß sie sich mit den geplanten Veränderungen auseinandersetzen, daß sie Proteste anmelden, Widerstand leisten, Gegenvorschläge unterbreiten usw. Diese Phänomene erscheinen zwar zunächst negativ, bei genauerer Überlegung wird aber deutlich, daß die dadurch entstehende Unruhe eine große Chance birgt. Die geplanten Veränderungen können nicht ignoriert, übergangen oder völlig mißachtet werden. Sie bleiben nicht auf offizielle Sprachregelungen, Verfahrensanweisungen oder Vorgehensmodelle beschränkt, die sowieso niemand zur Kenntnis nimmt. Sie werden vielmehr zum Gegenstand der Gespräche, der Gedanken und Gefühle der Mitarbeiter. Das garantiert zwar nicht, daß sich alle Mitarbeiter mit den geplanten Veränderungen identifizieren, diese akzeptieren und sich entsprechend verhalten. Es ist aber ein erster Schritt auf dem Weg dorthin.

Wie hätte sich unser Unternehmen im Beispiel zum Konfigurationsmanagement die Überlegungen zur konstruktiven Unruhe zunutze machen können?

Unzufriedenheit als Triebfeder für Mitarbeit an Verbesserungsprojekten

Während des Aufbaus von Qualitätsmanagementsystemen haben Unternehmen mit solchen Mitarbeitern besonders gute Erfahrungen gemacht, bei denen sich ein gewisser Leidensdruck aufgebaut hatte. Unzufriedenheit, z. B. über organisatorische Mängel, ist eine ideale Triebfeder für eine aktive Mitarbeit an und Gestaltung von Veränderungsprozessen. Folgt man den Gedanken Lewins, gilt aber auch umgekehrt: Alle Mitarbeiter, die mit der bisher geübten Praxis zufrieden sind, werden keine Veranlassung haben, Veränderungspläne zu begrüßen oder aktiv an ihrer Gestaltung mitzuwirken.

Vor Veränderungen sollte eine subjektive Bestandsaufnahme durchgeführt werden

Das bedeutet für denjenigen, der Verbesserungsprojekte initiieren will, daß er zunächst eine Bestandsaufnahme machen sollte. Und zwar keine „objektive", die den Status quo aus der unpersönlichen Gesamtsicht des Unternehmens betrachtet, sondern eine „subjektive", die vor allem die Einstellung einzelner Abteilungen, Projektgruppen oder Mitarbeiter zu dem bisher üblichen Vorgehen erfaßt. Voraussetzung dafür ist, daß die Mitarbeiter dazu ermuntert werden, nicht nur das zu erwähnen, was sie tun, sondern auch wie sie sich im Arbeitsalltag dabei fühlen und in welcher Hinsicht sie sich Veränderungen wünschen würden. Die wertende Beschreibung des Ist-Zustands durch die Betroffenen bietet die einmalige Chance, den Veränderungswillen in verschiedenen Bereichen des Unternehmens zu erkunden. Außerdem werden Ansatzpunkte für tatsächlich notwendige Verbesserungen dokumentiert, die für die spätere Maßnahmenplanung hilfreiche Hinweise liefern können.

In dem Konfigurationsmanagement-Beispiel hätte das geheißen, zunächst erst einmal alle Projektgruppen dokumentieren oder berichten zu lassen, wie sie Konfigurationsmanagement betreiben und welche Vor- und Nachteile die bisher übliche Praxis jeweils hat. Die Gruppen mit der größten Unzufriedenheit und den meisten Änderungsvorschlägen sind die besten Kandidaten für die Beteiligung an Verbesserungsprojekten. Ein erstes Warnsignal geben jedoch die Bereiche, die mit dem Status quo zufrieden sind. Aus der Sicht der entsprechenden Mitarbeiter sind keine Änderungen notwendig. Warum sollten sie Erprobtes aufgeben und sich in unsicheres Neuland begeben?

Sind die Mitarbeiter bereit, auch Nachteile in Kauf zu nehmen?

Die leitenden Mitarbeiter hatten sicherlich vernünftige Gründe, um ein neues Konfigurationsmanagement für das gesamte Unternehmen einzuführen. Aber müssen diese Gründe jeder Projektgruppe im Unternehmen unmittelbar einleuchten? Bürdet man nicht den zufriedenen Gruppen ohne Not Abstimmungsaufwand, Arbeit und Ärger auf? Gefährdet man nicht sogar das bisher Erreichte? Man hätte den zufriedenen Gruppen zumindest deutlich machen müssen, welche Probleme die bisher geübte Praxis mit sich bringt und warum die Unternehmensleitung eine Veränderung begrüßen würde. Dann hätte die Chance zu einem Dialog bestanden, in dem deutlich geworden wäre, daß die Unternehmensleitung von verschiedenen Gruppen „Opfer" für das Gesamtunternehmen erwartet. Alle Beteiligten hätten sich auf die bevorstehenden Änderungen einstellen und über akzeptable Lösungen für den eigenen Bereich nachdenken können. Mögli-

cherweise wäre so bereits im Vorfeld der Veränderungsbemühungen ein Kompromiß zustande gekommen, der es allen beteiligten Interessengruppen ermöglicht hätte, einen Teil der eigenen Vorstellungen durchzusetzen. Auf diese Art und Weise hätte
das gesamte Unternehmen eine Verbesserung erreicht.

Wenn eine Organisation in Bewegung geraten ist, muß diese
Bewegung in eine sinnvolle Richtung gelenkt werden. Das führt
uns zu der Bedeutung von Identifikation und Vision.

6.2.3	**Motivieren - die Bedeutung von Identifikation und Vision**

Es ist bereits deutlich geworden, daß die richtige Einstellung und
Motivation der Mitarbeiter für erfolgreiche Veränderungsprojekte
entscheidend ist. Wenn die Mitarbeiter sich nicht bis zu einem
gewissen Grad mit den geplanten Maßnahmen identifizieren und
wenn sie ihren Zweck nicht erkennen können, ist es unwahr-
scheinlich, daß sie den geplanten Wandel aktiv unterstützen
werden.

Identifikation

Anstoß für Verände-
rungen sollte von
innen kommen

Der Anstoß für Veränderungen kann entweder von innen, von
den Mitgliedern der betroffenen Organisationseinheit, oder von
außen, z. B. von anderen Projektgruppen, von Wettbewerbern
oder von Kunden, kommen. Die Wahrscheinlichkeit für einen
erfolgreichen Veränderungsprozeß ist höher wenn der Anstoß
von den Betroffenen selbst ausgeht oder wenn diese zumindest
aktiv an der Meinungsbildung und Entscheidungsfindung beteiligt sind. Hätten die Mitarbeiter in unserem Beispiel zum Konfigurationsmanagement vor der Entwicklung praktischer Vorschläge sich zunächst eine eigene Meinung über den Status quo
bilden sowie ihre Sicht der Dinge darlegen können und hätten
alle Betroffenen gemeinsam Stärken und Schwächen
zusammengetragen, so hätte die Chance bestanden, daß die
einzelnen Gruppen die Verbesserung des
Konfigurationsmanagements zu „ihrem" Projekt gemacht hätten.
Die neue Vorgehensweise hätte Lösungen für einen Teil der
„eigenen" Probleme bieten können.

Veränderungen
nachvollziehbar
begründen

Wie aber hätten die Mitarbeiter motiviert werden können, die
mit dem Status quo zufrieden waren? Aus ihrer Sicht gab es
keine Probleme und also auch keinen Grund für Veränderungen.
Folglich hätte man ihnen zumindest die Möglichkeit geben müssen, sich mit der projektübergreifenden Sicht der Unternehmensleitung vertraut zu machen. Vielleicht hätten sie auf diesem Weg

zum ersten Mal bewußt zur Kenntnis genommen, daß das Vorgehen, welches in einem einzelnen Projekt praktikabel erscheint, aus der Perspektive des Gesamtunternehmens unangemessen ist. Vielen Mitarbeitern helfen die geplanten Veränderungen im Arbeitsalltag nicht unmittelbar, sondern bedeuten Umstellungsaufwand, zusätzlichen Aufwand und Ärger. Gerade diese Mitarbeiter müssen Gelegenheit bekommen, sich mit dem geplanten Wandel auseinanderzusetzen, um sich damit identifizieren zu können. Zu diesem Zweck wäre es z. B. hilfreich gewesen, das neue Konfigurationsmanagement für alle Mitarbeiter nachvollziehbar zu begründen. Warum ist die bisher praktizierte Vorgehensweise nachteilig? Welche Probleme entstehen dadurch? Mit welchen konkreten Beispielen lassen sich die Probleme plastisch darstellen? Wenn nur diese wenigen Fragen überzeugend dargestellt worden wären, hätte die Chance bestanden, daß sich mehr Mitarbeiter mit dem neuen Konfigurationsmanagement beschäftigt und dessen Notwendigkeit eingesehen hätten.

Mitarbeitern Gelegenheit geben, sich mit Entscheidungen zu identifizieren

Wenn Mitglieder der Unternehmensleitung davon ausgehen, daß alle ihre Entscheidungen von den Mitarbeitern akzeptiert und im Arbeitsalltag umgesetzt werden, so entspricht dies eher einer überholten Wunschvorstellung als einer realistischen Einschätzung einer Organisation. Selbstverständlich müssen in einem Unternehmen immer wieder auch unpopuläre Entscheidungen getroffen werden. Selbstverständlich werden sich nicht immer alle Mitarbeiter mit den Plänen der Unternehmensleitung identifizieren können. Und natürlich können wichtige Entscheidungen nicht in jedem Fall aufgeschoben oder revidiert werden, nur weil sich ein Teil der Mitarbeiter damit nicht einverstanden erklärt. In vielen Fällen können angestrebte Veränderungen aber nachvollziehbar begründet werden. In diesen Fällen ist es nicht ratsam, darauf zu verzichten, die notwendige Motivation bei den Mitarbeitern zu schaffen und ihnen Gelegenheit zu geben, sich mit den Entscheidungen zu identifizieren.

Vision

Veränderungen werden erleichtert wenn sie klare Ziele haben

Spätestens wenn die Notwendigkeit für Veränderungen des Status quo allgemein akzeptiert worden oder, um mit Lewin zu sprechen, wenn die betroffenen Organisationseinheiten „aufgetaut" sind, muß dem neuen Schwung die richtige Richtung gegeben werden, damit die geplanten Veränderungen sinnvoll und zielgerichtet ablaufen können. Anders formuliert: Veränderungsprozesse werden erleichtert, wenn es eine klare Vision gibt, also eine Vorstellung von dem Zustand, den man gemeinsam erreichen will.

Veränderungsprojekte werden bereitwilliger angenommen und unterstützt, wenn für jedermann erkennbar ist, wie die geplanten Maßnahmen ins Bild passen und inwiefern sie geeignet sind, übergeordnete Ziele zu erreichen. Wer führt schon gerne ein Konfigurationsmanagement um des Konfigurationsmanagements willen ein? Wer stellt gerne seine Arbeitsweise um, nur weil „mal wieder irgendeine Arbeitsgruppe etwas fabriziert hat"?

Zweck von Veränderungen überzeugend darstellen

Sicherlich wäre es den einzelnen Projektgruppen leichter gefallen, das Konfigurationsmanagement zu akzeptieren, wenn sie den Beitrag dieser Neuerung zur Erreichung der Unternehmensziele verstanden hätten. Im diesem Zusammenhang ist es unerläßlich, daß der Sinn und Zweck eines Verbesserungsvorhabens überzeugend dargestellt werden kann. Der Zusammenhang zwischen Zielen und geplanten Maßnahmen muß verständlich und einleuchtend sein. Ein hilfreicher Indikator dafür ist, ob die Mitarbeiter folgende Fragen beantworten können:

- Was wollen wir im nächsten Jahr erreichen?
- Wie hilft uns die geplante Veränderung dabei?
- Welche Nachteile sind in Kauf zu nehmen?

Unternehmensleitung sollte Veränderungen anführen

Im Rahmen von Veränderungsprojekten hat die Unternehmensleitung eine wichtige Aufgabe. Wichtige Veränderungen benötigen Führung. Die Unternehmensleitung muß den Verbesserungsprojekten nicht nur Unterstützung gewähren, sie muß sich vielmehr an die Spitze des Vorhabens setzen, dieses anführen und es in die richtige Richtung lenken. Ein wesentlicher Beitrag der Organisationsspitze besteht deshalb darin, Visionen vorzugeben und die Verbesserungsprojekte auf diese Visionen hin auszurichten.

Erfolgreiche Visionen sind ...

Damit Visionen ihre motivierende Wirkung entfalten können, müssen sie verschiedene Anforderungen erfüllen:

... interessant und herausfordernd

1. Die Visionen müssen interessant und herausfordernd sein, damit für die Mitarbeiter ein Anreiz besteht, praktisch an ihrer Realisierung mitzuarbeiten. Wie bereits mehrfach erwähnt, ist die Zufriedenheit der Mitarbeiter mit der eigenen Arbeit ein Schlüssel für qualitativ hochwertige Leistungen. Die Mitarbeiterzufriedenheit wird nicht zuletzt durch den Stolz, an einer wichtigen Sache mitzuarbeiten, beeinflußt. Für die Mitarbeiter der Nixdorf Computer AG war die Verwirklichung der Vision „ein Rechner für jede Abteilung" z. B. eine interessante Her-

ausforderung. Für Mitarbeiter anderer Unternehmen mag eine Umsatzverdopplung durch Qualitätsverbesserung in den nächsten drei Jahren eine motivierende Herausforderung sein.

... klar

2. Die Visionen müssen ausreichend klar sein. Verschwommene oder unklare Visionen motivieren niemanden. Aussagen wie, „Wir wollen die Bedürfnisse unserer Kunden stets in höchstem Maß befriedigen", dürften für die meisten Mitarbeiter von Softwareunternehmen nicht klar genug sein. Das von der Unternehmensleitung von Hewlett-Packard in den 80er Jahren formulierte Ziel, die Anzahl der Fehler in bestimmten Produkten um den Faktor 10 zu senken, ist dagegen ein gutes Beispiel für eine klare und verständliche Vorgabe.

... mit realistischem Aufwand zu erreichen

3. Die Visionen müssen in einem überschaubaren Zeitraum und mit einem realistischen Ressourcenbedarf erreichbar sein. Sie dürfen nicht völlig realitätsfern oder utopisch sein. Es wäre für einen Softwarehersteller, der die Mindestanforderungen einer Zertifizierung nach ISO 9001 nur mit großer Mühe geschafft hat, z. B. völlig unrealistisch, „im nächsten Jahr TQM zu praktizieren". Jedem, der die Prinzipien des TQM kennt, muß klar sein, daß ein solches Konzept nicht innerhalb eines Jahres eingeführt werden kann. Entsprechende Visionen dürften deshalb von den Mitarbeitern schnell als Sonntagsreden abgetan werden. Für viele Mitarbeiter amerikanischer Softwarehersteller ist es aber z. B. ein durchaus motivierendes Ziel, innerhalb einer klar abgegrenzten Zeitspanne den Reifegrad 3 des CMM zu erreichen.

... ernst gemeint

4. Der Wandel einer Unternehmenskultur zum Total Quality Management kann für ein europäisches Softwarehaus durchaus eine realistische Vision sein. Dies setzt aber voraus, daß die Unternehmensleitung ein möglichst genaues Bild davon haben muß, was sie unter TQM versteht. Die Unternehmensleitung muß den ernsten Willen zu erkennen geben, daß sie diese Vision tatsächlich zur Wirklichkeit werden lassen will. Zu diesem Zweck sollten - möglichst unmittelbar - erste konkrete Schritte unternommen werden.

Qualitätsmanagementsysteme werden oft ohne Visionen aufgebaut

Im Zusammenhang mit der Einführung von Qualitätsmanagementsystemen nach ISO 9000 in deutschen Softwarehäusern ist zu beklagen, daß diese Systeme häufig ohne motivierende Visionen aufgebaut wurden. Selten wurde der Aufbau von Qualitätsmanagementsystemen z. B. mit herausfordernden und gleichzeitig realistischen Zielen, wie einer Erhöhung der Entwicklungsgeschwindigkeit, einer Steigerung des Kundennutzens oder einer Senkung von Fehlerzahlen begründet.

Auch viele Anwender des CMM in großen amerikanischen Unternehmen haben die Bedeutung ungenügender Motivation zu spüren bekommen. Häufig wurden nämlich assessments von Entwicklungsprozessen mit Hilfe des CMM durchgeführt, ohne daß für die betroffenen Mitarbeiter klar gewesen wäre, was mit diesen Prozeßbewertungen erreicht werden soll. Die Folge waren in einigen Fällen Gleichgültigkeit und Desinteresse, in anderen Fällen auch Mißtrauen, Unsicherheit, Angst und Ablehnung. Verständlicherweise haben die mit den Projekten zur Softwareprozeßverbesserung beauftragten Spezialisten deshalb nicht die Unterstützung der Mitarbeiter bekommen, die eigentlich notwendig gewesen wäre. Aus diesem Grund wird empfohlen, Softwareprozeßverbesserungsprojekte nicht mit assessments zu beginnen, sondern mit einer Erklärung der Ziele der Verbesserungsinitiative, mit Motivationsprogrammen, einer umfangreichen Informationskampagne und dem Training der Mitarbeiter.

Herausfordernde Visionen appellieren an den Ehrgeiz der Mitarbeiter. Sie bieten die Chance, etwas zu erreichen, auf das man stolz sein kann. Visionen können die Gefühle der Mitarbeiter ansprechen. Dadurch sind sie geeignet, auch die Einstellungen, Werte und Grundannahmen der Mitarbeiter zu beeinflussen - eine unabdingbare Voraussetzung für erfolgreiche Veränderungen.

6.2.4 Durchbrüche erzielen - die Bedeutung von Widerstand

Veränderungen stoßen in der Regel auf Widerstand

Qualitätsverbesserungen der Entwicklungsprozesse und der Softwareprodukte sind ohne Veränderungen nicht denkbar. Viele Unternehmen haben die Erfahrung machen müssen, daß geplante Veränderungen bei einigen Mitarbeitern auf Widerstand stoßen. Widerstand entsteht z. B. dadurch, daß geplante Veränderungen im Widerspruch zu Einzel- oder Gruppeninteressen, Wertvorstellungen, Grundüberzeugungen, Annahmen oder Einstellungen stehen. Widerstand entsteht u. a. auch dann, wenn die sichtbaren Elemente der Organisationskultur nicht mit den latenten Elementen in Einklang stehen.

Einige Unternehmen versuchen, den Widerstand zu bekämpfen, was häufig zu langwierigen und ermüdenden Auseinandersetzungen, zu einer Verschlechterung des Arbeitsklimas und letztlich zu einer Gefährdung der Verbesserungsbemühungen führt.

Andere Unternehmen nutzen den Widerstand für geplante Verbesserungen. Ein solches Vorgehen setzt aber voraus,

- daß man Widerstand erkennt,
- daß man seine Ursachen, seine Bedeutung und seinen Zweck versteht und
- daß man ein realistisches Bild davon entwickelt, ob und wie man den Widerstand für Verbesserungen nutzbar machen kann.

Widerstand erkennen

diffuse Ablehnung, nicht nachvollziehbare Bedenken, passives Verhalten

Was bedeutet Widerstand? Doppler und Lauterburg haben den Begriff treffend charakterisiert: „Von Widerstand kann immer dann gesprochen werden, wenn vorgesehene Entscheidungen oder getroffene Maßnahmen, die auch bei sorgfältiger Prüfung als sinnvoll, logisch oder sogar dringend notwendig erscheinen, aus zunächst nicht ersichtlichen Gründen bei einzelnen Individuen, bei einzelnen Gruppen oder bei der ganzen Belegschaft auf diffuse Ablehnung stoßen, nicht unmittelbar nachvollziehbare Bedenken erzeugen oder durch passives Verhalten unterlaufen werden."[120] Doppler und Lauterburg führen verschiedene Erscheinungsformen von Widerstand auf: Wenn Sitzungen sich aus unerklärlichen Gründen in die Länge ziehen, Entscheidungsprozesse übermäßig aufgehalten werden, wenn Diskussionen ins Lächerliche abgleiten, wenn auf klare Fragen ausweichend geantwortet wird, wenn sich sonst engagierte Mitarbeiter auffällig zurückhalten, wenn der Krankenstand merklich steigt, wenn sich Gerüchte und unklare Ängste bilden oder wenn wegen scheinbarer Nichtigkeiten interne Papierkriege geführt werden, dann sind das nach Meinung der beiden Autoren deutliche Anzeichen für internen Widerstand. An solchen Phänomenen zeigt sich, daß die geplanten Veränderungen offenbar im Widerspruch zu einzelnen Aspekten der Organisationskultur stehen und zwar in der Regel zu den latenten Elementen, den nicht direkt wahrnehmbaren Grundüberzeugungen, Annahmen, Einstellungen oder Interessen.

Widerstand verstehen

Widerstand ist in der Regel nicht unmotiviert oder sinnlos

Im Zusammenhang mit geplanten Verbesserungen der Softwareentwicklung ist es wichtig zu akzeptieren, daß Veränderungen in der Regel auf Widerstand stoßen werden. Wer z. B. ein Quali-

---

[120]   Doppler, Lauterburg /Change Management/ 202

tätsmanagementsystem einführen will, muß damit rechnen, daß er damit zumindest bei einigen Mitarbeitern auf Widerstand stoßen wird. Das kann sehr unterschiedliche Gründe haben. Für die erfolgreiche Durchführung einer Veränderung ist es unerläßlich, den Widerstand zu verstehen. In der Regel muß man nämlich davon ausgehen, daß der Widerstand nicht völlig unmotiviert oder sinnlos ist. Er dient vielmehr einem bestimmten Zweck. Allerdings ist dieser Zweck meistens nicht unmittelbar zu erkennen.

Wenn wir uns das Beispiel von der Einführung des Konfigurationsmanagements noch einmal vor Augen führen, so lassen sich verschiedene Gründe für den Widerstand gegen die Neuerung denken:

Droht Mehrarbeit?

- Für die meisten Projektteams hätte die Übernahme des Vorschlags zusätzliche Arbeit bedeutet. Man hätte sich intensiv mit dem Vorschlag beschäftigen, Dokumente studieren und eine neue Vorgehensweise trainieren müssen; und all das neben der sowieso schon umfangreichen Alltagsarbeit. Möglicherweise richtet sich der Widerstand nicht gegen den Inhalt des neuen Vorschlags, sondern gegen die Rahmenbedingungen seiner Einführung.

Kamen die Verbesserungsvorschläge von der „falschen" Stelle?

- Vielleicht sind von einer ähnlich zusammengesetzten Arbeitsgruppe schon häufiger Vorschläge für Veränderungen unterbreitet worden, die sich später als Fehlschlag erwiesen haben. In diesem Fall wäre es verständlich, daß niemand zu früh auf ein falsches Pferd setzen will.

Waren die Vorschläge aus der Sicht der Betroffenen unangemessen?

- Selbst wenn ein Vorschlag aus der Gesamtsicht des Unternehmens sinnvoll erscheint, kann das vorgeschlagene neue Konfigurationsmanagement für einzelne Projekte überdimensioniert oder unpassend sein. Möglicherweise richtet sich der Widerstand dagegen, daß „wieder einmal mit Kanonen auf Spatzen geschossen" und den Projekten eine „völlig überdimensionierte Vorgehensweise aufgedrückt" wird.

Offen mit den Mitarbeitern reden

In einem konkreten Fall sollte man jedoch nicht über mögliche Gründe für den Widerstand spekulieren, sondern offen mit den betreffenden Mitarbeitern reden. Nur so hat man eine Chance, die oft im Widerstand verborgenen verschlüsselten Botschaften wahrzunehmen und zu verstehen. Dabei kann man sich z. B. von folgenden Fragen leiten lassen:

- Ist den betreffenden Mitarbeitern der Zweck und das Ziel der Veränderungen wirklich deutlich geworden? Akzeptieren sie die Notwendigkeit von Verbesserungen?
- Sind die Rahmenbedingungen im Arbeitsalltag so gestaltet, daß Verbesserungsprojekte sinnvoll eingeführt werden können? Sind die Mitarbeiter ausreichend ausgebildet und geschult? Haben Sie genug Zeit und angemessene Hilfsmittel, um sich mit den Veränderungen vertraut zu machen, sie zu trainieren und einzustudieren?
- Stehen die geplanten Veränderungen möglicherweise im Widerspruch zu Einstellungen, Annahmen, Wertvorstellungen oder Interessen der Mitarbeiter?

Viele Mitarbeiter sind bereit, über ihre Vorbehalte zu reden

In vielen Unternehmen reicht es aus, die Mitarbeiter offen und ehrlich erklären zu lassen, warum sie sich anders verhalten als vorgesehen. Wenn den betreffenden Mitarbeitern nicht sofort Vorwürfe gemacht werden, und wenn sie wegen ihres „regelwidrigen" Verhaltens nicht mit Repressalien zu rechnen haben, sind die meisten Mitarbeiter bereit, über ihre Vorbehalte zu reden. Vorwürfe oder Disziplinarmaßnahmen sind in solchen Fällen meistens auch völlig unangemessen. Der Widerstand ist nämlich bei genauer Betrachtung kein Hindernis, sondern eine Chance, tieferliegende Probleme zu verstehen. Und genau diese Probleme sollten im Rahmen eines Verbesserungsprojektes vorrangig angegangen werden.

Widerstand nutzen

Widerstand nutzen, um Probleme der Mitarbeiter zu verstehen

Wenn sich Widerstand regt, so ist es in der Regel sinnlos, dagegen anzukämpfen. Ein solches Verhalten kann sogar kontraproduktiv sein. Dies gilt vor allem dann, wenn der Kampf an den Symptomen des Widerstands ansetzt und nicht an seinen Gründen.

In dem Beispiel von der Einführung des Konfigurationsmanagements würde es wahrscheinlich überhaupt nichts nutzen, die Qualität des Vorschlags durch einen unabhängigen Berater bestätigen zu lassen oder die Projektgruppen z. B. „per Vorstandsbeschluß" dazu zu verpflichten, ihre Arbeitsweise entsprechend zu verändern. Wahrscheinlich würden sowohl Machtworte als auch dringende Appelle ihre Wirkung verfehlen. Viel sinnvoller wäre es, den Widerstand zunächst einmal zu akzeptieren. Es ist zwar nicht zu erwarten, daß sich jeder Widerstand gegen Veränderungen konstruktiv nutzen lassen wird. Im Einzelfall ist es aber oft hilfreich zu versuchen, die Gründe für den Widerstand zu verstehen. Anschließend können die Probleme an der Wurzel bekämpft werden. Die folgenden Punkte geben hierfür einige Anregungen:

- Wenn Zeit oder Ressourcenknappheit der Grund für den Widerstand ist, muß erwogen werden, den einzelnen Teams mehr Zeit und Ressourcen einzuräumen, um das neue Konfigurationsmanagement einzustudieren. Wenn man die notwendige Zeit oder die Ressourcen nicht hat, ist zu überdenken, ob geplante Veränderungen überhaupt sinnvoll durchgeführt werden können.

- Wenn die Glaubwürdigkeit einer Arbeitsgruppe durch frühere Fehlschläge gelitten hat, sollte für weitere Veränderungsprojekte geprüft werden, ob man die Arbeitsgruppe mit anderen Mitarbeitern besetzen kann.

- Wenn ein Vorschlag zwar aus der Gesamtsicht des Unternehmens sinnvoll erscheint, für einzelne Projekte aber überdimensioniert oder unpassend ist, kann man z. B. einen zweistufigen Vorschlag ausarbeiten. Die erste Stufe würde Minimalanforderungen an das Konfigurationsmanagement umfassen, die aus Sicht des Unternehmens unerläßlich sind und von jedem Projekt eingehalten werden müssen. Die zweite Stufe würde wünschenswerte, aber nicht in jedem Fall zu erfüllende Anforderungen beschreiben. Eine solche gestufte Lösung hätte den Vorteil, daß einerseits sichergestellt wäre, daß in jedem Projekt bestimmte Minimalforderungen erfüllt werden. Andererseits hätten die Projekte einen gewissen Freiraum für die Gestaltung „ihres" Konfigurationsmanagements. Sie müßten nicht den Eindruck gewinnen „schon wieder" mit zu hohen Anforderungen „von oben" belastet zu werden.

Nicht gegen, sondern mit dem Widerstand

Widerstand gegen geplante Veränderungen zu leisten, erfordert psychische Energie. Die in dem Widerstand erkennbare Energie der Mitarbeiter speist sich häufig aus tieferliegenden Problemen, die auch anderen Verbesserungsbemühungen im Wege stehen. Deshalb muß die Devise für jede geplante Veränderung lauten: Nicht gegen, sondern mit dem Widerstand kämpfen![121]

---

[121] Zur Vertiefung des Themas eignet sich besonders: Doppler, Lauterburg /Change Management/ 202-213

6.2.5 Reden - die Bedeutung der Kommunikation

Notwendigkeit der Kommunikation

Erfolgreiche Veränderungen sind ohne permanente Kommunikation nicht denkbar

Im Alltagsgeschäft, noch dazu unter Zeitdruck, mögen manchem Softwareentwickler Gespräche vor geplanten Verbesserungen als überflüssig oder gar als kontraproduktiv erscheinen. Viele Veränderungsprojekte scheitern aber gerade daran, daß die Betroffenen nicht richtig informiert waren oder daß sie vorhandene Informationen mißverstanden haben. Die Bedeutung der Kommunikation für Veränderungen im Bereich der Softwareentwicklung kann deshalb gar nicht deutlich genug betont werden. Doppler, Lauterburg bezeichnen Kommunikation sogar als „siamesischen Zwilling jeder Veränderungsstrategie"[122]. Es verwundert deshalb nicht, wenn Verbesserungen von Softwareentwicklungsprozessen als Kommunikationsprozesse gestaltet werden müssen.

In Gesprächen können „weiche" Faktoren zur Sprache kommen

Veränderungen in Unternehmen sind vielschichtig. Häufig sind sie sogar noch weitaus vielschichtiger, als sich selbst eine Gruppe von „Insidern" das vorstellen kann. Individuelle Wahrnehmungen, Interessen, Annahmen und Einstellungen, Gerüchte und Befürchtungen spielen häufig eine größere Rolle als die eigentlichen Inhalte eines Verbesserungsprojektes. Intensive Kommunikation bietet eine Chance, möglichst viele der Aspekte wahrzunehmen, die über Erfolg oder Mißerfolg einer Veränderung mitentscheiden können. Besonders die „weichen" Faktoren und die latenten Elemente einer Organisationskultur, die in offiziellen Stellungnahmen und Dokumenten nur selten thematisiert werden, können so zur Sprache kommen.

Veränderungsprojekte verändern sich häufig selbst

Veränderungsprojekte verändern sich während ihres Verlaufs häufig selbst. Das liegt zum Teil daran, daß sich Prioritäten verschieben oder Rahmenbedingungen verändern. Durch die intensive Beschäftigung mit dem jeweiligen Thema verändern sich außerdem Perspektiven und Präferenzen. Viele der Beteiligten gewinnen ein besseres Verständnis des Veränderungsgegenstandes. Deswegen hat ein Veränderungsprojekt häufig bereits nach kurzer Zeit eine andere Richtung und Struktur als dies zu Beginn geplant und beabsichtigt war. Jeder potentiell von den Veränderungen Betroffene hat ein Interesse daran - und auch ein Anrecht darauf - zu erfahren, wie es zur Zeit „um seine Sache steht"

---

[122] Doppler, Lauterburg /Change Management/ 237

und inwiefern er nach aktuellem Kenntnisstand von den geplanten Veränderungen betroffen sein wird.

Gespräche helfen, Veränderungen zu stabilisieren

Wenn Veränderungen erst einmal richtig „ins Rollen kommen", ist vieles im Fluß. Das erfordert eine permanente Abstimmung aller Beteiligten, nicht nur um Mißverständnissen und Fehlinterpretationen vorzubeugen, sondern auch um das Veränderungsprojekt „auf Kurs zu halten" und die geplanten Maßnahmen an sich verändernde Rahmenbedingungen, Prioritäten, Sichtweisen und Interessenlagen anpassen zu können. Angemessene Kommunikation ist eine wichtige Hilfe, um Verbesserungsprojekte gelingen zu lassen.

Wie kann man kommunizieren?

Kommunikation ist eine Gemeinschaftsleistung

Kommunizieren bedeutet, sich zu verständigen, in Verbindung zu stehen, miteinander zu sprechen. Kommunikation ist eine Gemeinschaftsleistung. Kommunikation erfordert, sich gegenseitig zuzuhören, auf den anderen einzugehen, das Gespräch von einer Gemeinsamkeit her zu entwickeln. Dies gilt auch für den Fall, daß man über unterschiedliche Meinungen zu einem - hoffentlich gemeinsamen - Thema redet.

Informationsaustausch ist nicht notwendigerweise auch schon Kommunikation. Arbeitstreffen oder Besprechungen in Unternehmen gleichen häufig eher einem Schlagabtausch und einem gegenseitigen Darstellen der eigenen Meinung. Selten dienen sie der Kommunikation in dem oben verstandenen Sinne. Besonders Veränderungsprozesse kranken häufig daran, daß nicht wirklich kommuniziert wird. Senge trifft im Zusammenhang mit Kommunikation in Unternehmen eine hilfreiche Unterscheidung in Dialog und Diskussion:[123]

Dialog als freier Fluß von Meinungen

- Senge bezeichnet einen Dialog als freien Fluß von Meinungen, Gedanken und Ideen in einer Gruppe. Bei einem Dialog geht es vor allem darum, eine Sache zu erörtern, durch Meinungsaustausch verschiedene Perspektiven eines Gegenstands zusammenzutragen, Ungenauigkeiten im eigenen Denken aufzuspüren und eigene Annahmen und Meinungen hinterfragen zu lassen. Das Ziel eines Dialogs besteht darin, komplexe Themen besser zu verstehen und Einsichten zu erreichen, die einzelnen Personen nicht ohne weiteres zugänglich wären. Am Ende eines Dialogs können durchaus unterschiedliche Meinungen bestehen bleiben. Wünschenswert ist

---

[123] Senge /Learning Organization/ 238-249

aber ein besseres und umfassenderes Verständnis des jeweiligen Themas.

Diskussion als Rede und Gegenrede

- Eine Diskussion besteht aus Rede und Gegenrede. In einer
  Diskussion werden pro und contra-Argumente vorgestellt und
  gegeneinander abgewogen. Das Ziel einer Diskussion besteht
  darin, eine Entscheidung über den Diskussionsgegenstand
  herbeizuführen. Diese Entscheidung soll auf der besten
  Sichtweise und den angemessensten Argumenten basieren.
  Deshalb läßt eine Diskussion häufig auch „Sieger" und
  „Besiegte" zurück.

Angemessene Kommunikationsform wählen

Laut Senge besteht in vielen Unternehmen ein entscheidendes
Defizit darin, daß die meisten Manager und Mitarbeiter nicht
zwischen den beiden Kommunikationsformen Dialog und Diskussion unterscheiden können. Aus diesem Grund werden viele
Arbeitstreffen im falschen Kommunikationsmodus geführt. Gespräche, die eigentlich der Erörterung eines Gegenstandes dienen sollen, arten zu Diskussionen aus. Gelegenheiten, verschiedene Perspektiven im Gespräch zu verstehen und ein umfassenderes Bild zu gewinnen, werden zum Schlagabtausch. Am Ende
sind alle Beteiligten so schlau wie vorher. Bei anderen Gelegenheiten, in denen die Informationsgrundlage ausreichend ist und
in denen eigentlich eine Entscheidung getroffen werden müßte,
werden nur Meinungen ausgetauscht, man „redet um den heißen
Brei herum" und am Ende ist man keinen Schritt vorwärts gekommen.

Senge führt verschiedene Voraussetzungen auf, um einen sinnvollen Dialog zu führen. Ein Dialog erfordert die Bereitschaft,

- die eigene Meinung hinten anzustellen, eigene Annahmen
  auf den Prüfstand stellen zu lassen und diese nicht - nur um
  der eigenen Position willen - zu verteidigen,

- Gesprächsgegenstände aus unterschiedlichen Perspektiven
  beleuchten zu lassen,

- Gesprächspartner nicht als Gegner zu verstehen, sondern als
  Partner, die einem helfen können, die betreffenden Dinge
  besser zu verstehen, und

- einen Moderator einzusetzen, der verhindert, daß ein notwendiger Dialog sich in eine Diskussion verwandelt.

Was ist Gegenstand der Kommunikation im Rahmen von Veränderungsprozessen?

Visionen und Ziele

Worüber sollte im Zusammenhang mit Veränderungsprojekten geredet werden? Zuallererst und immer wieder natürlich über die Visionen und Ziele der geplanten Veränderungen. In unserem Beispiel zum Konfigurationsmanagement wäre es wichtig gewesen, daß sich alle Beteiligten immer wieder darüber verständigen, was mit dem Konfigurationsmanagement erreicht werden soll. Das verhindert, daß die Veränderungswilligen über das Ziel hinausschießen. Den mit dem Status quo zufriedenen Mitarbeitern können die Gespräche über Visionen und Ziele vor Augen führen, warum die Veränderungen dennoch begründet sind.

geplante Vorgehensweisen und Maßnahmen

Außerdem muß natürlich über geplante Vorgehensweisen und Maßnahmen geredet werden. Nicht nur das „Warum", sondern gerade das „Wie" ist für die von den Veränderungen betroffenen Mitarbeiter interessant. Sie können sich so ein besseres Bild davon machen, wie sich die geplanten Veränderungen vermutlich auf ihren Arbeitsalltag auswirken werden.

Kritik, Vorbehalte und Bedenken der Mitarbeiter

Den heikelsten, aber vielleicht auch lohnendsten Gesprächsstoff stellen Kritik, Vorbehalte und Bedenken der Mitarbeiter dar. Gerade in Diskussionen hierüber zeigen sich bisher nicht ausreichend berücksichtigte, aus der Sicht der betroffenen Mitarbeiter aber durchaus wichtige Aspekte der Veränderungprojekte. Werden diese Aspekte totgeschwiegen, können sie später zu Hindernissen für die angestrebten Verbesserungen werden. Deshalb sollte man diesen Themen nicht aus dem Weg gehen, sondern Gespräche darüber aktiv anstreben und die Mitarbeiter ermutigen, ihre Gegenargumente und Bedenken zu äußern.[124]

Kommunikation als Mittel der Veränderung der Organisationskultur

Gespräche bieten ideale Möglichkeiten, die latenten Elemente einer Organisationskultur zu beeinflussen. Wenn Annahmen, Werte, Überzeugungen und Einstellungen der Mitarbeiter zur Sprache kommen, so ist das für die Veränderung einer Organisationskultur ein entscheidender Fortschritt. Solange die latenten Elemente nicht in Erscheinung treten, beeinflussen sie zwar die Organisationskultur in erheblichem Maße. Es ist aber nicht ohne weiteres möglich, sie z. B. in Richtung eines neuen Qualitätsver-

---

[124] Zur Vertiefung des Themas eignen sich besonders: Doppler, Lauterburg /Change Management/ 214-242 und Senge /Learning Organization/ 238-249

ständnisses zu beeinflussen. Erst wenn die latenten Elemente explizit gemacht werden, sind sie für Veränderungen zugänglich. Sinnvolle Kommunikation hat häufig auch den angenehmen Nebeneffekt, daß sich unterschiedliche Meinungen und Wertvorstellungen einander angleichen und daß sich nach und nach eine gemeinsame Sichtweise darüber herausbildet, wie die Organisation „zur Qualität stehen" und diese gestalten will.

6.2.6 Streiten - die Bedeutung von Konflikten

Gründe für Konflikte

Konflikte sind normal

Nachhaltige Verbesserungen der Softwareentwicklung beruhen, wie bereits mehrfach betont, nicht nur auf der Veränderung technischer Inhalte oder abstrakter Vorgehensweisen. Vielmehr müssen Verhaltens- und Arbeitsweisen, Einstellungen, Annahmen, Werte und Überzeugungen vieler Mitarbeiter verändert werden. Diese Aspekte sind häufig so tief in den Mitarbeitern verwurzelt, daß viele den Eindruck gewinnen, ein Stück von sich selbst aufgeben zu müssen, wenn Veränderungen anstehen. In der Regel vollzieht sich die Veränderung einer Organisationskultur deshalb nicht reibungslos, sondern es kommt zu Konflikten mit den Betroffenen.

Konflikte sind im Zusammenhang mit Verbesserungsvorhaben normal. Doppler und Lauterburg behaupten sogar, es gebe keine Veränderung ohne Konflikt.[125] In dem Beispiel zum Konfigurationsmanagement liegen die Ursachen für Konflikte auf der Hand: Aus der Sicht des Unternehmens ist es wünschenswert, in allen Projektgruppen ein einigermaßen einheitliches Konfigurationsmanagement zu praktizieren. Das erfordert von allen Projektgruppen eine Veränderung der bisher praktizierten Arbeitsweise und damit einen gewissen Umstellungsaufwand. Aber nicht alle Projektgruppen sehen die Notwendigkeit dieser Umstellung ein. Aus ihrer Sicht ist das bisher übliche, projektspezifische Vorgehen akzeptabel.

Nun stellt sich natürlich die Frage, warum die Projektgruppen in unserem Beispiel nicht versucht haben, den Vorschlag zum Konfigurationsmanagement vor seiner offiziellen Verabschiedung und vor der geplanten Einführung zu kritisieren und entsprechend zu verändern. Warum hat man versucht, die neue Vorge-

---

[125] Vgl. Doppler, Lauterburg /Change Management/ 280

hensweise „klammheimlich" zu unterlaufen? Warum hat man nicht die offene Auseinandersetzung gesucht?

Warum geht man Konflikten aus dem Weg?

Man wird zugeben müssen, daß in dem Beispiel vielfältige Möglichkeiten zur Meinungsäußerung und zur Kritik bestanden haben. Die Mitglieder der Arbeitsgruppe haben Gespräche geführt. Sicher wußten viele Mitarbeiter bereits früh von dem geplanten einheitlichen Konfigurationsmanagement. Nach der Präsentation gab es eine zweiwöchige Einspruchsfrist. Warum hat niemand reagiert? Warum hat niemand konstruktive Kritik geübt? Warum hat sich niemand gewehrt? Sicherlich gab es dafür verschiedene Gründe. Wir wollen versuchen, einige davon zu nennen:

Konflikte sind unangenehm

- Auseinandersetzungen sind unangenehm. Nur in wenigen Unternehmen ist es normal, „konstruktiv miteinander zu streiten". Viele Mitarbeiter von Softwareunternehmen verfügen weder über die erforderlichen kommunikativen Fähigkeiten, noch über das nötige Selbstbewußtsein, um eigene Ansichten und Interessen zu vertreten. Folglich geht man den meisten Konflikten am liebsten aus dem Weg.

Konflikte kommen immer ungelegen

- Konflikte kommen immer ungelegen. Wer hat in einem Softwareunternehmen jemals ausreichend Zeit, eine Auseinandersetzung um übergeordnete Fragen zu führen? Das Alltagsgeschäft dürfte aus Sicht der Projekte zu jedem Zeitpunkt dringender sein, als die Notwendigkeit, Grundsatzdiskussionen zu führen. Warum soll man sich in Grundsatzfragen aufreiben, wenn das aktuelle Projekt genug Probleme mit sich bringt?

Keinen Streit vom Zaun brechen wollen

- Als der ausgearbeitete Vorschlag für das neue, unternehmensweite Konfigurationsmanagement unterbreitet wurde, wollte niemand mehr „dem anderen auf die Füße treten". Jeder hatte den Eindruck, daß es bei der Präsentation des Vorschlags für eine grundlegende Auseinandersetzung schon zu spät war. Kosmetische Änderungen wären vielleicht noch möglich gewesen, aber warum soll man wegen Kleinigkeiten einen „Streit vom Zaun brechen"?

Konflikte werden nicht ernst genommen

- Einige Projektgruppen waren wahrscheinlich aus verschiedenen Gründen tatsächlich davon überzeugt, daß der Vorschlag nicht ganz ernst gemeint gewesen sei, und daß sich lediglich irgend jemand profilieren wollte. Wenn sich „der Staub sowieso bald wieder legen" und „die Sache sich im Sand verlaufen wird", warum soll man sich jetzt aufregen?

Im Alltagsgeschäft eines Softwarehauses gibt es viele Gründe, Auseinandersetzungen aus dem Weg zu gehen. Trotzdem ist es wichtig, Konflikte auszutragen.

Konflikte sollten ausgetragen werden

Konflikte erledigen sich nicht dadurch, daß man sie ignoriert

Es ist ein Irrtum zu meinen, man könne Meinungsverschiedenheiten und Interessenkonflikten dadurch aus dem Weg gehen, daß man sie ignoriert. Früher oder später werden die unterschiedlichen Auffassungen doch aufeinanderprallen. Häufig kommen die Konflikte zu einem noch ungünstigeren Zeitpunkt wieder auf die Tagesordnung. Konflikte, die nicht ausgetragen werden, schwelen weiter. Häufig eskalieren sie in der Zwischenzeit sogar unbemerkt, z. B. weil sich einige Betroffene in ihren Bedürfnissen und Interessen nicht ernst genommen fühlen.

Je später Konflikte gelöst werden, desto höher die damit verbundenen Kosten

Je später Konflikte gelöst werden, desto höher sind in der Regel auch die damit verbundenen Kosten. Der Grund dafür ist denkbar einfach: Entscheidungen und Investitionen werden auf der Grundlage der falschen Annahme getroffen, alle wesentlichen Aspekte einer Angelegenheit seien berücksichtigt worden. In Wirklichkeit sind aber in den zurückgestauten Konflikten genau die Aspekte verborgen, die das Veränderungsprojekt später zum Scheitern bringen können. Im Beispiel zum Konfigurationsmanagement sind hohe Aufwendungen in die Ausarbeitung und Präsentation des Vorschlags geflossen. Wären die tatsächlich bestehenden Konflikte bereits während der Planungs- und Einführungsphase ausgetragen worden, so wäre das Projekt auf den ersten Blick zwar deutlich teurer geworden. Berücksichtigt man aber, daß das in unserem Beispiel angestrebte unternehmensweite Konfigurationsmanagement vermutlich nur mit erheblichen Mehraufwendungen erreicht werden kann, so wäre ein Projekt mit einigen kräftigen Auseinandersetzungen zu Beginn im Endeffekt wahrscheinlich wesentlich billiger geworden.

Wie können Konflikte sinnvoll ausgetragen werden?

Wenn Konflikte ausgetragen werden sollen, bleibt die Frage, wie das sinnvoll geschehen kann. Immerhin müssen die Beteiligten auch nach der Auseinandersetzung noch zusammenarbeiten. Zwei grundlegende Bemerkungen scheinen uns in diesem Zusammenhang wichtig zu sein:

Streitkultur pflegen

1. Jedes Unternehmen, welches nachhaltige Veränderungen anstrebt, muß eine Streitkultur pflegen. Dazu gehört zu akzeptieren und anzuerkennen, daß Interessenkonflikte normal

sind und daß sie sogar hilfreich sein können, wenn sie fair ausgetragen werden. Streit zu kultivieren bedeutet auch, den Mitarbeitern Gelegenheit zu kontroversen Diskussionen einzuräumen und sie zu konstruktiven Auseinandersetzungen zu ermutigen. Hierfür müssen klare Regeln und Konfliktlösungsstrategien vorgegeben werden, die einen fruchtbaren Umgang mit Streitpunkten ermöglichen.

Aus-ein-ander-setzung wörtlich nehmen

2. Der Begriff Aus-ein-ander-setzung sollte wörtlich genommen werden. Das bedeutet, daß man einen Konflikt aus einer gemeinsamen Sache heraus entwickelt, sich aber dabei bewußt bleibt, daß die Konfliktparteien anderer Auffassung, über diesen Gegenstand sind. Die Schwierigkeit, eine Auseinandersetzung konstruktiv zu führen, besteht darin, daß einerseits die gemeinsame Sache im Vordergrund steht, ohne daß Empörung, Wut oder persönliche Angriffe die Überhand bekommen. Andererseits dürfen die unterschiedlichen Positionen aber nicht zugunsten eines Scheinfriedens „totgeschwiegen" werden.

Richtlinien für eine Konfliktregulierung

Doppler und Lauterburg nennen fünf „Grundvoraussetzungen für eine Konfliktregulierung". Die fünf Aspekte beschreiben wichtige Richtlinien für den Umgang mit Konflikten.[126]

- Direkte Kommunikation herstellen

  Konflikte in Unternehmen sind häufig dadurch gekennzeichnet, daß die Beteiligten die Kommunikation miteinander abbrechen oder mehr über als mit dem Konfliktpartner reden. Da der Konflikt aber nur durch die Betroffenen selbst gelöst werden kann, ist es wichtig, sie wieder zu unmittelbarer Kommunikation zu bewegen.

- Neutralen Dritten vermitteln lassen

  Da die Konfliktparteien sich häufig in den eigenen Positionen „festgefahren" haben, ist es für die Beteiligten oft schwer, sich zu verständigen. Ein neutraler Dritter kann bei einem Gespräch vermitteln und darauf achten, daß die Gesprächspartner sich nicht mißverstehen und erneut in Streit geraten.

---

[126] Vgl. Doppler, Lauterburg /Change Management/ 284. In ihrem Kapitel Konfliktmanagement beschreiben die beiden Autoren außerdem typische Eskalationsmuster von Konflikten in Unternehmen und geben praktische Hinweise, wie Konflikte gelöst werden können.

- Emotionen offenlegen

  Konflikte sind in der Regel sehr emotionsbeladen. Die meisten Versuche, Konflikte objektiv, d. h. unter Vernachlässigung dieser Emotionen zu lösen, sind zum Scheitern verurteilt. Es ist deshalb unerläßlich, subjektive Empfindungen, enttäuschte Erwartungen, Kränkungen oder Verletzungen offen auszusprechen, damit sie in die Konfliktlösung einbezogen werden können.

- Vergangenheit bewältigen

  Das Offenlegen der Emotionen hat vor allem den Zweck, dem Konfliktpartner verständlich und nachvollziehbar zu machen, welche Äußerungen, Verhaltensweisen oder Unterlassungen zu welchen Empfindungen oder Reaktionen geführt haben. Auf diese Weise bekommen alle Beteiligten die Möglichkeit, ihren Anteil am Konflikt zu erkennen und nachzuvollziehen.

- Akzeptable Lösungen aushandeln

  Eine dauerhafte Lösung des Konflikts erfordert, daß für alle Beteiligten akzeptable Lösungen gefunden werden. Das bedeutet, daß es keine „Sieger und Besiegte" geben darf. Es muß sich für alle Beteiligten lohnen, Zugeständnisse zu machen und diese im Arbeitsalltag auch zu praktizieren.

Austragen von Konflikten ist lohnender, als Konflikte schwelen zu lassen

Es ist besser, Konflikte nicht „unter den Teppich zu kehren", sondern ihnen frühzeitig Raum zu geben und sie gründlich auszutragen. Das wird zwar in der Regel dazu führen, daß Veränderungen nicht so schnell, und häufig auch nicht in dem Umfang, durchgeführt werden können wie geplant. Es besteht aber zumindest die Chance, Kompromißlösungen zu verwirklichen. Wenn es sich dabei nicht um faule Kompromisse oder Scheinlösungen handelt, sind solche Kompromisse allemal besser, als in der betreffenden Sache nichts zu unternehmen oder den Erfolg der geplanten Veränderung durch schwelende Konflikte zunichte machen zu lassen.

6.2.7 Vorbild sein - die Bedeutung des Managements

Für die Bewältigung des Wandels kommt dem Management eine besondere Vorbildfunktion zu. Eine Organisationskultur entwickelt sich nicht von selbst in die gewünschte Richtung. Wie im Zusammenhang mit den Visionen bereits angesprochen, ist es vielmehr unerläßlich, daß Veränderungsprojekte auf erstrebenswerte Ziele hin ausgerichtet werden. Alle Mitarbeiter mit Führungsfunktionen müssen außerdem zu erkennen geben, daß sie diese Ziele aktiv anstreben und den Fortschritt durch eigene Anstrengungen unterstützen.

Verhalten ist wichtiger als Entscheidungen

Manager unterliegen oft der Fiktion, schon Entscheidungen können einen Wandel im Unternehmen bewirken. Sie nehmen nicht zur Kenntnis, daß das Verhalten der ·Führungspersönlichkeiten auf allen Ebenen des Unternehmens für die Bewältigung des Wandels viel wichtiger ist als Entscheidungen, Verlautbarungen oder „offizielle" Dokumente.

Das Verhalten der Leiter wird von den Mitarbeitern eines Unternehmens in der Regel mit besonderer Aufmerksamkeit verfolgt. Engagiert sich das Management in einer Sache selbst sehr stark und handelt es im Einklang mit den Entscheidungen und Plänen, so ist das für die Mitarbeiter ein deutliches Zeichen, daß der verkündete Wandel ernst gemeint ist. Entsprechend hoch ist die Motivation der Mitarbeiter, sich ähnlich zu verhalten und die Veränderungsprojekte aktiv zu unterstützen. Umgekehrt gilt: Wenn die Entscheidungen sich nicht im Verhalten der Leiter widerspiegeln, wenn die Mitarbeiter den Eindruck gewinnen, es werden nur Sonntagsreden gehalten, denen keine Taten folgen, dann besteht für sie kein großer Anreiz, die angekündigten Veränderungen nachzuvollziehen und aktiv daran mitzuarbeiten.

Unsere empirischen Untersuchungen zum Aufbau von ISO 9000-QMS in Softwareunternehmen[127] haben die Bedeutung des Verhaltens des Managements bestätigt. Die befragten Mitarbeiter der Unternehmen gaben an, daß besonders das Engagement der Führung dem Aufbau eines Qualitätsmanagementsystems den nötigen Stellenwert verleiht. Die Tatsache, daß in vielen Unternehmen ein Geschäftsführer aktiv und für alle Mitarbeiter sichtbar am Aufbau beteiligt war, wurde als einer der entscheidenden Erfolgsfaktoren für das Qualitätsmanagement bezeichnet.

Mitglieder der Geschäftsleitung sollten aktiv an Veränderungsprojekten mitarbeiten

In unserem Beispiel zum Konfigurationsmanagement wäre es z. B. sehr hilfreich gewesen, wenn sich die leitenden Mitarbeiter des Softwarehauses nicht nur darauf geeinigt hätten, das Konfigurationsmanagement vereinheitlichen zu lassen, sondern wenn zumindest ein Mitglied der Geschäftsleitung sich an die Spitze des Veränderungsvorhabens gesetzt und aktiv daran mitgearbeitet hätte. Ferner hätte die Motivation der Mitarbeiter, das neue Konfigurationsmanagement anzuwenden, wahrscheinlich erheb-

---

[127] Vgl. Bellin, Stelzer, Mellis /ISO 9000/

lich gesteigert werden können, wenn erkennbar gewesen wäre, daß Mitglieder der Unternehmensleitung sich selbst danach richten oder zumindest nachdrücklichen Wert auf die Anwendung des Vorschlags legen.[128]

6.2.8 An einem Strang ziehen - die Bedeutung von Gruppenarbeit

Kleine Gruppen können helfen, den Wandel zu beschleunigen

Einerseits weisen soziale Systeme in der Regel ein gewisses Beharrungsvermögen auf und können dadurch geplante Veränderungen aufhalten. Andererseits können gerade kleine Gruppen in Unternehmen helfen, einen wünschenswerten Wandel zu beschleunigen.

Bei der Einführung von Veränderungen haben viele Unternehmen positive Erfahrungen mit Pionierteams gemacht. Das sind kleine Gruppen hochmotivierter Mitarbeiter, die helfen, Verbesserungsvorschläge auszuarbeiten. Sie wenden die Vorschläge im Unternehmen als erste an und überprüfen diese dabei auf ihre Praxistauglichkeit. Wenn die entsprechenden Mitarbeiter enthusiastisch genug sind, lassen sie sich auch von Anfangsschwierigkeiten und Kinderkrankheiten nicht abhalten, die Neuerungen in der Regel mit sich bringen. Im Gegenteil: Sie weisen auf Schwachstellen und Verbesserungsmöglichkeiten hin, erarbeiten praktische Hilfen und erhöhen dadurch die Praktikabilität der Neuerungen.

Pionierteams bahnen den Weg

Wenn Verbesserungsvorschläge erst einmal von einer Gruppe im Arbeitsalltag eingesetzt worden sind, ist es viel einfacher, auch andere Mitarbeiter zur Anwendung der Neuerungen zu bewegen. Weil ein Pionierteam bewiesen hat, daß der Verbesserungsvorschlag funktioniert und praktikabel ist, verringert sich für andere Teams das Risiko und der Arbeitsaufwand bei der Übernahme des Vorschlags für die eigene Arbeit. Außerdem kann sich niemand mehr auf den Standpunkt zurückziehen, der Vorschlag sei zu theoretisch, unpraktikabel oder weltfremd.

Pilotprojekte zur Einführung von Qualitätsmanagementsystemen

Bei der Einführung von ISO 9000-Qualitätsmanagementsystemen haben viele Softwareunternehmen einen ähnlichen Weg eingeschlagen. Sie haben nicht auf Anhieb ein Qualitätsmanagementsystem für das gesamte Unternehmen, sondern zunächst nur für einzelne Teilbereiche aufgebaut. Dort wurden Erfahrungen „im kleinen" gesammelt. Schwierigkeiten, die bei einer unmittelbaren Einführung im gesamten Unternehmen alle Mitarbeiter betroffen

---

[128] Zur Vertiefung des Themas eignet sich besonders: Weinberg /Congruent Action/

hätten, blieben so auf einen überschaubaren Kreis von Mitarbeitern begrenzt und konnten hier bekämpft werden. Die Pionierteams lieferten wertvolle Hinweise und erleichterten so die unternehmensweite Einführung der Qualitätsmanagementsysteme. Der Demonstrationscharakter des Qualitätsmanagements in den Pionierteams half mit, andere Mitarbeiter davon zu überzeugen, ebenfalls ein Qualitätsmanagementsystem aufzubauen und es anzuwenden.

Gruppenarbeit darf sich nicht auf einen kleinen Kreis beschränken

Die fehlgeschlagene Einführung eines neuen Konfigurationsmanagements in dem eingangs geschilderten Beispiel ist von einer Gruppe betrieben worden. Man könnte sich deshalb auf den Standpunkt stellen, das Beispiel widerlege die Überlegenheit der Gruppenarbeit. Unserer Meinung nach ist das Gegenteil der Fall. Das Beispiel verdeutlicht vielmehr einen weiteren wichtigen Aspekt der Gruppenarbeit: Wenn ein Team vornehmlich im „eigenen Saft schmort", wenn es in erster Linie „um sich selbst kreist", dann nutzt auch die bestgemeinte Gruppenarbeit nichts. Das vorgeschlagene neue Konfigurationsmanagement betraf eben nicht nur die Arbeitsgruppe selbst, sondern in erster Linie eine Reihe anderer Projektteams. Diese hatten eine ausgeprägte eigene Kultur entwickelt. In ihrer täglichen Arbeit hatten sich eigene Vorgehensweisen zur Verwaltung unterschiedlicher Versionen von Softwareprodukten eingespielt. Das Beispiel verdeutlicht, daß die Gruppenarbeit nicht weit genug ging. Wenn alle Mitglieder eines Unternehmens von einer Neuerung betroffen sind, dann darf sich die Gruppenarbeit nicht auf einen kleinen Kreis beschränken, der zu allem Überfluß noch losgelöst vom Alltagsgeschäft einen Vorschlag erarbeitet. Das heißt nicht, daß nun alle alles erledigen müßten. Es bedeutet aber, daß alle Betroffenen in angemessener Weise einbezogen werden müssen. Die Gruppenarbeit hat in dem angeführten Beispiel nicht zum Erfolg geführt, weil sie nicht konsequent genug angewendet wurde, weil sie nicht radikal genug war, weil die gemeinsame Arbeit sich auf eine Gruppe beschränkte und der Kontakt zu anderen Teams nicht ausreichend gepflegt wurde.[129]

6.2.9

Veränderungen müssen stabilisiert werden

Nicht locker lassen - die Bedeutung der kontinuierlichen Verstärkung

Sobald Prozesse, Verfahren oder soziale Subsysteme in Softwareunternehmen verändert worden sind, müssen diese Veränderungen stabilisiert werden. Prozesse müssen „eingefahren",

---

[129] Zur Vertiefung des Themas eignen sich besonders: DeMarco, Lister /Wien/ und Weinberg /Congruent Action/ 229-275

Qualitätsmanagementsysteme müssen „gelebt", kurz gesagt: alle wünschenswerten Veränderungen müssen kontinuierlich verstärkt werden, damit Verbesserungen im Alltagsgeschäft wirksam werden können.[130] Dafür lassen sich mindestens zwei Gründe anführen, auf die wir im folgenden näher eingehen werden:

Verbesserungen gelingen selten auf Anhieb richtig

Verbesserungsprojekte sind mit vielen Unwägbarkeiten behaftet

Verbesserungsprojekte gelingen selten auf Anhieb richtig. Dazu sind Veränderungen in sozialen Systemen mit zu vielen Unwägbarkeiten behaftet. Nur in wenigen Ausnahmefällen kann z. B. die Entwicklung der Rahmenbedingungen, unter denen sich Veränderungen vollziehen, oder der für Verbesserungen benötigte Zeit- und Ressourcenbedarf richtig eingeschätzt werden. Selten werden die Ziele einer Veränderung zu Beginn ausreichend detailliert formuliert. Häufig können die Konsequenzen von Veränderungsmaßnahmen in Unternehmen nicht richtig vorhergesagt werden. Die Aspekte, die berücksichtigt werden müssen, sind zu vielschichtig, als daß mit einem glatten Verlauf von Veränderungen gerechnet werden könnte. Humphrey weist darauf hin, daß z. B. auch Prozeßbeschreibungen selten im ersten Anlauf richtig gelingen.[131]

Veränderungsgegenstände sind „moving targets"

Erschwerend kommt hinzu, daß Vorgehensweisen, betriebliche Prozesse, Gruppenstrukturen, oder worin auch immer die zu verändernden Gegenstände bestehen, in sozialen Systemen selbst keine statischen Strukturen, sondern „moving targets" darstellen. Angesichts geplanter Veränderungen beschleunigt sich die Dynamik dieser Systeme häufig zusätzlich.

Deswegen ist eine permanente Abstimmung, Überarbeitung und Anpassung von Zielen, Vorgehensweisen und Hilfsmitteln erforderlich. Auch der Kreis der Beteiligten und Betroffenen muß kontinuierlich überprüft werden. Schon durch geringfügige Modifikationen eines Veränderungsprojektes sind häufig mehr Mitarbeiter betroffen, als ursprünglich abzusehen war.

---

[130] Die Grundgedanken dieses Aspekts sind bereits im Rahmen des TQM-Prinzips „Stabilisierung von Verbesserungen" in Kap. 3 dieses Buches beschrieben worden. Dieses Prinzip hat im Rahmen des Change Managements eine besondere Bedeutung und wird deshalb hier vertieft.

[131] Vgl. Humphrey /Discipline/ 461

Veränderungsgegenstände unterliegen zunehmender Entropie

Ordnung sozialer Systeme nimmt kontinuierlich ab

Es gibt viele Kräfte, die dazu führen, daß die Ordnung sozialer Systeme, seien es Konfigurationsmanagementsysteme, Qualitätsmanagementsysteme oder Softwareentwicklungsprozesse kontinuierlich abnimmt, wenn man sie sich selbst überläßt. Humphrey spricht in einem ähnlichen Zusammenhang von „software process entropy"[132]. Der Grundsatz der zunehmenden Entropie, d. h. der zunehmenden Unordnung, gilt vor allem in der Anfangszeit veränderter sozialer Systeme. In diesem Stadium sind die veränderten Bereiche in der Regel noch nicht gefestigt. Die neuen Strukturen sind flüchtig und können schon durch geringfügige Störungen negativ beeinflußt werden.

Die Ursachen für die Entropie sozialer Systeme sind vor allem in der menschlichen Natur zu suchen. Einige Gründe, warum veränderte Ordnungen in Unternehmen sich schnell wieder zersetzen können, sind:

Menschen sind „Gewohnheitstiere"

- Menschen sind „Gewohnheitstiere". Ohne ausreichende Motivationen und Anreize fallen sie schnell wieder in gewohnte Verhaltensweisen zurück. Diese Tendenz wird z. B. dadurch verstärkt, daß Mitarbeiter neue Aspekte im Arbeitsalltag wieder vergessen.

Mitarbeiter haben nicht genug Möglichkeiten, sich mit Änderungen vertraut zu machen

- Mitarbeiter sind nicht richtig ausgebildet oder motiviert, sie ärgern sich über Details des Vorschlages oder haben keine Zeit, sich mit den nötigen Veränderungen vertraut zu machen, die Neuerungen einzustudieren oder sich persönliche Hilfsmittel zu schaffen. Andere Mitarbeiter nehmen die Veränderungspläne von Anfang an nicht ernst oder räumen den Verbesserungsvorhaben nur sehr geringe Priorität ein.

„Abweichler stecken andere an"

- Sobald ein Mitarbeiter von den gewünschten Veränderungen abweicht, besteht die Gefahr, daß er andere „ansteckt". Warum sollte sich jemand mit Veränderungen abmühen, wenn die Kollegen sich auch nicht daran halten?

Änderungen scheitern an Kleinigkeiten

- Viele wohlgemeinte Änderungen scheitern an scheinbaren Kleinigkeiten. Zum Teil stehen benötigte Hilfsmittel nicht von Anfang an zur Verfügung, Beschreibungen und Anleitungen sind unklar formuliert, oder im entscheidenden Moment stehen keine Ansprechpartner zur Verfügung. In der Praxis sind es häufig genau diese Kleinigkeiten, die einen hilfreichen

---

[132] Humphrey /Managing/ 63

und erfolgversprechenden von einem unpraktikablen Veränderungsvorschlag unterscheiden.

Verbesserungen müssen stabilisiert werden

In Verbesserungsprojekten sind permanente Überarbeitungen und Nachbesserungen nötig

Ist ein Verbesserungsprojekt begonnen worden, müssen viele Hindernisse überwunden oder umgangen werden. Für die Veränderungen muß immer wieder im gesamten Unternehmen geworben werden. Mitarbeiter müssen motiviert und ermuntert werden, die Veränderungen zu unterstützen und konstruktiv zu begleiten. Fehler, Unterlassungen und Ungereimtheiten müssen korrigiert und behoben werden. Fehlende Übergänge und Schnittstellen sind zu schaffen. Die Einhaltung der vorgeschlagenen Veränderungen ist zu überprüfen. Bei Abweichungen muß festgestellt werden, ob diese auf einen Fehler im Veränderungskonzept, auf Widerstand bei den Mitarbeitern oder auf das Beharrungsvermögen der Organisation zurückzuführen sind. In jedem Fall sind Gegenmaßnahmen zu ergreifen. Wer mit Veränderungsprojekten beschäftigt ist, sollte davon ausgehen, daß permanente Überarbeitungen und Nachbesserungen auch noch nötig sind, nachdem Veränderungen bereits offiziell eingeführt wurden. Überall dort, wo diese Erfahrung nicht berücksichtigt wird, lösen sich die angestrebten Verbesserungen von selbst wieder auf.

Welche Bedeutung haben diese Beobachtungen für unser Beispiel zum Konfigurationsmanagement? Wie bereits mehrfach betont, wäre es sicherlich unklug, den ausgearbeiteten Vorschlag mit Macht in den Projektgruppen durchzusetzen. Sinnvoller wäre es, gemeinsam mit den einzelnen Projektgruppen einen Minimalkonsens zu erarbeiten und darauf hinzuwirken, daß dieser im Arbeitsalltag befolgt wird. Aber auch die Etablierung dieses Minimalkonsens würde viel Kreativität, Ausdauer, Ermutigung und Hilfestellung erfordern. Folgende Aspekte sollen das verdeutlichen:

Beratung

* Mitarbeiter müßten nicht nur geschult, sondern auch bei auftauchenden Problemen beraten werden.

Übergangslösung

* Die Einführung einer Neuerung im laufenden Betrieb ist in der Regel schwierig. In jedem Projekt müßte deshalb wahrscheinlich eine Übergangslösung oder zumindest eine projektspezifische Einführungsphase geplant, vorbereitet und durchgeführt werden.

„Standards" überprüfen

* Nach einiger Zeit würde sich das „einheitliche" Konfigurationsmanagement in den verschiedenen Projekten wahrschein-

lich doch wieder erheblich voneinander unterscheiden. Es ist dann zu überprüfen, inwiefern einzelne Modifikationen mit dem einheitlichen Vorschlag kompatibel sind, in diesen „Standard" übernommen werden und von allen Gruppen praktiziert werden können. Eventuell müssen einige Projekte auch wieder „auf den rechten Pfad" zurückgebracht werden.

In der Praxis werden sich noch viele andere, ähnliche Probleme ergeben. Nur wenn sie nicht ignoriert, sondern aktiv bekämpft werden, haben Veränderungsprojekte eine realistische Chance, nachhaltige Verbesserungen zu erreichen.

6.2.10 Erfolgsfaktoren des Change Managements

Leider können wir nicht beobachten, in welcher Weise Sie die letzten Seiten aufgenommen haben. Wir können uns aber verschiedene Reaktionsweisen vorstellen, auf die wir kurz eingehen wollen:

- **Ist das nicht alles selbstverständlich?**

  Auf den ersten Blick mögen die in den letzten Abschnitten dargestellten Prinzipien selbstverständlich sein und trivial klingen. Tatsächlich haben wir jedoch immer wieder mit Mitarbeitern aus Softwarehäusern Kontakt, die bekräftigen, daß die Einführung von Qualitätsmanagementsystemen, die Etablierung eines Total Quality Managements oder der Versuch, kontinuierliche Verbesserungen zu erreichen, an eben jenen, scheinbar trivialen Faktoren scheitert. Auch die empirischen Ergebnisse zur Bedeutung der ISO 9000 und des CMM in der Softwareindustrie bestätigen die These: Die Einführung des Softwarequalitätsmanagements wird häufig durch die Mißachtung grundlegender Prinzipien des Change Managements behindert.

- **Ist das nicht viel zu aufwendig?**

  Es dürfte klar geworden sein, daß die Bewältigung des Wandels nicht „nebenbei" erledigt werden kann. Die Veränderung einer Unternehmenskultur vollzieht sich in der Regel auch nicht von selbst zum Besseren. Sie erfordert im Gegenteil viel Kraft, Zeit und Mühe. Mancher mag sich deshalb - erschreckt über den hohen Aufwand - vom Change Management abwenden, um sich mit aller Kraft den „eigentlichen" Aufgaben des Qualitätsmanagements widmen zu können, wie sie z. B. in der ISO 9000 oder im CMM beschrieben sind. Es kann nicht oft genug betont werden, daß viele Softwarehersteller, die diesen scheinbar leichteren Weg gewählt haben, gescheitert sind. Der Aufbau des Qualitätsmanagementsystems hat viel Geld gekostet, ein spürbarer Nutzen stellt sich aber nicht ein. Wir können nur davor warnen, mit hohem Aufwand wichtige und dringende „technische" Maßnahmen zu realisieren, den notwendigen kulturellen Wandel aber zu vernachlässigen. In den meisten Fällen ist diese Vorgehensweise zum Scheitern verurteilt.

- **Ja, so würde ich gerne Veränderungen unterstützen!**

  Für diejenigen, die die Notwendigkeit eines Change Managements akzeptieren und den Wert entsprechender Bemühungen schätzen, haben wir die wichtigsten Aspekte noch einmal in Form von neun Erfolgsfaktoren zusammengefaßt.

Erfolgsfaktoren des Change Managements

Den Wandel gestalten

1. Die Veränderung einer Unternehmenskultur vollzieht sich nicht von selbst. Der Wandel muß geplant und mit angemessenen Mitteln bewältigt werden. Die Notwendigkeit eines Change Managements muß von der Unternehmensleitung akzeptiert werden.

Kreative Unruhe

2. Veränderungen gelingen nicht „aus dem Stand". Bevor nachhaltige Verbesserungen erreicht werden können, muß das Beharrungsvermögen einer Organisation zugunsten einer kreativen Unruhe überwunden werden.

Motivation

3. Angestrebte Veränderungen müssen auf ein klar definiertes Ziel ausgerichtet sein. Die Mitarbeiter müssen sich mit den geplanten Maßnahmen identifizieren und ihren Zweck erkennen können.

Widerstand nutzen

4. Widerstand der Mitarbeiter gegen geplante Veränderungen kann Hinweise auf tieferliegende Probleme geben, die den gesamten Verbesserungsprozeß gefährden können. Deshalb ist es unerläßlich, offen mit den betreffenden Mitarbeitern darüber zu reden.

Permanente Kommunikation

5. Veränderungen erfordern permanente Kommunikation, vor allem Gespräche mit allen Betroffenen. Angemessene Kommunikation erleichtert vor allem die Feinsteuerung von Veränderungsvorhaben.

Konflikte offen austragen

6. Konflikte im Zusammenhang mit Verbesserungsvorhaben sind normal. Konflikte sollten offen ausgetragen werden. Dazu müssen unterschiedliche Interessen deutlich gemacht, und es muß nach einem allgemeinverträglichen Ausgleich gesucht werden.

Vorbildfunktion des Managements

7. Das Management hat bei der Bewältigung des Wandels eine Vorbildfunktion. Führungspersönlichkeiten müssen sich selbst aktiv an Veränderungsprojekten beteiligen und die eigenen Verhaltensweisen in Einklang mit den „offiziellen" Entscheidungen und Plänen bringen.

Gruppenarbeit und Pionierteams

8. Gruppenarbeit kann helfen, den geplanten Wandel zu beschleunigen. Pionierteams können Wege für unternehmensweite Veränderungen bahnen.

Auch scheinbar geringfügige Probleme bekämpfen

9. Verbesserungen gelingen selten auf Anhieb richtig. Außerdem nimmt die Ordnung sozialer Systeme kontinuierlich ab, wenn man sie sich selbst überläßt. Veränderungen haben nur dann eine Erfolgschance, wenn auch scheinbar geringfügige Probleme aktiv bekämpft werden, die Verbesserungsvorhaben im Arbeitsalltag in der Regel mit sich bringen.

Wir haben gesehen, daß die Einführung eines praktikablen Softwarequalitätsmanagements häufig eine Veränderung der Organisationskultur erfordert. Der kulturelle Wandel vollzieht sich allerdings nicht von selbst. Er muß vielmehr aktiv gestaltet werden. In den vorangegangenen Abschnitte haben wir Hinweise auf die Aspekte gegeben, die bei der Umgestaltung der Organisationskultur eines Softwareunternehmens beachtet werden sollten.

Qualität des Managements versus Management der Qualität

Was hat das moderne Qualitätsmanagement mit Qualität zu tun?

Lieber Leser, Sie sind den Autoren auf einem langen Weg durch das Thema Qualitätsmanagement gefolgt und sind dabei vermutlich mit vielen Dingen konfrontiert worden, die Sie zunächst unter dieser Überschrift nicht erwartet hatten. Und Sie sind sicherlich mit vielen Dingen nicht konfrontiert worden, die Sie erwartet hatten. Haben wir Ihnen ein falsches Bild vom Qualitätsmanagement präsentiert? Als aufmerksamer Leser stellen Sie sich vielleicht sogar die Frage: Was hat das moderne Qualitätsmanagement noch mit Qualität zu tun?

Nicht „Qualität", sondern „Management" ist der zentrale Begriff des Qualitätsmanagements

Auf der Suche nach einer Antwort beschäftigen wir uns nochmals mit den Prinzipien des TQM, sie fassen das Wesentliche des modernen Qualitätsmanagements zusammen. Tatsächlich kommt der Begriff Qualität nur in drei der dreizehn Prinzipien explizit vor: Prozeßorientierung, Qualitätsorientierung und Zuständigkeit aller. Ist der Begriff Qualität ein Randbegriff des Qualitätsmanagements geworden? In der Tat ist der zentrale Begriff im Qualitätsmanagement nicht der Begriff Qualität, sondern der Begriff Management. Und der Begriff Qualität hat im modernen Qualitätsmanagement eine erheblich veränderte Bedeutung.

In der konventionellen Betrachtung sprach man von Qualitätssicherung und sah darin die von den übrigen Funktionen eines Unternehmens getrennte Funktion der Überprüfung der Produktqualität. Dabei stellte man sich Produktqualität als eine Menge von technischen Anforderungen des Kunden an das Produkt vor. In der Praxis waren diese Anforderungen selten durch den Kunden formuliert. In der Regel entschied der Entwickler über die Qualität und orientierte sich dabei oft an unspezifischen, in Form eines hierarchischen Qualitätsmodells dargestellten Qualitätsmerkmalen wie Wartbarkeit oder Korrektheit, die in ihrer Allgemeinheit nicht überprüfbar und daher auch nicht relevant waren.

Über Produktqualität entscheidet der Kunde

Dieser Begriff der Produktqualität kommt im modernen Qualitätsmanagement nicht mehr vor. Nach dem Prinzip der Kundenorientierung gehören zur Qualität alle die Eigenschaften eines Softwareproduktes, die ein Kunde braucht oder fordert, damit das Produkt für ihn in genau der gewünschten Weise nützlich ist. Produktqualität orientiert sich am Kunden und wird unter Nützlichkeitsgesichtspunkten bewertet. Qualität ist nicht mehr aus der Sicht des Ingenieurs definiert und ist auch keine moralische oder berufsethische Forderung an den Ingenieur.

Prozeßmanagement sichert effektive und effiziente Prozesse

Im Prinzip der Prozeßorientierung kommt der Begriff Qualität zwar explizit vor, aber die Betonung liegt auf der Qualität des Prozesses als der Quelle der Qualität des Produktes. Und auch der Begriff Prozeßqualität wird nicht definiert, z. B. in Form eines hierarchischen Modells der Prozeßqualität. Der Umgang mit dem Begriff ist pragmatisch: Prozeßqualität ist das, was den Prozeß in die Lage versetzt, in jedem Projekt das Produkt wie vom Kunden gewünscht, so schnell und so kostengünstig wie möglich zu produzieren. Die Definition des Begriffs hilft dabei nicht weiter. Vielmehr kommt es darauf an zu verstehen, wie das Prozeßmanagement planbare, effektive und effiziente Prozesse sicherstellen kann.

Qualität ist nicht nur Ziel, sondern auch Mittel

Im Prinzip der Qualitätsorientierung wird die Bedeutung der Qualität im Qualitätsmanagement am deutlichsten. Produktqualität im Sinne der Erfüllung von Kundenanforderungen und Prozeßqualität erhalten hier eine zentrale Stellung: Die Verbesserung der Qualität im umfassenden Sinne gilt als wesentliches Hilfsmittel zur Verbesserung der Wettbewerbsfähigkeit. Dabei wird aber auch gleichzeitig deutlich, daß Qualität nicht das Ziel ist, sondern ein Mittel. Das Ziel ist die Wettbewerbsfähigkeit und daher läßt sich auch die Qualitätsorientierung problemlos als Gestaltungsprinzip des Managements der Softwareentwicklung verstehen und ist nicht spezifisch für das Qualitätsmanagement.

Das dritte Gestaltungsprinzip, das explizit den Begriff Qualität nennt, ist die Zuständigkeit aller. Auch dieses Prinzip läßt sich problemlos als Prinzip des Softwaremanagements verstehen, denn es macht deutlich, daß Qualitätsmanagement keine abgrenzbare Unternehmensfunktion ist, sondern ein integraler Bestandteil der Aufgabenerfüllung auf der operativen Ebene und der Führungsaufgabe des Managements.

Qualitätsmanagement zielt auf gleichzeitige Verbesserung von Produktivität, Schnelligkeit und Qualität

Die Prinzipien der Kundenorientierung und der Organisation der funktionsübergreifenden Zusammenarbeit als Kunden-Lieferanten-Beziehungen zeigen, daß die klare Ausrichtung eines Unternehmens auf den Kunden erheblichen Einfluß auf die Organisation der Arbeit und auf die eingesetzten Methoden nimmt sowie neue Anforderungen an die Führung stellt. Die Prinzipien der kontinuierlichen Verbesserung und der Stabilisierung von Verbesserungen dienen zwar auch der Verbesserung der Qualität der Produkte, sie zielen aber auf eine gleichzeitige kontinuierliche Verbesserung des Softwareprozesses hinsichtlich Produktivität, Schnelligkeit und Qualität.

Auch bei den übrigen Prinzipien ist klar, daß sie allgemeineren Zielen dienen als dem Management der Produktqualität. Sie sind Gestaltungsprinzipien guten Managements. Die Bezeichnung Qualitätsmanagement ist also in sofern irreführend, als es sich nicht auf die Gestaltung einer abgegrenzten Unternehmensfunktion bezieht, sondern auf die Gestaltung der Unternehmensführung schlechthin. Die sich aufdrängende Frage, ob diese grundlegende Umgestaltung des Qualitätsmanagements sinnvoll ist, kann bereits als beantwortet gelten. Führende international tätige Unternehmen haben seit vielen Jahren erfolgreich den Wettbewerb in dem Markt, in dem sie tätig waren, zu einem Qualitätswettbewerb umgestaltet. Um in diesem Wettbewerb bestehen zu können, haben sie eine neuartige Führungsorganisation entwickelt, in der Qualität nicht mehr eine abgegrenzte Funktion ist, sondern integraler Bestandteil aller Managementaufgaben. Die Gestaltungsprinzipien der Führungsorganisation dieser erfolgreichen Unternehmen, sind die Prinzipien des Total Quality Managements.

Qualität des Managements statt Management der Qualität

Die bisherigen Überlegungen kann man auch so zusammenfassen: Ein Softwarehersteller, der im Qualitätswettbewerb steht oder der in dem Markt, in dem er tätig ist, einen Qualitätswettbewerb etablieren will, muß das Management der Qualität in der beschriebenen Weise in alle Managementaufgaben integrieren. Softwarequalitätsmanagement wird also ein Teil des Softwaremanagements, d. h. des Managements der Softwareentwicklung, dessen Qualität für den Unternehmenserfolg entscheidend ist. Jörg Menno Harms, Geschäftsführer der Hewlett Packard GmbH, faßte diese Überlegung in einem Gespräch im November 1994 in ein Wortspiel: Der Fokus des Qualitätsmanagements ist nicht das Management der Qualität, sondern die Qualität des Managements.

Vorbildliches Management = Total Quality Management

Bleibt zu fragen, ob das Softwarequalitätsmanagement nur ein Teil des Softwaremanagements ist oder ob Softwarequalitätsmanagement nichts anderes ist als ein Synonym für ein angemessenes, leistungsfähiges Softwaremanagement. Die Autoren dieses Buches vertreten die letztere Auffassung. Allerdings ist dazu eine Anmerkung notwendig. Eine umfassende Darstellung des Softwarequalitätsmanagements verlangt auch die Darstellung der Auswirkungen der TQM-Prinzipien auf das strategische Management. Dies ist hier unterblieben, weil der Anspruch des Buches nicht die umfassende Darstellung des Qualitätsmanagements ist, sondern die Ergänzung der gefährlichen Verkürzung der aktuellen Diskussion des Softwarequalitätsmanagements.

Erfolg verlangt Kundenorientierung

In der aktuellen Diskussion ist das Softwarequalitätsmanagement auf das Management des Softwareprozesses reduziert. Die Orientierung am Kundennutzen spielt dabei nur eine untergeordnete Rolle. Die Verbesserung des Softwareprozesses muß aber daran gemessen werden, ob sie die Erfüllung von Kundenbedürfnissen, zuverlässiger, schneller und kostengünstiger ermöglicht. In der aktuellen, verkürzten Diskussion werden Verbesserungen des Softwareprozesses nicht an diesem Ziel gemessen. Dies kann natürlich leicht dazu führen, daß Software, die mit einem so „optimierten" Softwareprozeß hergestellt wird, die Kundenanforderungen nicht erfüllt.

Exzellenz verlangt organisatorisches Lernen

Auch die aktuellen Vorschläge zur Verbesserung des Softwareprozesses sind nicht unproblematisch. Sie sind an sogenannten Best practice-Katalogen orientiert. Aber erstens gibt es keine empirischen Überprüfungen dieser Best practices, zweitens ist unklar, unter welchen Umständen sie wie zu gestalten sind, um erfolgreich zu sein und drittens kann man mit ihnen kaum mehr als mittelmäßig werden. Denn man kann mit ihnen natürlich nur das erreichen, was alle mit ihnen erreichen können. Wenn alle die Best practices anwenden, dann repräsentiert das den Durchschnitt. Um Exzellenz zu erreichen, kann ein Unternehmen nicht nur von anderen lernen. Es muß Praktiken entwickeln, die auf die eigenen spezifischen Bedingungen optimal zugeschnitten sind. Das kann nur durch Lernen aus den eigenen positiven und negativen Erfahrungen geschehen. Schließlich verlangt die Einführung des Qualitätsmanagements in den meisten Unternehmen einen grundsätzlichen Wandel nicht nur in der Arbeitsweise, sondern auch in wichtigen Einstellungen und Überzeugungen der Mitarbeiter und Manager, d. h. in der Unternehmenskultur. Die Bewältigung dieses Wandels wird aber durch die aktuell diskutierten Methoden nicht unterstützt.

Der Übergang zum TQM Qualitätsmanagement verlangt Change Management

Die Verkürzung der Diskussion birgt also die Gefahr des völligen Scheiterns der Einführung des Qualitätsmanagements. Es ist wichtig zu verstehen, daß man nicht einen Teil der notwendigen Maßnahmen halbherzig einrichten kann, um einen Teil der Ziele des TQM zu erreichen (Totalitätsprinzip). Vielmehr wird bei einer Teilrealisierung des Qualitätsmanagements nichts oder so wenig erreicht, daß die verursachten Kosten und die entste-

hende Frustration zu einer nachhaltigen Abkehr vom Qualitätsmanagement und damit zu einem nachhaltigen Schaden führen.
Am Ende steht dann häufig die resignierende Erkenntnis: Außer
Spesen nichts gewesen. Dieser Gefahr soll das Buch durch die
Ergänzungen Kundenorientierung und Change Management begegnen. Andererseits wird ein Unternehmen, daß die in diesem
Buch beschriebenen Elemente des Qualitätsmanagements konsequent umsetzt, auch in der Lage sein, ein angemessenes stra-
tegisches Management zu etablieren.

Wie wiederholbar ist der Softwareprozeß?

Methoden des Quali-
tätsmanagements
aus der Fertigung auf
Softwareentwicklung
übertragbar?

Die Erfahrungen des Qualitätsmanagements stammen im wesentlichen aus dem Fertigungsbereich mit Wiederholprozessen.
Der Softwareprozeß ist aber kein Wiederholprozeß wie ein von
Maschinen geprägter Fertigungsprozeß. Die Diskussion der Übertragbarkeit der Erfahrungen des Qualitätsmanagements zeigt
zwei Probleme auf. 1. Für den Softwareprozeß gilt nur das
schwache Prinzip der Prozeßorientierung. Einerseits weil Soft-
wareprojekte eine wesentlich stärkere Individualität besitzen als
die wiederholten Ausführungen eines Fertigungsprozesses.
Andererseits aber auch, weil der Softwareprozeß stark von
Menschen geprägt ist, die keine so starr vorgegebene
Aufgabenabgrenzung verlangen und einhalten wie Maschinen. 2.
Die Risiken, denen die Maßnahmen des Prozeßmanagements
begegnen sollen, sind im Softwareprozeß andere als im
Fertigungsprozeß. Im Fertigungsprozeß gilt es, Kopierrisiken zu
beherrschen. Im Softwareprozeß sind dagegen Maßnahmen zur
Beherrschung von Entwurfsrisiken gefordert.

In Frage steht nicht die grundsätzliche Übertragbarkeit der Methoden und Prinzipien. Vorbildliche, international tätige Softwarehersteller haben das längst bewiesen. Allerdings ist eine
einfache und vollständige Übertragung der Methoden,
insbesondere des Prozeßmanagements, nicht möglich. Es ist
notwendig, sich mit den Besonderheiten von Softwareprozessen
zu beschäftigen und spezifische Methoden und Prinzipien zur
Gestaltung des Softwarequalitätsmanagements auszuarbeiten.

Beispiel: Übertrag-
barkeit der Statisti-
schen Prozeßkon-
trolle

Ein wesentliches Ziel und Mittel des modernen Qualitätsmanagements in der Fertigung ist die Stabilisierung und Kontrolle der
Prozesse, so daß sie effizient und zuverlässig die geforderte
Qualität produzieren und nicht Gegenstand systematischer, störender Einflüsse sind. Eine derartige Betrachtung des Softwareprozesses ist zur Zeit kaum sinnvoll. Für die Wiederholprozesse

der Fertigung setzt man die Methoden der Statistischen Prozeßkontrolle ein. Bisher sind die Methoden aber nicht auf den Softwareprozeß übertragbar, d. h. bisher konnte kein Softwareprozeß unter statistische Kontrolle gebracht werden. Versuche, den Inspektionsprozeß unter statistische Kontrolle zu bringen, haben das Ziel knapp verfehlt. Für den gesamten Softwareprozeß besteht zur Zeit keine Aussicht, ihn unter statistische Kontrolle zu nehmen. Gesucht sind daher Methoden, die diese Lücke füllen, d. h. die helfen, Produktprüfungen durch Prozeßkontrolle zu ersetzen.

Die aktuelle Diskussion des Softwarequalitätsmanagements ist also auch verkürzt in dem Sinne, daß die notwendige Vervollständigung der Methoden des Softwarequalitätsmanagements, die durch die Grenzen der Übertragbarkeit entstehen, nicht diskutiert wird. Dies ist um so problematischer, als sich die aktuelle Diskussion gerade auf das Prozeßmanagement konzentriert, dessen Übertragbarkeit die deutlichsten Grenzen hat.

Es gilt also Wege zu finden, um aus der wiederholten Abwicklung von Projekten desselben Softwareprozesses zu lernen. Dazu muß man lernen, Prozesse, die von Menschen dominiert sind, zu stabilisieren, d. h. man muß Methoden finden Varianz im Sinne von unerwünschter, vermeidbarer Streuung zu identifizieren und zu interpretieren. Und man muß lernen, Produktkontrolle durch Prozeßkontrolle zu ersetzen. Es müssen die Ursachen der Entstehung von Mängeln verstanden werden, um zu einer effektiven und effizienten Vermeidungsstrategie zu kommen.

Sozialwissenschaftliche versus ingenieurwissenschaftliche Betrachtung der Softwareherstellung

Ist die „ingenieurmäßige Entwicklung" noch das Ziel?

Lange Zeit war die „ingenieurmäßige Entwicklung" von Software das über jeden Zweifel erhabene, erklärte Ideal der Softwareherstellung. Es wurde als deutliche Verbesserung gegenüber dem älteren Modell von Softwareentwicklung durch „freie Künstler" oder „Gurus" gesehen. Forschungen, die an diesem Ideal ausgerichtet waren, haben z. B. zur Idee der Software Factory und zu immer neuen, ausgeklügelten Testmethoden geführt. Heute muß man aber fragen: Was nützen datenflußorientierte Testverfahren, verbesserte Methoden der formalen Inspektion oder die essentielle Systemmodellierung, wenn sie in der Praxis nicht angewendet werden? Statt immer neue, leistungsfähigere Verfahren und Methoden auszudenken, sollten wir uns eher mit der Frage beschäftigen, warum diese „ingenieurmäßigen Verfahren" nicht angewendet werden. Ist das Ideal der „ingenieurmäßigen Entwicklung" für die Praxis nur ein Lippenbekenntnis, stehen seiner Realisierung wesentliche Widerstände entgegen, die Forschung und Praxis nicht erkennen und daher auch nicht beheben oder ist es eine unerreichbare Fiktion?

Um diese Fragen beantworten zu können, muß zunächst geklärt werden, was unter „ingenieurmäßiger Entwicklung" von Software zu verstehen ist. Die verbreitete Sicht wird im IEEE Standard Glossary of Software Engineering Terminology beschrieben. Darin wird der Begriff Software Engineering definiert als: „The application of a systematic, disciplined, quantifiable approach to the development, operation, and maintenance of software; that is, the application of engineering to software."[133] Software Engineering wird also als Synonym für die Idee der ingenieurmäßigen Entwicklung verstanden. Wir müssen daher nun klären, was unter Software Engineering verstanden wird, welche Probleme es zu lösen versucht und welcher Methoden es sich dazu bedient.

Software Engineering: die „ingenieurmäßige Sicht" der Softwareentwicklung

Eine Klärung, was unter Software Engineering zu verstehen ist, erhält man aus dem Stichwort „Software Engineering: A historical perspective" der Encyclopedia of Software Engineering[134]. Dabei wird auch in der historischen Beschreibung und der Projektion der zukünftigen Entwicklung des Software Engineering die Betonung des Methodisch-Technischen sichtbar. Marciniak beschreibt die Geschichte des Software Engineering in drei Phasen: Early practice, project era and process era. Early practice ist gekennzeichnet durch Programmierung im Kleinen und die Anwendung von Maschinensprache und Assembler. Charakteristisch für die project era sind nach Marciniak Lebenszyklusmodelle, Höhere Programmiersprachen, Strukturierte Programmierung, Ada, top down structured design, Jackson system development, McCabes Komplexitätsmaß, Halsteads software science und Konfigurationsmanagement. Die Kennzeichen der process era sind software factory, CMM, BOOTSTRAP, ISO 9000, chief programmer team, fourth generation languages, Spiralmodell, James Martins information engineering, real time structured analysis, process improvement und measurement paradigms.

---

133 IEEE /IEEE Standard Glossary/

134 Marciniak /Encyclopedia/ 1177

Für die zweite Hälfte der 90er Jahre vermutet Marciniak, daß wir in eine production era kommen. Diese Vermutung ergibt sich im wesentlichen aus der Art der vorgenommenen Projektion. Marciniak orientiert sich an den Entwicklungen, die er in der dritten Generation von Softwareentwicklungsumgebungen angelegt sieht. Die Stichworte, mit denen er die production era verbindet, heißen: Mega programming, code generation, higher levels of abstraction, formalism und systematic reuse. Die production era ist also definiert als Fortschreibung der Entwicklung immer höherer Programmiersprachen zu anwendungsorientierten Sprachen, die dem Programmierer in einem robusten Repository leistungsfähige wiederverwendbare Bausteine anbieten und als Fortschreibung der Entwicklung von formalen Spezifikationssprachen und Generatoren, die die Generierung von Code aus den formalen Spezifikationen unterstützen. Darüber hinaus sieht Marciniak in der production era die Fortschreibung der process era mit ihren Prozeßverbesserungs-Programmen und die Anwendung der experience factory.

Charakteristisch für das Ideal der ingenieurmäßigen Entwicklung ist also die Hoffnung, technische, methodische und ablauforganisatorische Innovationen könnten den Softwareprozeß zu einem quantitativ planbaren und kontrollierbaren Prozeß machen, dessen Effizienz kontinuierlich zunimmt und der kontinuierlich weniger Fehler produziert.

Das „ingenieurmäßige Ideal" zeigt seine Grenzen

Das Ideal hat weit getragen. Aber Erfahrungen mit ISO 9000 und dem CMM zeigen, daß die Erfolgsfaktoren für die Einführung des Qualitätsmanagements nicht nur technischer, methodischer und organisatorischer Art sind. Wichtige Erfolgsfaktoren sind Motivation der Mitarbeiter, klares Commitment der Geschäftsleitung für Verbesserungen und die Bewältigung des unternehmenskulturellen Wandels.

Einstellung von Menschen in der Softwareentwicklung wichtiger als die Einstellung von Maschinen

Wenn man Systementwicklung ausschließlich als Gegenstand der Ingenieurwissenschaft und nicht auch als Gegenstand der Sozialwissenschaft versteht, klammert man einen wichtigen Teil der relevanten Faktoren aus. Man kann dann nicht erklären, warum effiziente Methoden wie Formale Inspektionen nicht angewendet werden oder warum sich nach der Zertifizierung häufig die Aufrechterhaltung des Qualitätsmanagements als Problem erweist. Ebenso wird man nicht in der Lage sein, den vollen Nutzen aus dem Qualitätsmanagement zu ziehen und die Schwierigkeiten, die bei der Einführung des Qualitätsmanagements in Form mangelnder Akzeptanz, mangelnder Motivation oder durch den Widerstand einer inkompatiblen Unternehmenskultur verursacht werden, sicher zu identifizieren und zu umgehen.

Resümee

Blickt man zurück auf die sieben Kapitel des Buches, so kann man folgendes Resümee formulieren. Es gibt gute Gründe, in der Softwareentwicklung das moderne Qualitätsmanagement einzuführen. Wie die Erfahrungen der Unternehmen mit der Einführung des Qualitätsmanagements zeigen, verlangt eine erfolgreiche Einführung aber mehr als die Verbesserung der organisatorischen und methodischen Gestaltung des Softwareprozesses. Die Softwareentwicklung muß nicht nur effizienter gestaltet, sondern auch effektiv, d. h. präzise auf Kundenanforderungen ausgerichtet werden.

TQM wird nicht als Teilaufgabe des Managements verstanden, sondern beansprucht, vorbildliches Management zu beschreiben, in dem Qualität eine besondere Rolle spielt. Eine im Sinne des TQM geführte, vorbildliche Softwareentwicklung muß alle Ebenen der Führung nutzen:

- die technisch-methodische,
- die organisatorisch-strukturelle und
- die organisationskulturelle Ebene.

Die Entwicklung einer Qualitätskultur ist dabei zur nachhaltigen Absicherung des Erfolges und der Stabilität des Qualitätsmanagements notwendig. Die schwierige und langfristige Umgestaltung der Organisationskultur wird durch die Methoden des Change Managements unterstützt. Der Weg zu einer vorbildlichen Softwareentwicklung verlangt also mehr als die Anwendung der Methoden des Software Engineerings. Das Ideal der „ingenieurmäßigen Entwicklung" hat sich als zu starke Vereinfachung für die Softwareherstellung erwiesen.

Literaturverzeichnis

Bellin, Stelzer, Mellis /Asia/

> Georg Bellin, Dirk Stelzer, Werner Mellis: Software Process Improvement in Asia. Report prepared for the European Software Process Improvement Initiative (ESPITI). Köln 1996

Bellin, Stelzer, Mellis /ISO 9000/

> Georg Bellin, Dirk Stelzer, Werner Mellis: ISO 9000: Ein Qualitätsstandard ohne Auswirkung auf die Softwareentwicklung? In: Heinrich C. Mayr (Hrsg.): Informatik '96: Beherrschung von Informationsystemen - Weichenstellung für die Zukunft. Proceedings der Gemeinsamen Jahrestagung der Gesellschaft für Informatik und der Österreichischen Computergesellschaft. 25.- 27.9.96, Universität Klagenfurt. Wien - München 1996 (im Druck)

Bortz /Statistik/

> Jürgen Bortz: Statistik für Sozialwissenschaftler. 3. Aufl., Berlin - Heidelberg - New York 1993

Conner /Speed/

> Daryl R. Conner: Managing at the Speed of Change. How Resilient Managers Succeed and Prosper Where Others Fail. New York 1995

Conti /Building total quality/

> Tito Conti: Building total quality - A guide for management. London 1993

Crosby /Qualität ist machbar/

> Philip B. Crosby: Qualität ist machbar. Hamburg u. a. 1986

Curtis, Hefley, Miller /Overview/

> Bill Curtis, William E. Hefley, Sally Miller: Overview of the People Capability Maturity Model. CMU / SEI-95-MM-01. September 1995. Pittsburgh 1995

Curtis, Hefley, Miller /People CMM/

> Bill Curtis, William E. Hefley, Sally Miller: People Capability Maturity Model. CMU / SEI-95-MM-02. September 1995. Pittsburgh 1995

DeMarco /Controlling/

> Tom DeMarco: Controlling Software Projects. Management, Measurement & Estimation. Englewood Cliffs 1982

DeMarco, Lister /Wien/

> Tom DeMarco, Timothy Lister: Wien wartet auf Dich! Der Faktor Mensch im DV-Management. München - Wien 1991

Deming /Out of the crisis/

> William Edwards Deming: Out of the crisis: quality, productivity and competitive position. Cambridge 1992

DGQ, DQS /Audits/

> DGQ, DQS (Hrsg.): Audits zur Zertifizierung von Qualitätsmanagementsystemen. Regeln und DQS-Auditorenfragenkatalog. DGQ-DQS-Schrift 12-64. Berlin - Köln 1993

DIN, EN, ISO /ISO 8402: 1995/

> DIN, EN, ISO (Hrsg.): Qualitätsmanagement. Begriffe. DIN EN ISO 8402: 1995-08. Berlin 1995

DIN, EN, ISO /ISO 9000-1: 1994/

> DIN, EN, ISO (Hrsg.): Normen zum Qualitätsmanagement und zur Qualitätssicherung / QM-Darlegung. Teil 1: Leitfaden zur Auswahl und Anwendung. DIN EN ISO 9000-1: 1994-08. Berlin 1994

DIN, EN, ISO /ISO 9001: 1994/

> DIN, EN, ISO (Hrsg.): Qualitätsmanagementsysteme. Modell zur Qualitätssicherung / QM-Darlegung in Design / Entwicklung, Produktion, Montage und Wartung. DIN EN ISO 9001: 1994-08. Berlin 1994

DIN, EN, ISO /ISO 9002:1994/

> DIN, EN, ISO (Hrsg.): Qualitätsmanagementsysteme. Modell zur Qualitätssicherung / QM-Darlegung in Produktion, Montage und Wartung. DIN EN ISO 9002: 1994-08. Berlin 1994

DIN, EN, ISO /ISO 9003:1994/

DIN, EN, ISO (Hrsg.): Qualitätsmanagementsysteme. Modell zur Qualitätssicherung / QM-Darlegung bei der Endprüfung. DIN EN ISO 9003: 1994-08. Berlin 1994

DIN, EN, ISO /ISO 9004-1: 1994/

DIN, EN, ISO (Hrsg.): Qualitätsmanagement und Elemente eines Qualitätsmanagementsystems. Teil 1: Leitfaden. DIN EN ISO 9004-1: 1994-08. Berlin 1994

DIN, ISO /ISO 9000-3: 1992/

DIN, ISO (Hrsg.): Qualitätsmanagement- und Qualitätssicherungsnormen. Leitfaden für die Anwendung von ISO 9001 auf die Entwicklung, Lieferung und Wartung von Software. DIN ISO 9000-3: 1992-06. Berlin 1992

DIN, ISO /ISO 9004 -4: Entwurf 1992/

DIN, ISO (Hrsg.): Qualitätsmanagement und Elemente eines Qualitätsmanagementsystems. Leitfaden für Qualitätsverbesserung. DIN ISO 9004 Teil 4. Entwurf Stand: Juli 1992. Berlin 1992

Doppler, Lauterburg /Change Management/

Klaus Doppler, Christoph Lauterburg: Change Management. Den Unternehmenswandel gestalten. 3. Aufl., Frankfurt - New York 1994

Dorling /SPICE/

Alec Dorling: SPICE: Software Process Improvement and Capability Determination. In: Software Quality Journal. Nr. 4, 1993, S. 209-224

Dornach, Meyer /Kundenbarometer/

Frank Dornach, Anton Meyer: Das Deutsche Kundenbarometer. Aktuelle Benchmarks für Qualität und Zufriedenheit. Teil 1: Grundlagen. In: QZ - Qualität und Zuverlässigkeit. Nr. 12, 1995, S. 1385-1390

DTI, BSI /TickIT/

Department of Trade and Industry, British Standards Institute (Hrsg.): TickIT - making a better job of software. Guide to Software Quality Management System Construction and Certification using EN 29001. Issue 2.0. London 1992

EFQM /Selbstbewertung/

The European Foundation for Quality Management (EFQM): Selbstbewertung anhand des Europäischen Qualitätsmodells für Umfassendes Qualitätsmanagement (TQM): Richtlinien für die Identifizierung und Behandlung von Fragen zum Umfassenden Qualitätsmanagement. Brüssel 1994

Eskildson /TQM's Success/

Lloyd Eskildson: Improving the Odds of TQM's Success. In: Quality Progress. April 1994, S. 61-63

Fenton /Software Metrics/

Norman Fenton: Software Metrics. A Rigorous Approach. London 1991

Frese /Organisationskonzepte/

Erich Frese: Aktuelle Organisationskonzepte und Informationstechnologie. In: m & c - Management & Computer. Nr. 2, 1994, S. 129-134

George, Weimerskirch /Total Quality Management/

Stephen George, Arnold Weimerskirch: Total Quality Management. New York u. a. 1994

Grady /Software Metrics/

Robert B. Grady: Successfully applying Software Metrics. In: Computer. Nr. 9, 1994, S. 18-27

Grady, Caswell /Software Metrics/

Robert B. Grady, Deborah L. Caswell: Software Metrics: Establishing a company-wide program. Englewood Cliffs, New Jersey 1987

Hähnel /Microsoft/

Norbert Hähnel: Das Prinzip der Kundenorientierung bei Microsoft. BIFOA-Fachseminar Total Quality Management in der Softwareentwicklung. Köln 1995

Haist, Fromm /Qualität/

Fritz Haist, Hansjörg Fromm: Qualität im Unternehmen. Prinzipien - Methoden - Techniken. 2. Aufl., München - Wien 1991

Hauer /TQM/

Reimund Hauer: Total Quality Management in der Softwareproduktion. Frankfurt a. M. u. a. 1996

Haynes, Meyn /ISO 9000/

> Philip Haynes, Stephan Meyn: Is ISO 9000 going to put you out of business? In: American Programmer. Nr. 2, 1994, S. 25-29

Henckels /Kostenpotential/

> Ingo Henckels: Das ungenutzte Kostenpotential. In: QZ - Qualität und Zuverlässigkeit. Zeitschrift für industrielles Qualitätsmanagement. Nr. 11, 1993, S. 615-618

Herbsleb u. a. /Software Process Improvement/

> James Herbsleb, David Zubrow, Jane Siegel, James Rozum, Anita Carleton: Software Process Improvement: State of the payoff. In: American Programmer. Nr. 9, 1994, S. 2-12

Herzwurm, Hierholzer /SCVM/

> Georg Herzwurm, Andreas Hierholzer: Kundenorientierung durch Software Customer Value Management (SCVM). In: Georg Herzwurm, Andreas Hierholzer, Werner Mellis (Hrsg.): Kundenorientierte Softwareentwicklung. Studien zur Systementwicklung des Lehrstuhls für Wirtschaftsinformatik der Universität zu Köln. Band 9. Köln 1996, S. 3-91

Herzwurm, Mellis, Schockert /Quality Function Deployment/

> Georg Herzwurm, Werner Mellis, Sixten Schockert: Kundenorientierte Planung von Softwareprodukten und -prozessen mit Quality Function Deployment. In: Andreas Oberweis (Hrsg.): Proceedings Fachgruppentreffen '95 der GI Fachgruppe 2.5.2 EMISA Entwicklungsmethoden für Informationssysteme und deren Anwendung Requirements Engineering für Informationssysteme, Karlsruhe, 12. - 13. Oktober 1995. Karslruhe 1995, S. 121-128

Herzwurm, Schockert, Mellis /Success of QFD/

> Georg Herzwurm, Sixten Schockert, Werner Mellis: Measuring Success of QFD at German Software House, SAP. In: QFD Institute (Hrsg.): Proceedings of the Eighth Symposium on Quality Function Deployment and International Symposium on QFD '96. Detroit 1996, S. in Vorbereitung

Hierholzer /Benchmarking/

    Andreas Hierholzer: Bestimmung von Ursachen und Wirkungen der Kompetenzkommunikation im Software-Marketing durch Benchmarking. In: o. Hrsg.: Proceedings - Fachtagung der Wissenschaftlichen Kommission Wirtschaftsinformatik im Verband der Hochschullehrer für Betriebswirtschaft e.V. - Empirische Forschung in der Wirtschaftsinformatik. Linz 1996

Hierholzer /Kundenorientierung/

    Andreas Hierholzer: Benchmarking der Kundenorientierung von Softwareprozessen. Köln 1996

Holtzblatt, Beyer /Making customer-centered design work/

    Karen Holtzblatt, Hugh Beyer: Making customer-centered design work for teams. In: Communications of the ACM. Nr. 10, 1993, S. 93-103

Horváth /Target Costing/

    Péter Horváth (Hrsg.): Target Costing. Marktorientierte Zielkosten in der deutschen Praxis. Stuttgart 1993

Humphrey /Discipline/

    Watts S. Humphrey: A Discipline for Software Engineering. Reading, Mass. u. a. 1995

Humphrey /Managing/

    Watts S. Humphrey: Managing the Software Process. Reading, Mass. u. a. 1989

IEEE /IEEE Standard Glossary/

    IEEE (Hrsg.): IEEE Standard Glossary of Software Engineering Terminology. IEEE Std. 610.12-1990. New York 1990

Imai /KAIZEN/

    Masaaki Imai: KAIZEN - Der Schlüssel zum Erfolg der Japaner im Wettbewerb. Frankfurt/Main u. a. 1994

ISO/IEC /ISO 12119/

    ISO/IEC: Information technology. Software packages. Quality requirements and testing. ISO/IEC 12119: 1994. Genf 1994

ISO/IEC /SPICE Part 1/

> ISO/IEC (Hrsg.): SPICE. ISO/IEC Software Process Assessment - Part 1: Concepts and Introductory Guide. Working Draft V 1.00. Genf 1995

ISO/IEC /SPICE Part 2/

> ISO/IEC (Hrsg.): SPICE. ISO/IEC Software Process Assessment - Part 2: A model for process management Working Draft V 1.00. Genf 1995

ISO/IEC /SPICE Part 3/

> ISO/IEC (Hrsg.): SPICE. ISO/IEC Software Process Assessment - Part 3: Rating Processes Working Draft V 1.00. Genf 1995

ISO/IEC /SPICE Part 7/

> ISO/IEC (Hrsg.): SPICE. ISO/IEC Software Process Assessment - Part 7: Guide for use in process improvement Working Draft V 1.00. Genf 1995

ITQS /Auditor Guide/

> ITQS: European Information Technology Quality System Auditor Guide. Brüssel 1992

Jones /industry leaders/

> Capers Jones: Software quality tools, methods used by industry leaders. In: Computer. April, 1994, S. 12

Jones /Software Risks/

> Capers Jones: Assessment and Control of Software Risks. Englewood Cliffs 1994

Juran /Made in U.S.A./

> Joseph M. Juran: Made in U.S.A.: A Renaissance in Quality. In: Harvard Business Review. July-August, 1993, S. 42-50

Kano, Seraku, Takahashi /Attractive quality and must-be quality/

> N. Kano, N. Seraku, F. Takahashi: Attractive quality and must-be quality. In: Quality. Nr. 2, 1984, S. 39-44

Kierstein /Qualitätsaudits/

> Henning Kierstein: Unterstützung der Qualitätspolitik durch Qualitätsaudits. In: HMD - Theorie und Praxis der Wirtschaftsinformatik. Nr. 181, 1995, S. 84-100

Koch /Process assessment/

> G.R. Koch: Process assessment: the ´BOOTSTRAP´ approach. In: Information and Software Technology. 6/7, 1993, S. 387-404

Koch, Gierszal /BOOTSTRAP/

> G. Koch, H. Gierszal: Die Analyse der 'Prozeßqualität' von Software-Produzenten nach dem europäischen BOOTSTRAP-Verfahren. In: Franz Schweiggert (Hrsg.): Wirtschaftlichkeit von Software-Entwicklung und Einsatz. Investitionssicherung, Produktivität, Qualität. Berichte des German Chapter of the ACM, Bd. 36. Stuttgart 1992, S. 95-115

Kuvaja, Bicego /BOOTSTRAP/

> P. Kuvaja, A. Bicego: BOOTSTRAP - a European assessment methodology. In: Software Quality Journal. Nr. 3, 1994, S. 117-128

LaMarsh /Change/

> Jeanenne LaMarsh: Changing the Way We Change. Gaining Control of Major Operational Change. Reading, Mass. 1995

Lebsanft /BOOTSTRAP: Experiences/

> Ernst Lebsanft: BOOTSTRAP: Experiences with Europe´s Software Process Assessment & Improvement Method. In: Software Process Newsletter. Nr. 5, Winter 1996, S. 6-10

Lewin /Social Change/

> Kurt Lewin: Group Decision and Social Change. In: Eleanor E. Maccoby, Theodore M. Newcomb, Eugene L. Hartley (Hrsg.): Readings in social psychology, 3. Aufl., New York 1958, S. 197-211

Lindermeier /Softwareprüfung/

> Robert Lindermeier: Softwarequalität und Softwareprüfung. Das Handbuch zur Prüfung von Softwareprodukten nach DIN 66285. München - Wien 1993

Marciniak /Encyclopedia/

> John J. Marciniak (Hrsg.): Encyclopedia of Software Engineering. New York 1994

Matsubara /ISO 9000/

> Tomoo Matsubara: Does ISO 9000 really help improve Software Quality? In: American Programmer. Nr. 2, 1994, S. 38-45

McGill, Slocum /Das intelligente Unternehmen/

> Michael E. McGill, John W. Slocum: Das intelligente Unternehmen. Wettbewerbsvorteile durch schnelle Anpassung an Marktbedürfnisse. Stuttgart 1996

Meffert /Marketing/

> Heribert Meffert: Marketing. Grundlagen der Absatzpolitik. 7. Aufl., Wiesbaden 1993

Mellis /Praxiserfahrungen mit CASE/

> Werner Mellis: Praxiserfahrungen mit CASE - Eine systematische Analyse von Erfahrungsberichten. In: Werner Mellis, Georg Herzwurm, Dirk Stelzer (Hrsg.): Studien zur Systementwicklung - Band 2 - CASE-Technologie in Deutschland. Köln 1994, S. 51-97

Mertens /Wirtschaftsinformatik/

> Peter Mertens: Wirtschaftsinformatik - Von den Moden zum Trend. In: Wolfgang König (Hrsg.): Wirtschaftsinformatik '95 - Wettbewerbsfähigkeit, Innovation, Wirtschaftlichkeit. Heidelberg 1995, S. 25-64

Ministerium für Wirtschaft, Mittelstand und Technologie des Landes NRW /Einführung 2/

> Ministerium für Wirtschaft, Mittelstand und Technologie des Landes NRW (Hrsg.): Elemente eines QM-Systems für die Software-Entwicklung - Einführung einer ISO-9000 konformen Qualitätssicherung in Unternehmen der kleinen und mittleren Software-Industrie des Landes Nordrhein-Westfalen - Handbuch 2. Düsseldorf 1995

Oess /Total Quality Management/

> Attila Oess: Total Quality Management. Die ganzheitliche Qualitätsstrategie. 3. Aufl., Wiesbaden 1993

Ohmori /Software quality deployment/

> Akira Ohmori: Software quality deployment approach: framework design, methodology and example. In: Software Quality Journal. Nr. 3, 1993, S. 209-240

Paulk u. a. /Capability Maturity Model/

Mark C. Paulk, Bill Curtis, Mary Beth Chrissis, Charles V. Weber: Capability Maturity Model for Software, Version 1.1. Technical Report Feb. 93. CMU/SEI-93-TR-024. Pittsburgh 1993

Paulk u. a. /CMM Guidelines/

Mark C. Paulk, Charles V. Weber, Bill Curtis, Mary Beth Chrissis: The Capability Maturity Model: Guidelines for Improving the Software Process. Reading, Mass. u. a. 1995

Petrick /Zertifizierung/

Klaus Petrick: Zertifizierung = Zertifizierung? In: QZ - Qualität und Zuverlässigkeit. Nr. 12, 1995, S. 1373-1374

Pfeifer /Qualitätsmanagement/

Tilo Pfeifer: Qualitätsmanagement. Strategien, Methoden, Techniken. München - Wien 1993

Rank Xerox /Submission Document /

Rank Xerox Corporation (Hrsg.): The Rank Xerox European Quality Award Submission Document 1992. o. O. 1993

Rieker /Norm ohne Nutzen?/

Jochen Rieker: Norm ohne Nutzen? In: Manager Magazin. Nr. 12, 1995, S. 201-207

Rommel u. a. /Qualität gewinnt/

Günter Rommel, Felix Brück, Raimund Diederichs, Rolf-Dieter Kempis, Hans-Werner Kaas, Günter Fuhry: Qualität gewinnt. Mit Hochleistungskultur und Kundennutzen an die Weltspitze. Stuttgart 1995

Rout /SPICE/

Terence P. Rout: SPICE: A Framework for Software Process Assessment. In: Software Process - Improvement and Practice. August 1995, S. 57-66

Rubin /Ranking/

Howard Rubin: Worldwide Metrics Rankings. In: IT Metrics Strategies. Nr. 4, 1996, S. 9,10

Schein /Culture/

Edgar H. Schein: Coming to a New Awareness of Organizational Culture. In: Sloan Management Review. Nr. 2, 1984, S. 3-16

Schmitz, Bons, van Megen /Software-Qualitätssicherung/

Paul Schmitz, Heinz Bons, Rudolf van Megen: Software-Qualitätssicherung - Testen im Software-Lebenszyklus. 2. Aufl., Braunschweig - Wiesbaden 1983

Schnitzler /Kundenorientierung. Nicht das Beste/

Lothar Schnitzler: Kundenorientierung. Nicht das Beste. In: Wirtschaftswoche. Nr. 4, 19.1.1995, S. 60-67

Senge /Learning Organization/

Peter M. Senge: The Fifth Discipline: The Art and Practice of the Learning Organization. New York u.a. 1990

Software Engineering Institute /Questionnaire/

Software Engineering Institute (Hrsg.): Software Process Maturity Questionnaire, Capability Maturity Model, Version 1.1.0. Pittsburgh April 1994

Stelzer /Erfolgsfaktoren/

Dirk Stelzer: Erfolgsfaktoren bei der Anwendung der ISO 9000 und des Capability Maturity Models. Unveröffentlichtes Manuskript. Köln 1996

Stelzer /Interpretation/

Dirk Stelzer: Interpretation der ISO 9000-Familie bei der Zertifizierung von Qualitätsmanagementsystemen für die Softwareentwicklung. In: Norbert Ruppenthal, Ulrich Sigor (Hrsg.): Qualitätsmanagement und Software: ISO 9000 - Softwareentwicklung - Ethik - Analysen - Tools. Beiträge vom adi QM/IT Expertentreffen 1994. Münster 1995, S. 15-31

Thaller /Qualitätsoptimierung/

Georg Erwin Thaller: Qualitätsoptimierung in der Software-Entwicklung. Das Capability Maturity Model (CMM). Braunschweig - Wiesbaden 1993

Theuerkauf /Kundennutzenmessung mit Conjoint/

Ingo Theuerkauf: Kundennutzenmessung mit Conjoint. In: ZfB - Zeitschrift für Betriebswirtschaft. 1989, S. 1179-1192

Waldner /Qualitätspreis/

Günther Waldner: Beim dritten Anlauf ins Finale. Ein Erfahrungsbericht über die Bewerbung um den Europäischen Qualitätspreis. In: QZ - Qualität und Zuverlässigkeit. Nr. 12, 1995, S. 1392-1395

Weinberg /Congruent Action/

> Gerald M. Weinberg: Quality Software Management. Vol. 3. Congruent Action. New York 1994

Weinberg /Systemdenken/

> Gerald M. Weinberg: Systemdenken und Softwarequalität. München u. a. 1994

Womack, Jones, Roos /Autoindustrie/

> James P. Womack, Daniel T. Jones, Daniel Roos: Die zweite Revolution in der Autoindustrie. 2. Aufl., Frankfurt - New York 1991

Yourdon /Kawasaki/

> Ed Yourdon: It's all in the Dictionary: Software Excellence at Kawasaki Motors Corp. In: American Programmer. Nr. 12, 1993, S. 10-12

Zeithaml, Parasuraman, Berry /Qualitätsservice/

> Valerie Zeithaml, A. Parasuraman, Leonard L. Berry: Qualitätsservice - Was Ihre Kunden erwarten, was Sie leisten müssen -. Frankfurt 1992

Zells /Learning from Japanese/

> Lois Zells: Learning from Japanese TQM Applications to Software Engineering. In: G. Gordon Schulmeyer, James L. McManus (Hrsg.): Total Quality Management for Software. New York 1992, S. 37-72

Anhang: Informationsquellen zum Thema Softwarequalitätsmanagement

Wir haben in den nachfolgenden Tabellen einige wichtige Informationsquellen zum Thema Softwarequalitätsmanagement zusammengestellt.

Softwarequalitätsmanagement aktuell und weltweit im Internet

Dabei handelt es sich sowohl um „klassische" postalische Adressen als auch um Ziele im Internet. Gerade im Bereich des „World Wide Web (WWW)" schreiten die Entwicklungen mit einem enormen Tempo voran. Es lohnt sich demzufolge, regelmäßig in die jeweiligen Seiten hineinzuschauen und auch die dort angebotenen Links zu weiteren internationalen Informationsservern wahrzunehmen.

Hierdurch sind Sie regelmäßig über den aktuellen Stand der Normierungsbemühungen der ISO oder über wichtige Forschungsergebnisse des SEI informiert.

Kostenlose Dokumente beziehen

Häufig können Sie über die WWW-Server auch kostenlos detaillierte Dokumente beziehen: So ist beispielsweise das komplette CMM als Postskript-Datei erhältlich. Weiterhin stellt unser Lehrstuhl eine Reihe von Aufsätzen und Artikeln zum Thema Qualitätsmanagement über das Internet zur Verfügung.

Themen und Server suchen

Wir haben die Übersicht mit großer Sorgfalt erstellt. Allerdings unterliegen die betreffenden Adressen häufig einem ähnlich Wandel wie deren Inhalte. Bei „hartnäckigen" Fehlermeldungen Ihres WWW-Browsers hat sich möglicherweise die Adresse geändert. Wir haben deshalb auch sogenannte Suchmaschinen mit in die Übersicht aufgenommen. Mit Hilfe dieser Tools sind Sie in der Lage, entweder bestimmte Server oder aber ausgewählte Themen zu suchen.

Thema	Provider	Beschreibung	Anschrift	WWW-Adresse	Inhalt der WWW-Seiten
TQM allgemein	Deutsche Gesellschaft für Qualität e.V. (DGQ)	Gemeinnützige Gesellschaft zur Weiterentwicklung, Förderung und Verbreitung eines umfassenden Qualitäts- und Umweltmanagements; Herausgeber der Fachzeitschrift „QZ Qualität und Zuverlässigkeit"	DGQ August-Schanz-Str. 21a 60433 Frankfurt a.M. Tel.: 069/ 95 424-0 Fax: 069/ 95 42-133 e-mail: info@dgq.de	http:// www.dgq.de/	Aktuelle Berichte zu TQM (noch im Aufbau)
	European Organization for Quality (EOQ)	Gemeinnützige, interdisziplinäre Gesellschaft zur Steigerung und der Wettbewerbsfähigkeit europäischer Unternehmen durch verbessertes Qualitätsmanagement	EOQ General Secretariat P.O. Box 5032 CH-3001 Bern Schweiz Tel.: 0041/ 31 320 61 66 Fax: 0041/ 31 320 68 28	http:// www.eoq.org/	Inhaltsverzeichnis des Qualitäts-Informationsservice EuroQual mit Unterverzeichnis European Quality Organisation: Darstellung und Jahresbericht der EOQ
	Klaus Gebhardt	Unternehmensberatung für Qualitätsmanagement	Klaus Gebhardt Unternehmensberatung für Qualitätsmanagement Luruper Weg 15 20257 Hamburg Tel.: 040/ 40 34 80 Fax: 040/ 490 05 77 e-mail: gebhardt@quality.de	http:// www.quality.de	Qualitätsmanagement in Deutschland - Überblick über Organisationen und Aktivitäten, die sich in Deutschland mit den Themen Qualität, TQM, ISO 9000 befassen

Thema	Provider	Beschreibung	Anschrift	WWW-Adresse	Inhalt der WWW-Seiten
	Department of Industrial Engineering	Institut der Clemson University, South Carolina mit besonderen Forschungsschwerpunkten Qualität, Ergonomie und Design innerhalb des Industrial Engineering	110 Freeman Hall Clemson University, Clemson, South Carolina 29634-5124 USA Tel.: 803/ 656-4716 e-mail: quality@ces. clemson.edu	http:// deming.eng. clemson.edu	Continuous Quality Improvement (CQI) Server; Beiträge zur Qualitätsverbesserung
	American Society for Quality Control	Gemeinnützige Gesellschaft zur Qualitätsverbesserung in den USA	ASQC 611 E. Wisconsin Ave. P.O. Box 3005 Milwaukee, WI 53201-3005 USA Tel.: 001-414-272-85 75 Fax: 001-414-272-17 34	http:// www.asqc.org/	Struktur und Aufgaben der ASQC, Programm und Services (u.a. Informationen zum Malclom Baldrige National Quality Award)
	National Aeronautics and Space Administration (NASA)	Raumfahrtgesellschaft der USA	NASA Langley Research Center Code 146 Hampton, Virginia 23665-5225 USA	http:// mijuno.larc.nasa. gov/dfc/qtec.html	Verweise auf Darstellungen zu den Themen TQM, ISO 9000, QFD (mit House of Quality) u. a.

Thema	Provider	Beschreibung	Anschrift	WWW-Adresse	Inhalt der WWW-Seiten
Software-QM	Software Engineering Institute (SEI)	Das SEI ist ein vom US-Verteidigungsministerium unterstütztes Forschungs- und Entwicklungszentrum	SEI Carnegie Mellon University Pittsburgh, PA 15213-3890 Tel.: 412/ 268-58 00 e-mail: customer-relations@sei.cmu.edu	http:// www.sei.cmu.edu	Informationen über Forschungsgebiete, Publikationen (insbesondere zum CMM), Veranstaltungen und das Serviceangebot der SEI
	European Software Institute (ESI)	Initiative führender europäischer Industrieunternehmen zur Verbesserung der Wettbewerbsfähigkeit der europäischen Software Industrie (insbes. durch Trainingsprogramme im Bereich des Software Engineering / Management)	ESI Parque Tecnológico de Zamudio, #204 E-48016 Bilbao Tel.: +34-4-420 9519 Fax: +34-4-420 9420 e-mail: info@esi.es	http:// www.esi.es/	Programm / Kurse des ESI
	Lehrstuhl für Wirtschaftsinformatik, Systementwicklung, Prof. Dr. Werner Mellis	Lehrstuhl der Universität zu Köln, Lehre und Forschung im Bereich Softwarequalitätsmanagement	Lehrstuhl für Wirtschaftsinformatik Systementwicklung Albertus-Magnus-Platz 50923 Köln Tel.: 0221/ 470-5368 Fax: 0221/ 470-5386 e-mail: hermanni@ informatik.uni-koeln.de	http:// www.informatik. uni-koeln.de/ winfo/prof.mellis/ welcome.htm	Informationen zu Forschung und Lehre sowie Zugang zu den wichtigsten nationalen und internationalen Online-Informationsquellen zum Softwarequalitätsmanagement

Thema	Provider	Beschreibung	Anschrift	WWW-Adresse	Inhalt der WWW-Seiten
	Software Engineering Laboratory NASA (SEL)	Goddard Space Flight Center		http:// fdd.gsfc.nasa.gov / seltext.html	Forschungsergebnisse und Informationen über aktuelle Studien, Handbücher zur Softwareentwicklung, Anleitungen zum Messen und zur Software-prozeßverbesserung
	Software Quality Institute (SQI)	University of Texas at Austin	Software Quality Institute University of Texas at Austin PRC MER Code:R9800 Austin, TX 78712-1080 Tel.: (512) 471-4874 Fax: (512) 471-4824 e-mail: info@sqi.utexas.edu.	http:// www.utexas.edu / coe / sqi/	Hinweise zu Berichten, Konferenzen und anderen Servern zum Thema Software Quality
ISO 9000	International Organization for Standardization (ISO)	Weltweiter Zusammen-schluß nationaler Standardisierungs- und Normierungsinstitutionen. Beteiligt sind über 100 Länder.	ISO Central Secretariat 1, rue de Varembé Case postale 56 CH-1211 Genève 20 Switzerland Tel.: +41 22 749 01 11 Fax: +41 22 733 34 30 e-mail: central@isocs.iso.ch	http:// www.iso.ch /	ISO - Online; Übersicht über die von der ISO entwickelten Standards, sämtliche technischen Komitees, die ISO Strukturen und weltweite ISO Mitglieder

Thema	Provider	Beschreibung	Anschrift	WWW-Adresse	Inhalt der WWW-Seiten
	Deutsches Institut für Normung e.V. (DIN)	Deutsche Vertretung der ISO	DIN Burggrafenstraße 6 10787 Berlin Tel.: 030/ 2601-0 Fax: 030/ 2601-12 31 e-mail: postmaster@din.de	http:// www.din.de/	DIN-Portrait, Normenausschüsse, Link zum Beuth-Verlag, (noch im Aufbau)
	Deutsche Gesellschaft zur Zertifizierung von Qualitätsmanagementsystemen mbH (DQS)	Gemeinnützige Gesellschaft zur Zertifizierung von Qualitätsmanagementsystemen nach ISO 9000	DQS Allee der Kosmonauten 12681 Berlin Tel.: 030/ 5417012 oder 030/ 2651474		
CMM	SEI	s. Software-QM			
BOOT-STRAP	Bootstrap Institute (Italy)	Gemeinnützige Gesellschaft, die um die ständige Verbesserung der Bootstrap Methoden bemüht ist.	Etnoteam S.p.A. Via Bono Cairoli, 34 I-20127 Milan Italy Tel.: +39 2 26162-1 Fax: +39 2 2611 0755	http:// www.etnoteam.it/ bootstrap/ institut.html	Informationen über das Bootstrap Institut und zum Thema Bootstrap
	Bootstrap Institute (Finland)	Gemeinnützige Gesellschaft, die um die ständige Verbesserung der Bootstrap Methoden bemüht ist.	CCC Companies Lentokentäntie 15, FIN-90460, Oulunsalo, Finland Tel.: +358 8 5205 111 Fax: +358 8 5205 222 e-mail: ccc@ccc.fi	http:// bootstrap.ccc.fi/	Informationen über das Bootstrap Institut und zum Thema Bootstrap

Thema	Provider	Beschreibung	Anschrift	WWW-Adresse	Inhalt der WWW-Seiten
SPICE	Software Process Improvement and Capability dEtermination	Eine Initiative, die die Entwicklung eines internationalen Standards zum Software Process Assessment unterstützen will.		http://www-sqi.cit.gu.edu.au/spice/	SPICE stellt sich vor, allgemeine Informationen zu SPICE
	Software Engineering Institute (SEI)	Das SEI ist ein vom US-Verteidigungsministerium unterstütztes Forschungs- und Entwicklungszentrum	SEI Carnegie Mellon University Pittsburgh, PA 15213-3890 Tel.: 412/268-58 00 e-mail: customer-relations@sei.cmu.edu	http://www.sei.cmu.edu/technology/process/spice/index.shtml	Nähere Informationen zu ISO 15504, Erörterung des Beitrags des SEI zu diesem Standard, Dokumente über die aktuelle Entwicklung
	SPICE User Group (SUGaR)	Gemeinnützige Organisation, die über den ISO/IEC 15504 Standard berichtet.	Fraunhofer Institute for Experimental Software Engineering (IESE) Sauerwiesen 6, 67661 Kaiserslautern, e-mail: info@iese.fhg.de	http://www.iese.fhg.de/SPICE/	Neueste Informationen zum ISO/IEC 15504 Standard.
European Quality Award	European Foundation for Quality Management (EFQM)	Gemeinnützige Gesellschaft, die den European Quality Award eingeführt hat	EFQM Brussels Representative Office Avenue des Pléiades 19 1200 Brussels Belgien Tel.: +32-2-775 35 11 Fax: +32-2-779 35 35	http://www.efqm.org/	Inhaltsverzeichnis des Qualitäts-Informationsservice EuroQual mit Unterverzeichnis European Quality Organisation: Informationen zur EFQM und zum European Quality Award

Thema	Provider	Beschreibung	Anschrift	WWW-Adresse	Inhalt der WWW-Seiten
QFD	QFD Institute (QFDI)	Gemeinnützige Gesellschaft zur Förderung von Quality Function Deployment in Nordamerika	QFD Institute 1140 Morehead Ct. Ann Arbor MI 48103-6181, USA Tel.: +1 (313) 995-0847 Fax: +1 (313) 995-3810 e-mail: qfdi@qfdi.org	http://qfdi.org/www/qfdi/	Informationen über die Methode, Hinweise auf Studien, Veranstaltungen und Trainingsprogramme
	QFD-Institut Deutschland e.V. (QFD-ID)	Gemeinnütziger Zusammenschluß von Anwendern und Interessenten der QFD-Methode zur Förderung, Verbreitung und Weiterentwicklung von QFD in Deutschland	QFD-ID Pohligstr. 1 50969 Köln Tel.: (0221) 470-5369 Fax: (0221) 470-5386 e-mail: qfdid@informatik.uni-koeln.de	http://www.informatik.uni-koeln.de/winfo/prof.mellis/qfdid.htm	Informationen über das QFD-ID, Hinweise auf aktuelle QFD Veranstaltungen; detaillierte Bibliographie relevanter QFD-Literatur; Links zu verschiedenen internationalen Servern; Übersicht über QFD-Tools
Benchmarking des Softwareprozesses	Informationszentrum Benchmarking (IZB) Deutschland	Informationszentrum zum Thema Benchmarking des Fraunhofer Instituts für Produktionsanlagen und Konstruktionstechnik Berlin mit einer branchenübergreifenden Zielgruppe	Informationszentrum Benchmarking Fraunhofer Institut Bereich Planungstechnik Dr. Merins Pascalstr. 8-9 10587 Berlin Tel.: 030/39006-252 oder 168 Fax: 030/3911037	http://www-izb.ipk.fhg.de	Informationen über das IZB und dessen Leistungen

Thema	Provider	Beschreibung	Anschrift	WWW-Adresse	Inhalt der WWW-Seiten
Normen/ Standards	European Organization for Testing and Certification (EOTC)	Von der Europäischen Kommission, der EFTA und den europäischen Standardisierungs-Gesellschaften gegründete Organisation zur Förderung konformer Test- und Zertifizierungsverfahren innerhalb von Europa.	EOTC Egmont House Rue d'Egmontstraat, 15 B- 1050 Brussels Belgium Tel.: +32 2 502 41 41 Fax: +32 2 502 42 39 e-mail: postmaster@eotc.be	http:// www.eotc.be/	Informationen über die EOTC
	s. ISO 9000				
	s. SPICE; ISO 15504				
Literatur	Massachusetts Institute of Technology (MIT)	Universität in Cambridge, USA	MIT 77 Massachusetts Avenue Cambridge, MA 02139-4307 USA Tel.: +617/ 253-1000	http:// web.mit.edu:1962/ tiserve.mit.edu/ 9000/26925.html	Literaturhinweise zum Thema TQM
	Amazon.com, Inc.	Buchhandel (Eigenwerbung: „Earth's biggest bookstore")	Amazon.com 2250 First Avenue South Seattle, WA 98134 USA Tel.: +1-206-622-2335 Fax: +1-206-622-2405	http:// www.amazon.com	Katalog mit umfangreichem Buchangebot und zum Teil detaillierter Buchinformation

Thema	Provider	Beschreibung	Anschrift	WWW-Adresse	Inhalt der WWW-Seiten
	Deutsche Buchhändler-vereinigung (GBM)	German Books and Media ist ein Medienverbund aus Kooperationspartnern von „buch+medien Online"		http://www.buchhandel.de/	Verzeichnis lieferbarer Bücher und Zeitschriften
Suchma-schinen	Cinetic Medientechnik	Suchmaschine		http://www.web.de	Deutsches Internet Verzeichnis
	Yahoo	Suchmaschine		http://www.yahoo.com	Yahoo - Internationales Internet Verzeichnis
	Lycos, Inc.	Suchmaschine		http://www.lycos.com	Lycos - Internationales Internet Verzeichnis
	AltaVista	Suchmaschine		http://www.altavista.com/	AltaVista - Internationales Internet Verzeichnis

Sachwortverzeichnis

Softwarequalität durch Meßtools

Assessment, Messung und instrumentierte ISO 9000

von Reiner Dumke, Erik Foltin, Reinhard Koeppe und Achim Winkler

1996. X, 223 S. Geb. DM 178,–
ISBN 3-528-05527-8

Aus dem Inhalt: Softwaretechnik - Softwareentwicklung - Softwaremessung - Meßtools - ISO 9000

Der Prozeß der Software-Entwicklung muß, entsprechend den Anforderungen der DIN ISO 9000, vielfältigen Produktivitäts- und Qualitätskriterien genügen, was ohne Einsatz geeigneter Tools zur Messung, Bewertung und Verbesserung kaum gelingen kann. Das Buch zeigt umfassend den State-of-the-Art des Software-Measurement hinsichtlich der Grundlagen und Anwendung geeigneter Tools. Insbesondere geht es um Tools zur Prozeßbewertung, zur Produktbewertung, Tools für den Softwareentwurf, die Programmbewertung, den Softwaretest, die Wartung und Ressourcenbewertung bis hin zu Tools der Meßdatenverwaltung, Auswertung und Softwaremeßmethodik.

Abraham-Lincoln-Str. 46, Postfach 1547, 65005 Wiesbaden
Fax: (06 11) 78 78-4 00, http://www.vieweg.de

Stand 1.1.98
Änderungen vorbehalten.
Erhältlich im Buchhandel
oder beim Verlag.

CD-ROM zum Software-Qualitätsmanagement

von Dieter Burgartz (Hrsg.)

1997. CD-ROM mit 20 S. Begleitheft. Jewelbox.
DM 498,– (unverb. Preisempfehlung)
ISBN 3-528-05581-2

Aus dem Inhalt: Qualitätsmanagement - Qualitätssicherung - DIN EN ISO 9000 ff - Software - Softwareentwicklung - QM-Dokumentation - QM-Verfahrensanweisungen - QM-Arbeitsanweisungen - Fragenkatalog für QM-Systemaudit - QM-Dokumentation - Musterdokumente - QM-Handbuch - Zertifizierung

Die CD-ROM stellt eine Vielzahl geeigneter Bausteine bereit zur Einführung und Dokumentation eines ISO 9001-gerechten Qualitätsmanagement-Systems (QM-System) für die Softwareentwicklung.
Die CD-ROM bietet insbesondere
QMH: ein QM-Musterhandbuch mit Erläuterungen und der Möglichkeit der direkten Anpassung an spezifische Firmenbedürfnisse
QMV: häufig benötigte QM-Verfahrensanweisungen ready-to-use (z. B. Erstellung von Anweisungen zum QM-System, Qualitätsmanagement-Audit mit Fragenkatalog, Beschaffung, Änderungsdienst, Qualitätsmanagement- und Entwicklungsplan, Konfigurationsmanagement, Projektmanagement, Qualifikation und Schulung, Angebotserstellung und Vertragsprüfung)
QUIS: eine online-Datenbank mit vielfältigen Suchmöglichkeiten wie Hypertext-Verknüpfungen und Volltextrecherchen.

Abraham-Lincoln-Str. 46, Postfach 1547, 65005 Wiesbaden
Fax: (06 11) 78 78-4 00, http://www.vieweg.de

Stand 1.1.98
Änderungen vorbehalten.
Erhältlich im Buchhandel
oder beim Verlag.

vieweg

GPSR Compliance

The European Union's (EU) General Product Safety Regulation (GPSR) is a set of rules that requires consumer products to be safe and our obligations to ensure this.

If you have any concerns about our products, you can contact us on

ProductSafety@springernature.com

In case Publisher is established outside the EU, the EU authorized representative is:

Springer Nature Customer Service Center GmbH
Europaplatz 3
69115 Heidelberg, Germany